21 世纪高等教育新型习题库系列

工程流体力学新型习题集

（第 2 版）

禹华谦　编著

天津大学出版社
TIANJIN UNIVERSITY PRESS

内 容 提 要

本习题集是为高等学校土建类和近土类各专业编写的教学参考书，也是高教版《水力学》和《工程流体力学》等同类教材的重要学习辅导书，可供土建类和近土类各专业本科、专科（包括自学考试、成人教育、函授、网络教育、电大）等学生学习工程流体力学或水力学课程使用，也可供教师教学及有关科技人员报考硕士研究生或参加全国注册工程师执业资格考试作为参考书之用。

本习题集分客观性习题和主观性习题两部分，采用单项选择题、多项选择题、填充题、思考题、判断改正题、计算题等结构编写，内容包括：流体的主要物理性质，流体静力学，流体动力学基础，量纲分析与相似理论，流动阻力与水头损失，孔口、管嘴及有压管道恒定流动，明渠恒定流动，堰流、渗流等。为方便使用，书末附有部分习题的参考答案。

图书在版编目（CIP）数据

工程流体力学新型习题集/禹华谦编著．—天津：天津大学出版社，2006.5（2017.4 重印）
（21 世纪高等教育新型习题库系列）
ISBN 978-7-5618-2283-8

Ⅰ.工…　Ⅱ.禹…　Ⅲ.工程力学：流体力学－高等学校－习题　Ⅳ.TB126-44

中国版本图书馆 CIP 数据核字（2006）第 037775 号

出版发行　天津大学出版社
地　　址　天津市卫津路 92 号天津大学内（邮编：300072）
电　　话　发行部：022-27403647
网　　址　www.tjup.com
短信网址　发送“天大”至 916088
印　　刷　昌黎县佳印印刷有限责任公司
经　　销　全国各地新华书店
开　　本　185mm × 260mm
印　　张　11.5
字　　数　266 千
版　　次　2006 年 5 月第 1 版　2008 年 8 月第 2 版
印　　次　2017 年 4 月第 4 次
印　　数　9 001 – 10 500
定　　价　38.00 元

再版前言

本习题集第1版自2006年5月问世以来，承蒙国内部分高校选作教学参考书和学生学习辅导书。现根据读者反馈意见及建议，适作修订再版。

本次修订保持了原来的章节、顺序及体例，但对部分内容作了适当改写。为适合各个学习层次的选用，并增加了一套模拟试题。

由于编者水平有限，书中错误和欠缺仍肯定不少，恳请读者继续给予指正。(E-mail: hqyu@home.swjtu.edu.cn)

编　者

2008年7月于西南交通大学

前　言

工程流体力学或水力学是高等学校土建类和近土类各专业的重要技术基础课。为配合工程流体力学或水力学课程的教学和满足高等教育自学考试、全国注册工程师(结构、岩土、港工、水利、公用设备、化工、电气、环保等专业)执业资格考试以及研究生入学考试的需要,帮助读者理解流体力学的基本概念,掌握流体力学的基本理论,提高分析问题和解决问题的能力,特根据现行土建类流体力学教学基本要求、高等教育自学考试大纲和全国注册工程师执业资格考试大纲,并结合笔者多年的教学实践,尝试编写了本习题集。

本习题集分客观性习题和主观性习题两部分,采用单项选择题(4 个备选答案中只有 1 个是正确的)、多项选择题(5 个备选答案中有 1 ~ 5 个是正确的)、填充题、思考题、判断改正题、计算题等结构设计编写,内容包括:流体的主要物理性质,流体静力学,流体动力学基础,量纲分析与相似理论,流动阻力与水头损失,孔口、管嘴及有压管道恒定流动,明渠恒定流动,堰流,渗流。为方便使用,书末附有部分习题的参考答案。

本习题集可供高等学校土建类和近土类各专业本科、专科(包括自学考试、成人教育、函授、网络教育、电大)等学生学习工程流体力学或水力学课程使用,也可供教师教学及有关科技人员报考硕士研究生或参加全国注册工程师执业资格考试作为参考书之用。本书是高教版《水力学》和《工程流体力学》等同类教材的重要学习辅导书。

西南交通大学黄宽渊教授对本书初稿提出了不少宝贵意见,罗忠贤老师完成了本书题图的绘制。另外,在编写中,参考了国内外公开出版的部分教材和教学辅导书,在此一并表示衷心感谢!

本习题集的编写为一种新的尝试,由于编者水平有限,书中错误和缺欠肯定不少,敬请读者给予指正。(来信请寄:四川成都西南交通大学土木工程学院禹华谦,邮编 610031。E-mail:hqyu@163.com)

编者

2006 年 2 月于西南交通大学

主要符号表

A　过流断面面积

B　桥涵标准孔径

C　积分常数、谢齐系数

E　机械能

Eu　欧拉数

Fr　弗劳德数

f_x、f_y、f_z　单位质量力在坐标 x、y、z 方向的分量

G　重力

h　水深

h_c　临界水深

h_d　消力池护坦深度

h_j　局部水头损失

h_{sc}　收缩断面水深

h_w　总水头损失

H'　桥(涵)前允许壅水水深

J　水力坡度

k　体积压缩系数、渗流系数

l　长度

M　力矩、转矩

n　渠壁粗糙系数(糙率)、转速

N_e 有效功率(输出功率)

p_v　真空压强

p_a　当地大气压

R　定倾半径、水力半径、影响半径

r　管道半径

S　比阻、井中水位降深

u　流速

u_{max}　过流断面上最大流速

v　断面平均流速

a　加速度

b　渠道宽度、集水廊道长度

D、d　管径

e　偏心距、断面单位能量(断面比能)

F　力

f　单位质量力

g　重力加速度

h_0　正常水深

h_D　消力坎高度

h_f　沿程水头损失

h_p　堰高

h_p　压差计读数

H　堰顶水头、桥前水深、含水层水头

i　渠道底坡

J_p　测压管坡度

K　体积弹性模量、流量模数

m　渠道边坡系数、宽顶堰流量系数

N_x　轴功率(输入功率)

N　功率

p_{abs}　绝对压强

p　压强 、相对压强

q_V　流量

Re　雷诺数

s　沿程坐标

t　含水层厚度

u_x、u_y、u_z　流速在坐标 x、y、z 方向的分量

V　流体体积

z　位置水头

α 动能修正系数

β 动量修正系数

δ 堰厚

δ_1 层流(黏性)底层厚度

ε 侧向收缩系数

ζ 局部阻力系数

λ 沿程阻力系数

μ 动力黏度、孔口(管嘴)流量系数

ν 运动黏度

ρ 密度

σ 表面张力系数

τ 切应力

φ 流速系数、流速势函数

χ 湿周

ψ 流函数、桥下水深垂向收缩系数

ω 旋转角速度

γ 重度

目　　录

第 1 章　流体的主要物理性质

一、单项选择题

1. 流体的密度 ρ 一般与(　　)有关。

A. 流体种类、温度、体积等　　B. 流体种类、温度、压力等

C. 流体种类、压力、体积等　　D. 温度、压力、体积等

2. 流体的密度 $\rho=$(　　)。

A. $\frac{\mu}{\nu}$　　B. $\frac{\nu}{\mu}$　　C. $\frac{\mu}{g}$　　D. $\nu\mu$

3. 流体的动力黏度 μ 一般与(　　)有关。

A. 流体种类、温度、体积等　　B. 流体种类、压力、体积等

C. 流体种类、温度、压力等　　D. 温度、压力、体积等

4. 流体的运动黏度 $\nu=$(　　)。

A. $\frac{\mu}{g}$　　B. $\frac{g}{\mu}$　　C. $\frac{\rho}{\mu}$　　D. $\frac{\mu}{\rho}$

5. 流体动力黏度 μ 的国际单位为(　　)。

A. Pa·s　　B. Pa·m　　C. N·m　　D. N·s

6. 流体运动黏度 ν 的国际单位为(　　)。

A. m/s　　B. m^2/s　　C. m^3/s　　D. m/s^2

7. 当温度为 20 ℃时，空气和水的运动黏度之比 $\frac{\nu_{空气}}{\nu_{水}}=15$，则必有(　　)。

A. $\mu_{水}<\mu_{空气}$　　B. $\mu_{水}=\mu_{空气}$　　C. $\mu_{水}>\mu_{空气}$　　D. $\left(\frac{\mu}{\rho}\right)_{水}>\left(\frac{\mu}{\rho}\right)_{空气}$

8. 牛顿内摩擦定律 $\tau=\mu\frac{du}{dy}$ 中的 $\frac{du}{dy}$ 为运动流体的(　　)。

A. 拉伸变形　　B. 压缩变形　　C. 剪切变形　　D. 剪切变形速率

9. 理想流体是指(　　)的流体。

A. 忽略密度　　B. 忽略密度变化　　C. 忽略黏度　　D. 忽略黏度变化

10. 新拌水泥砂浆和新拌混凝土都属于(　　)。

A. 牛顿流体　　B. 非牛顿流体　　C. 理想流体　　D. 均质流体

11. 不可压缩流体是指(　　)的流体。

A. 忽略密度　B. 忽略密度变化　C. 忽略黏度　D. 忽略黏度变化

12. 在工程流体力学或水力学中，单位质量力是指作用在单位(　　)流体上的质量力。

A. 质量　B. 重量　C. 面积　D. 体积

13. 静止液体所受的单位质量力为(　　)。

A. $f_x = f_y = f_z = 0$　B. $f_x = 0, f_y = -g, f_z = 0$

C. $f_x = -g, f_y = f_z = 0$　D. $f_x = f_y = 0, f_z = -g$

14. 体积压缩系数 k 的国际单位为(　　)。

A. m^2/N　B. N/m^2　C. m/N^2　D. N^2/m

15. 体积弹性模量 $K =$ (　　)。

A. $\frac{1}{k}$　B. $\frac{\rho}{k}$　C. $\frac{g}{k}$　D. $\frac{\sigma}{k}$

16. 表面张力系数 σ 的国际单位为(　　)。

A. N/m　B. m/N　C. N/m^2　D. m^2/N

17. 在下列各组流体中，属于牛顿流体的为(　　)。

A. 水、新拌水泥砂浆、血浆　B. 水、新拌混凝土、泥石流

C. 水、空气、汽油　D. 水、汽油、泥浆

18. 已知某液体的体积变化率 $\frac{dV}{V} = -1.0\%$，则其密度变化率 $\frac{d\rho}{\rho} =$ (　　)。

A. 1.0%　B. −1.0%　C. 0.1%　D. −0.1%

19. 若某流体的动力黏度 $\mu = 0.1\ N\cdot s/m^2$，黏性切应力 $\tau = 3.5\ N/m^2$，则该流体的流速梯度 $\frac{du}{dy} =$ (　　)。

A. 35/s　B. 35 m/s　C. $35\ m^2/s$　D. $35\ m^3/s$

20. 如图 1.1 所示，平板在油面上作水平运动，已知平板运动的速度 $U = 1$ m/s，平板与固壁的距离 $h = 5$ mm，油的动力黏度 $\mu = 0.1$ Pa·s，则作用在单位面积平板上的黏滞力 $F_T =$ (　　)。

A. 10 N　B. 15 N

C. 20 N　D. 25 N

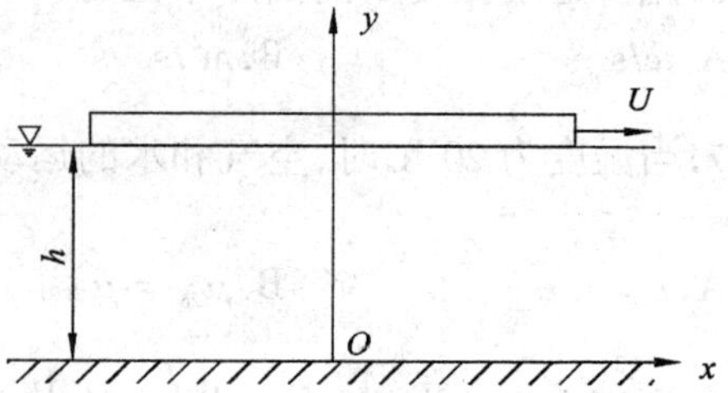

图 1.1

二、多项选择题

1. 下列关于流体的说法中，正确的有(　　)。

A. 液体和气体统称为流体

B. 静止流体和固体一样可承受拉、压、弯、剪、扭

C. 流体与固体的主要区别是在外力作用下，流体易于流动变形，而固体不变形

D.液体与气体的主要区别是气体易于压缩,而液体难于压缩
E.对于在低速、低温、低压条件下的运动流体,一般可视为不可压缩流体

2.下列关于流体黏性的说法中,正确的有(　　)。
A.黏性是流体的固有属性
B.黏性是运动流体抵抗剪切变形的能力
C.流体黏性具有传递运动和阻碍运动的双重性
D.液体的黏性随着温度的升高而减小
E.气体的黏性随着温度的升高而增大

3.下列流体中,属于牛顿流体的有(　　)。
A.水　B.汽油　C.新拌混凝土　D.泥浆
E.空气

4.流体的体积弹性模量 $K=$(　　)。
A. $-\dfrac{\mathrm{d}V/V}{\mathrm{d}p}$　B. $-\dfrac{\mathrm{d}p}{\mathrm{d}V/V}$　C. $-\dfrac{\mathrm{d}\rho/\rho}{\mathrm{d}p}$　D. $-\dfrac{\mathrm{d}p}{\mathrm{d}\rho/\rho}$
E. $\dfrac{\mathrm{d}p}{\mathrm{d}\rho/\rho}$

5.下列各力中,属于质量力的有(　　)。
A.重力　B.摩擦力　C.压力　D.表面张力
E.惯性力

三、填充题

1.若某流体的密度 $\rho=850\ \mathrm{kg/m^3}$,运动黏度 $\nu=3.2\times10^{-6}\ \mathrm{m^2/s}$,则其动力黏度 $\mu=$(　　)Pa·s。

2.若某液体的密度变化率$\dfrac{\mathrm{d}\rho}{\rho}=1\%$,则其体积变化率$\dfrac{\mathrm{d}V}{V}=$(　　)。

3.若空气的温度从 0 ℃增加至 20 ℃时,其运动黏度 ν 增加 15%,密度 ρ 减小 10%,则其动力黏度 μ 将增加(　　)%。

4.已知某液体的黏性切应力 $\tau=5.0\ \mathrm{N/m^2}$,动力黏度 $\mu=0.1\ \mathrm{Pa\cdot s}$,则其剪切变形速率为(　　)。

5.已知某液体的体积弹性模量 $K=2.0\times10^9\ \mathrm{Pa}$,若欲减小其体积的 0.5%,则需增加压强(　　)Pa。

四、思考题

1.何谓流体？流体与固体的主要区别是什么？
2.液体与气体的主要区别是什么？
3.何谓流体的连续介质模型？引入连续介质假设有何实际意义？
4.何谓流体的黏性？黏性对流体运动有何影响？

5. 为什么说流体黏性引起的摩擦力是内摩擦力？它与固体运动的摩擦力有何不同？

6. 为什么液体的动力黏度随着温度的升高而减小，而气体的动力黏度却随着温度的升高而增大？

7. 在 20 ℃时，空气的运动黏度 $\nu_{空气}(=15.7\times10^{-6}\ m^2/s)$ 比水的运动黏度 $\nu_{水}(=1.10\times10^{-6}\ m^2/s)$ 大十几倍，故空气的黏性比水的黏性大，对吗？为什么？

8. 牛顿内摩擦定律 $\tau=\mu\dfrac{du}{dy}$ 可适用于所有的运动流体吗？为什么说流速梯度 $\dfrac{du}{dy}$ 实质上为流体微团的剪切变形速率？

9. 何谓理想流体？自然界存在理想流体吗？

10. 工程流体力学或水力学主要研究什么性质的流体？

五、判断改正题

1. 流体与固体的主要区别在于固体可以抵抗拉力、压力和剪力，而流体几乎不能抵抗压力，处于静止状态的流体还不能抵抗拉力。(　　)

2. 液体与气体的主要区别在于液体不能压缩，而气体易于压缩。(　　)

3. 流体在静止和运动状态下具有抵抗剪切变形能力的性质，称为流体的黏滞性。(　　)

4. 气体的黏度随着温度的增加而减小，而液体的黏度却随着温度的增加而增加。(　　)

5. 理想流体是指忽略密度变化的流体。对于液体以及低温、低速、低压条件下的运动气体，一般可视为理想流体。(　　)

6. 在工程流体力学或水力学中，质量力是指大小与流体质量成比例的力，其单位与加速度的单位相同。(　　)

六、计算题

1. 有 20 ℃的水($\rho_{20}=998.23\ kg/m^3$)2.5 m^3，当温度升至 80 ℃($\rho_{80}=971.83\ kg/m^3$)时，其体积将增加多少？

2. 有一矩形断面的宽渠道，其水流速度分布为 $u=0.002\dfrac{\rho g}{\mu}\left(hy-\dfrac{1}{2}y^2\right)$，式中 ρ、μ 分别为流体的密度和动力黏度，g 为重力加速度，h 为水深。试求 $h=0.5$ m 时渠底($y=0$)处的切应力 τ_0。

3. 如图 1.2 所示，底面积 $A=0.2\ m^2$、质量 $m=5$ kg 的木板，沿着涂有润滑油的斜面($\alpha=30°$)等速下滑。已知木板下滑的速度 $U=1.0$ m/s，油层厚度 $h=1$ mm，试求润滑油的动力黏度 μ。

4. 如图 1.3 所示，一圆锥体绕其中心轴以 $\omega=16$ rad/s 的角速度旋转。已知锥体半径 $R=0.3$ m，锥体高 $H=0.5$ m，锥体与锥腔之间的间隙 $\delta=1$ mm，间隙内润滑油的动力黏度 $\mu=0.1$ Pa·s，试求使锥体旋转所需的力矩 M。

5. 如图 1.4 所示，长 $l=100$ mm、直径 $d=80$ mm 的柱塞在缸筒中作往复运动。已知柱塞

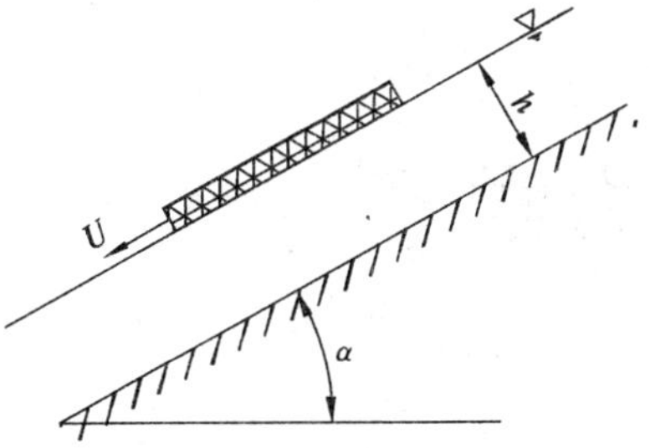

图 1.2

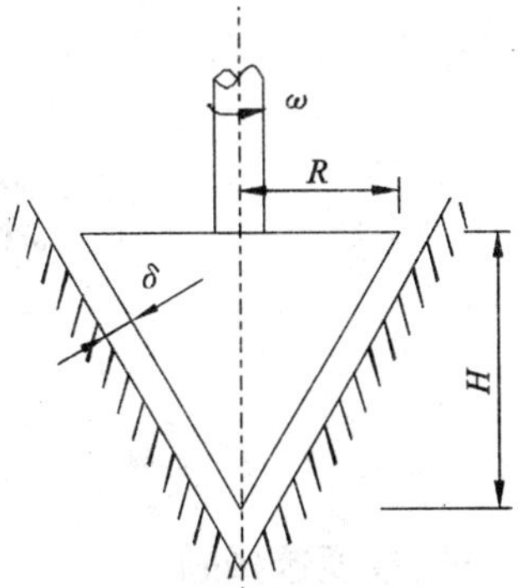

图 1.3

与缸筒间的同心环形间隙 $\delta = 0.5$ mm 中充满动力黏度 $\mu = 0.09$ Pa·s 的润滑油，柱塞位移的简谐运动规律为 $x = a\sin(\omega t)$，柱塞最大行程 $a = 200$ mm，柱塞往复频率 $n = 360$ 次/min。若忽略柱塞惯性力，试求柱塞克服润滑油摩擦所需要的平均功率 N。

6. 如图 1.5 所示，液面上有一面积 $A = 1\ 200$ cm^2 的平板以速度 $U = 0.5$ m/s 作水平移动，平板下液体分两层，其动力黏度和厚度分别为 $\mu_1 = 0.142$ Pa·s，$h_1 = 1.0$ mm；$\mu_2 = 0.235$ Pa·s，$h_2 = 1.4$ mm。试绘制平板与固壁间液体的流速分布图和切应力分布图，并计算作用在平板上的内摩擦力 F_T。

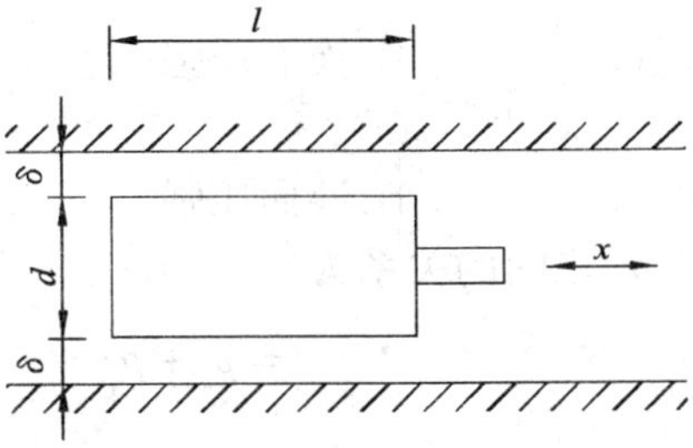

图 1.4

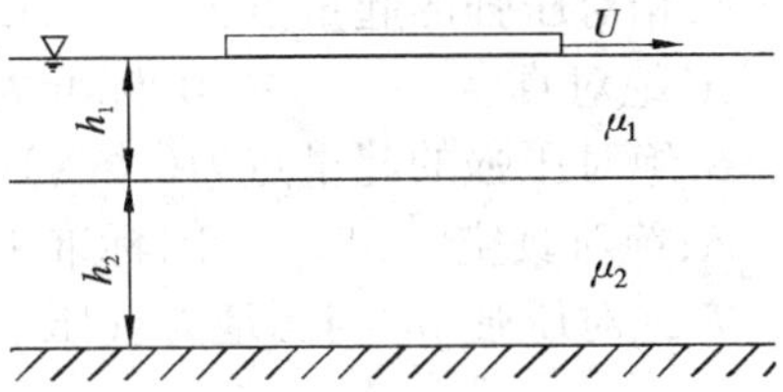

图 1.5

第2章　流体静力学

一、单项选择题

1. 平衡流体中的应力 p 的作用方向为(　　)。

A. 平行作用面　　B. 垂直作用面　　C. 指向作用面　　D. 垂直指向作用面

2. 平衡流体内任一点的压强大小(　　)。

A. 与作用方位无关,但与作用位置有关　　B. 与作用方位有关,但与作用位置无关

C. 与作用方位、作用位置均有关　　D. 与作用方位、作用位置均无关

3. 重力作用下流体静压强微分方程为 $\mathrm{d}p=$(　　)。

A. $-\rho\mathrm{d}z$　　B. $-g\mathrm{d}z$　　C. $-\rho g\mathrm{d}z$　　D. $\rho g\mathrm{d}z$

4. 1个工程大气压等于(　　)。

A. 101.3 kPa　　B. 10 $\mathrm{mH_2O}$　　C. 1.033 $\mathrm{kgf/m^2}$　　D. 76 mmHg

5. 相对压强的起量点为(　　)。

A. 绝对真空　　B. 标准大气压　　C. 当地大气压　　D. 液面压强

6. 绝对压强的起量点为(　　)。

A. 绝对真空　　B. 标准大气压　　C. 当地大气压　　D. 液面压强

7. 绝对压强 p_{abs} 与当地大气压 p_{a}、相对压强 p 或真空值 p_{v} 之间的关系为(　　)。

A. $p_{\mathrm{abs}}=p+p_{\mathrm{a}}$　　B. $p_{\mathrm{abs}}=p-p_{\mathrm{a}}$　　C. $p_{\mathrm{abs}}=p_{\mathrm{a}}-p$　　D. $p_{\mathrm{abs}}=p_{\mathrm{v}}+p_{\mathrm{a}}$

8. 重力作用下的流体静力学基本方程 $z+\dfrac{p}{\gamma}=$(　　)。

A. $C(x,y)$　　B. $C(y,z)$　　C. $C(z)$　　D. $C(0)$

9. 液体随容器作等角速度旋转运动时,其测压管水头 $z+\dfrac{p}{\gamma}=$(　　)。

A. $C(x,y)$　　B. $C(y,z)$　　C. $C(z)$　　D. $C(0)$

10. 均质连续静止液体的等压面为(　　)。

A. 水平面　　B. 斜平面　　C. 旋转抛物面　　D. 对数曲面

11. 平衡液体的等压面方程为(　　)。

A. $f_x-f_y-f_z=0$　　B. $f_x+f_y+f_z=0$

C. $f_x\mathrm{d}x+f_y\mathrm{d}y+f_z\mathrm{d}z=0$　　D. $f_x\mathrm{d}x-f_y\mathrm{d}y-f_z\mathrm{d}z=0$

12. 在平衡液体中,质量力恒与等压面(　　)。

A.重合　　B.平行　　C.相交　　D.正交

13.金属测压计的读数为(　　)。

A.绝对压强 p_{abs}　　B.相对压强 p　　C.当地大气压 p_a　　D.$p-p_a$

14.如图2.1所示,封闭盛水容器壁上装有一U形水银测压计,若A—A为水平面,则1、2、3点的压强关系为(　　)。

A.$p_1=p_2=p_3$　　B.$p_1<p_2<p_3$　　C.$p_1>p_2>p_3$　　D.$p_1>p_2<p_3$

15.图2.2所示封闭盛水容器内的水面绝对压强 $p_{0abs}=85$ kPa,中间细玻璃管两端开口。试问当既无空气通过细玻璃管进入容器,又无水进入细玻璃管时,玻璃管应伸入水下的深度 h =(　　)m。

A.0.85　　B.1.33　　C.8.5　　D.1.5

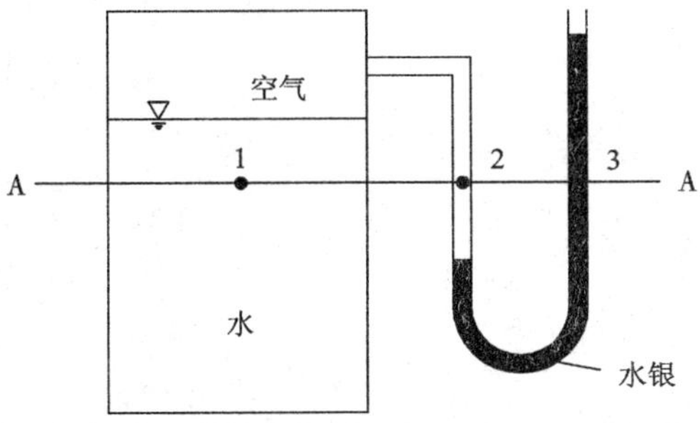

图2.1

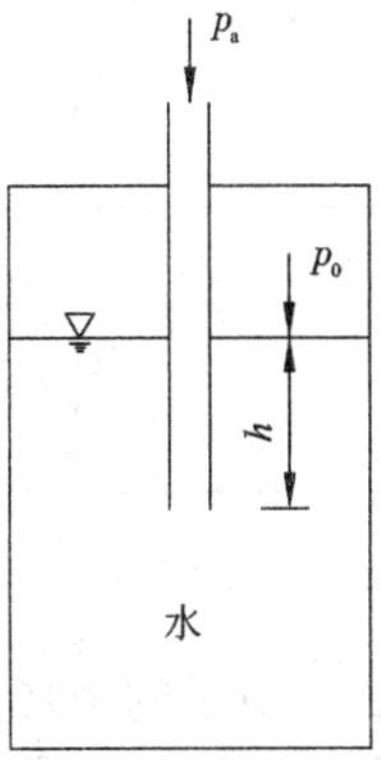

图2.2

16.静止液体作用在平面上的总压力 $F_p=p_C A$,这里 $p_C=\rho g h_C$ 为(　　)。

A.受压面形心处的绝对压强　　B.受压面形心处的相对压强

C.压力中心处的绝对压强　　D.压力中心处的相对压强

17.如图2.3所示,4个开口盛水容器的底面积 A 和盛水高度 h 均分别相同,但由于其形状不同,故4个盛水容器所盛水量却各不相同。试问作用在各容器底面上的静水总压力大小关系为(　　)。

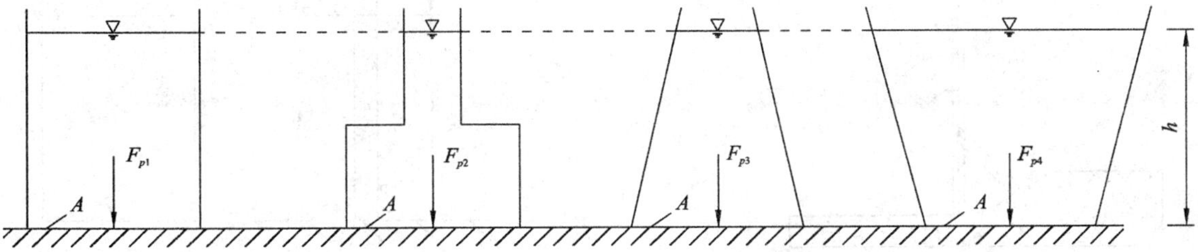

图2.3

A. $F_{p1} > F_{p2} > F_{p3} > F_{p4}$　　B. $F_{p1} < F_{p2} < F_{p3} < F_{p4}$

C. $F_{p1} < F_{p2} > F_{p1} > F_{p4}$　　D. $F_{p1} = F_{p2} = F_{p3} = F_{p4}$

18.图 2.4 所示容器内盛有两种不同的液体($\rho_1 < \rho_2$),则图中测压管内液体高度 $h =$ (　　)。

A. $h_1 + h_2$　　B. $\rho_1 h_1 + \rho_2 h_2$　　C. $\frac{\rho_1}{\rho_2} h_1 + h_2$　　D. $h_1 + \frac{\rho_2}{\rho_1} h_2$

19.图 2.5 所示一矩形闸门,已知 a 及 h,若欲使闸门自动打开,则(　　)。

A. $H > a + \frac{14}{15}h$　　B. $H < a + \frac{14}{15}h$　　C. $H > a + \frac{15}{14}h$　　D. $H < a + \frac{15}{14}h$

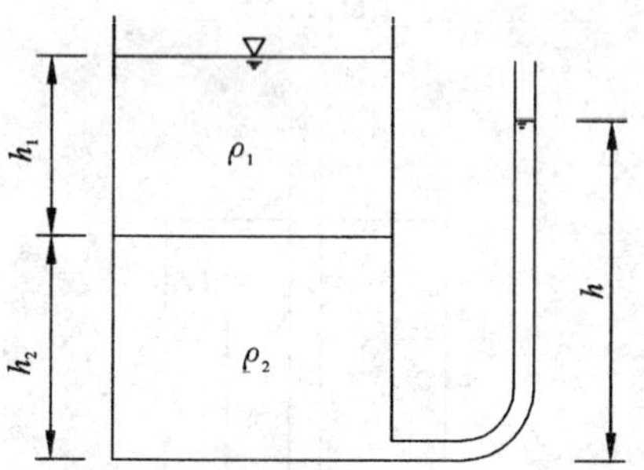

图 2.4

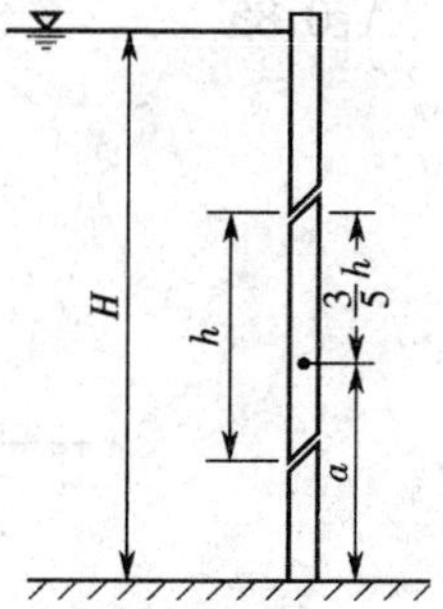

图 2.5

20.图 2.6 所示的矩形闸门仅在上游受静水压力作用,若该闸门绕中心轴旋转某一角度 α,则旋转前后作用在闸门上的静水总压力大小关系为(　　)。

A. $F_{p前} < F_{p后}$　　B. $F_{p前} = F_{p后}$　　C. $F_{p前} > F_{p后}$　　D. $F_{p前} \geqslant F_{p后}$

21.一铅直矩形闸门如图 2.7 所示,已知 $h_1 = 1.0$ m, $h_2 = 2.0$ m, $b = 1.5$ m,则作用在闸门上的静水总压力为(　　)kN。

A. 78.8　　B. 98.8　　C. 58.8　　D. 68.8

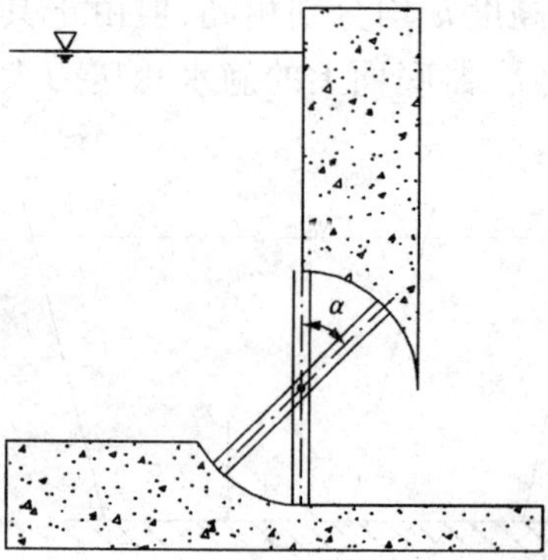

图 2.6

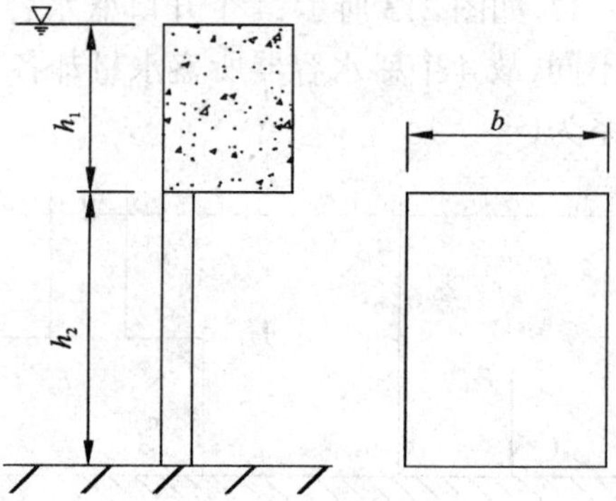

图 2.7

22. 如图 2.8 所示矩形闸门 AB，高 3 m，宽 2 m，两侧承压，上游水深为 6 m，下游水深为 4 m，则闸门所受静水总压力为(　　)kN。

A. 152.4　　B. 117.7　　C. 264.6　　D. 381.2

23. 图 2.9 所示一圆柱体，其左半部在静水作用下受到浮力 F_{pz}，则圆柱体在该浮力作用下将(　　)。

A. 匀速转动　　B. 加速转动　　C. 减速转动　　D. 固定不动

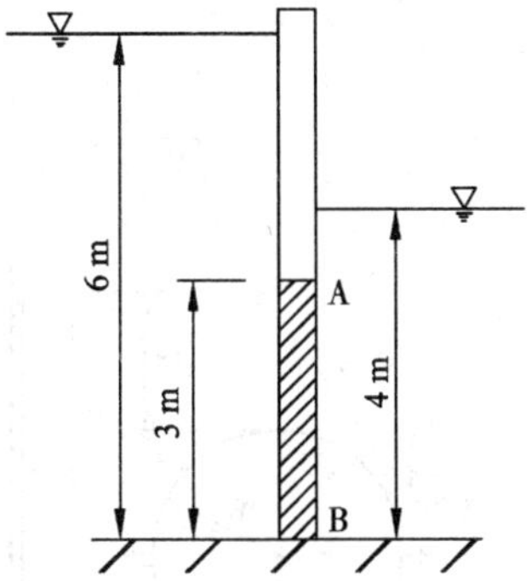

图 2.8

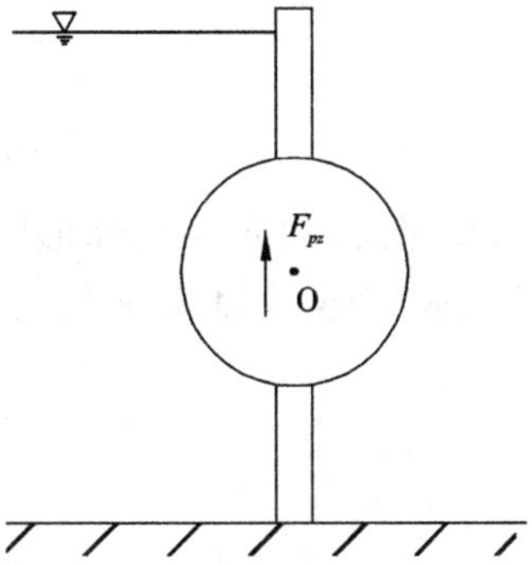

图 2.9

24. 图 2.10 所示 MN 曲面上的静水总压力图为(　　)。

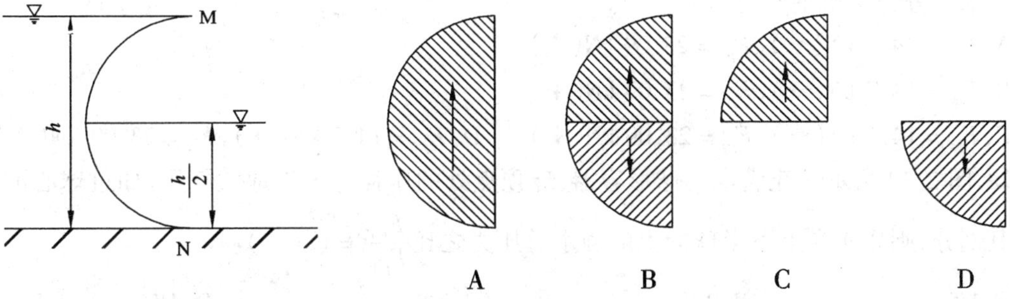

图 2.10

25. 图 2.11 所示 MN 曲面上的静水总压力图为(　　)。

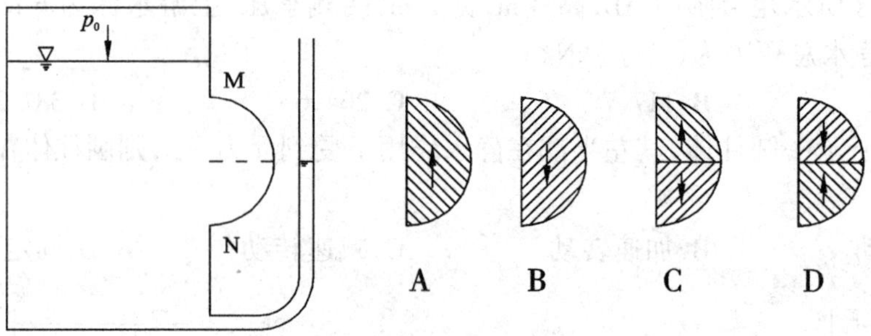

图 2.11

26. 图 2.12 所示的球形压力容器系由两个半球用 n 个螺栓连接而成,内盛密度为 γ 的液体,则每个连接螺栓所受的拉力为(　　)。

A. $\dfrac{\gamma\pi R^2 H}{n}$　　B. $\dfrac{\gamma\pi R^2(R+H/3)}{n}$

C. $\dfrac{\gamma\pi R^2(H+R)}{n}$　　D. $\dfrac{\gamma\pi R^2(H+R/3)}{n}$

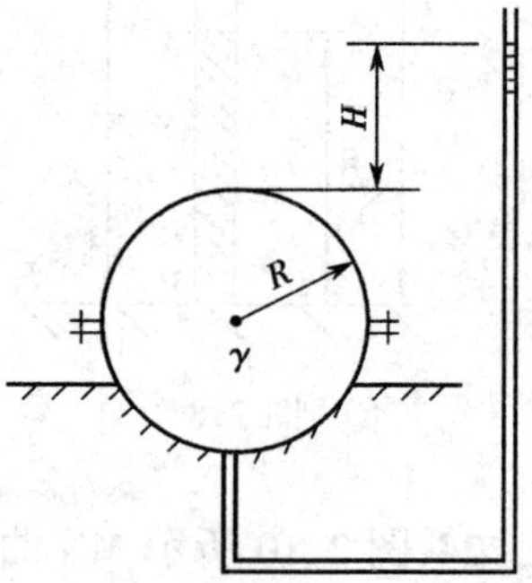

图 2.12

27. 图 2.13 所示一圆柱体,其直径 $d=2$ m,左侧水深 $h_1=2$ m,右侧水深 $h_2=1$ m,则该圆柱体单位长度上所受到的静水总压力的水平分力和铅垂分力为(　　)。

A. $F_{px}=14.7$ kN(←),$F_{pz}=23.09$ kN(↑)

B. $F_{px}=14.7$ kN(→),$F_{pz}=23.09$ kN(↓)

C. $F_{px}=14.7$ kN(←),$F_{pz}=23.09$ kN(↓)　　D. $F_{px}=14.7$ kN(→),$F_{pz}=23.09$ kN(↑)

28. 图 2.14 所示一充满水的球形容器,球顶点处的压强等于当地大气压,如过球心的水平面将其剖分,则作用在上下半球面上的静水总压力之比 $\dfrac{F_{p上}}{F_{p下}}=$(　　)。

A. 1/5　　B. 2/5　　C. 3/5　　D. 4/5

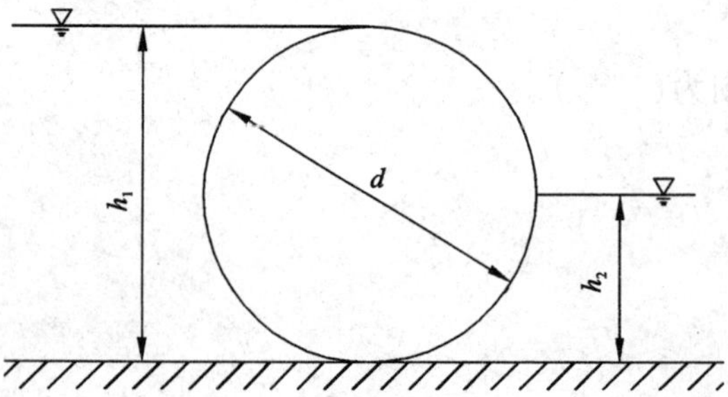

图 2.13

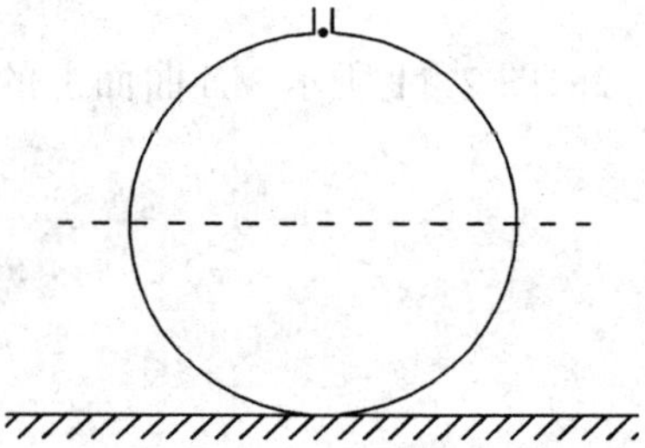

图 2.14

29. 浮体稳定平衡的条件为(　　)。

A.定倾半径小于偏心距　　B.定倾半径等于偏心距

C.定倾半径大于偏心距　　D.重力小于浮力

30. 潜体稳定平衡的条件为(　　)。

A.浮心位于重心之上　　B.浮心位于重心之下

C. 浮心与重心重合　　D.重力大于浮力

二、多项选择题

1. 1 个工程大气压为(　　)。

A.98 kPa　　B.10 mH_2O　　C.1.0 kgf/cm^2　　D.101.3 kPa

E.760 mmHg

2. 在下列关于流体压强的说法中,正确的有(　　)。

A.绝对压强不能为负　　B.相对压强可正可负

C.相对压强只能为正　　D.真空压强可正可负

E.真空压强不能为负

3. 图 2.15 所示一测压装置,已知 $z=1$ m,$h=2$ m,则 A 点的(　　)。

A.绝对压强 $p_{Aabs}=88.2$ kPa　　B.相对压强 $p_A=-9.8$ kPa

C.相对压强 $p_A=9.8$ kPa　　D.真空压强 $p_v=9.8$ kPa

E.真空度 $h_v=1$ mH_2O

4. 在图 2.16 所示 U 形管压差计标示的平面中,等压面有(　　)。

A.1—1 水平面　　B.2—2 水平面　　C.3—3 水平面　　D.4—4 水平面

E.2—1 斜平面

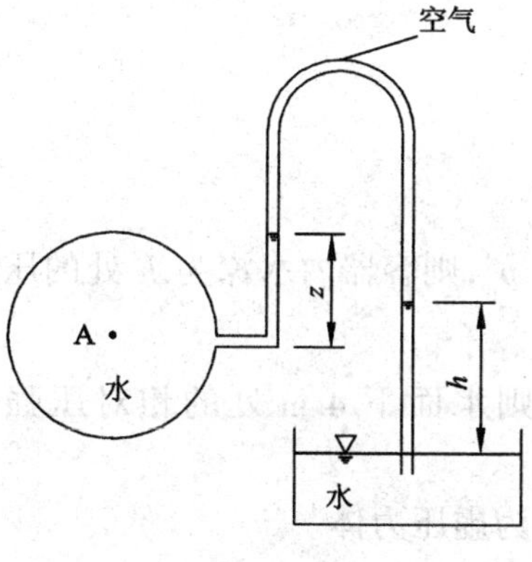

图 2.15

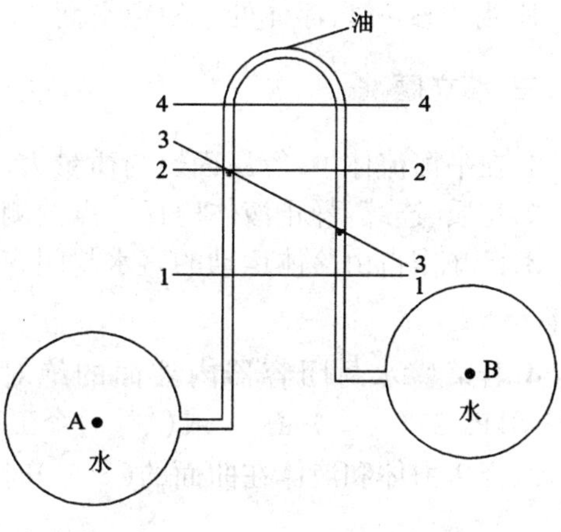

图 2.16

5. 据图 2.17 所示的 U 形管压差计,可得(　　)。

A. $\left(z_A+\dfrac{p_A}{\gamma}\right)-\left(z_B+\dfrac{p_B}{\gamma}\right)=\left(\dfrac{\gamma_p}{\gamma}-1\right)\Delta h_p$

B. $\left(z_A+\dfrac{p_A}{\gamma}\right)-\left(z_B+\dfrac{p_B}{\gamma}\right)=\left(\dfrac{\gamma}{\gamma_p}-1\right)\Delta h_p$

C. $\left(z_A+\dfrac{p_A}{\gamma}\right)-\left(z_B+\dfrac{p_B}{\gamma}\right)=\left(1-\dfrac{\gamma}{\gamma_p}\right)\Delta h_p$

D. $\left(z_A+\dfrac{p_A}{\gamma}\right)-\left(z_B+\dfrac{p_B}{\gamma}\right)=\left(1-\dfrac{\gamma}{\gamma_p}-1\right)\Delta h_p$

E. $p_B-p_A=\gamma(z_A-z_B)+(\gamma_p-\gamma)\Delta h_p$

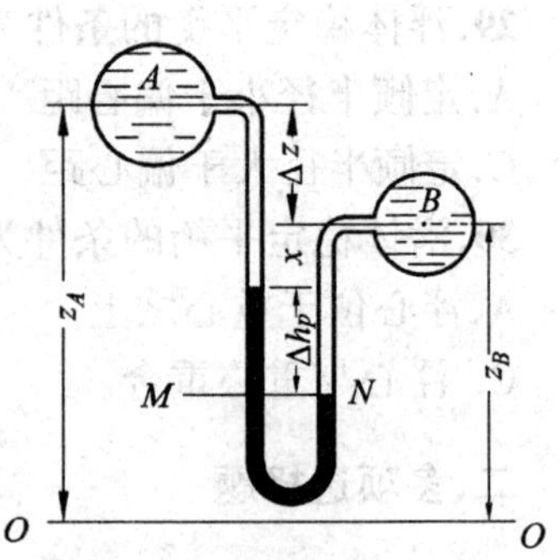

图 2.17

6. 物体的沉浮取决于物体的重力 G 与所受浮力 F_{pz} 的相对大小,(　　)。

A. 当 $G>F_{pz}$ 时,物体为沉体　　B. 当 $G=F_{pz}$ 时,物体为潜体

C. 当 $G<F_{pz}$ 时,物体为浮体　　D. 当 $G\geqslant F_{pz}$ 时,物体为浮体

E. 当 $G\leqslant F_{pz}$ 时,物体为潜体

7. 潜体的平衡及稳定性取决于重心 C 和浮心 D 在铅垂线上的相对位置,(　　)。

A. 当浮心 D 在重心 C 之下时,潜体处于稳定平衡

B. 当浮心 D 在重心 C 之上时,潜体处于不稳定平衡

C. 当浮心 D 与重心 C 重合时,潜体处于随遇平衡

D. 当重心 C 在浮心 D 之上时,潜体处于不稳定平衡

E. 当重心 C 在浮心 D 之下时,潜体处于稳定平衡

8. 浮体的平衡及稳定性取决于定倾半径 R 和偏心距 e 的相对大小,(　　)。

A. 当 $R=e$ 时,浮体处于随遇平衡　　B. 当 $R>e$ 时,浮体处于稳定平衡

C. 当 $R<e$ 时,浮体处于不稳定平衡　　D. 当 $R\leqslant e$ 时,浮体处于随遇平衡

E. 当 $R\geqslant e$ 时,浮体处于稳定平衡

三、填充题

1. 在平衡流体中,等压面恒与质量力(　　)。

2. 均质、连续、静止液体内任一点的测压管水头值等于(　　)。

3. 已知作自由落体运动的盛水封闭容器内的液面压强为 p_0,则容器内水深为 h 处的压强 $p=$(　　)。

4. 若某盛水封闭容器内液面的绝对压强为 58.8 kPa,则水面下 4 m 处的相对压强为(　　)kPa,或(　　)mH_2O,或(　　)个工程大气压。

5. 当压力体和液体在曲面的(　　)时,为实压力体,否则为虚压力体。

四、思考题

1. 静止液体 $\tau=0$,则静止液体是理想液体,对吗?

2.静止液体中的应力具有哪些特征？

3.流体处于静止平衡的必要条件是什么？

4.为什么说两种流体的交界面必为等压面？

5.帕斯卡定律是否也适用于静止的气体？

6.流体静力学基本方程 $z+\frac{p}{\rho g}=C$ 是在质量力只有重力情况下推导出来的，它是否也适用于相对平衡的液体？

7.何谓绝对压强、相对压强及真空压强？相互之间如何换算？

8.测压计上的读数是绝对压强还是相对压强？

9.绘制流体静压强分布图需要用到哪些知识点？

10.“弧形闸门沿水深各点的静水压强大小的连线为光滑曲线，故弧形闸门承受的静水压强与水深呈非线性关系。”这种说法对吗？为什么？

11.若半径为 R 的上端敞口或封闭的盛水容器绕铅垂轴作等角速度旋转，其作用在容器底面上的压强分布和总压力与静止时相比有无变化？

12. 如图 2.18 所示，盛满液体的容器在顶盖中心开口，当容器以等角速度 ω 绕铅垂轴旋转时，由于顶盖的限制，液面不能形成抛物面，试问其等压面还为旋转抛物面吗？为什么？

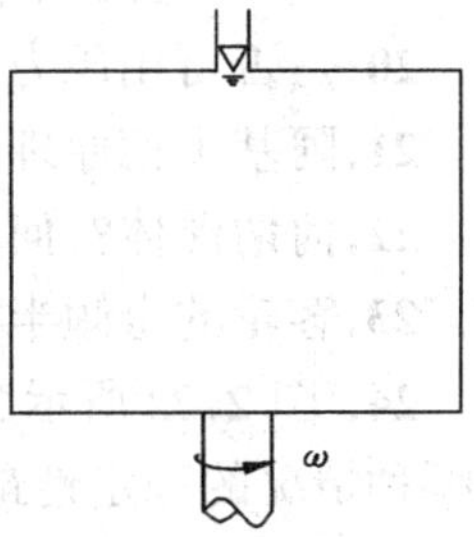

图 2.18

13.当内盛两种不同密度液体的上端敞口或封闭容器绕铅垂轴作等角速度旋转时，其两种液体分界面还为等压面吗？为什么？

14. 如图 2.19 所示，4 个上端敞口的盛水容器的底面积 A 和盛水高度 h 均分别相等，但由于其形状不同，因此 4 个容器所盛水量各不相等。试问作用在各容器底面上的静水总压力是否相等？若将各盛水容器置于桌面上，试问桌面对容器底部的支撑力与作用在容器底面上的静水总压力是否相等？为什么？

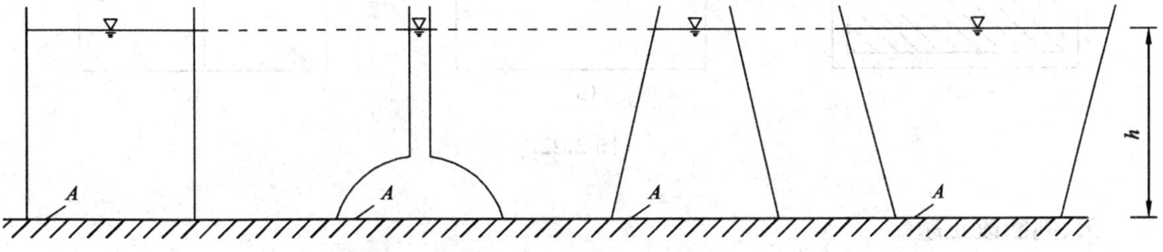

图 2.19

15.作用在平面上的静水总压力作用点位置计算公式 $y_D=y_C+\frac{I_C}{y_C A}$ 的适用条件是什么？

16. 图 2.20 所示矩形闸门仅在上游受静水压力作用，若该闸门绕中心轴旋转某一角度 α，则旋转前后作用在闸门上的静水总压力大小有无变化？为什么？

17.何谓压力体？压力体一般是由哪些方面构成？

18.何谓实压力体？何谓虚压力体？判断压力体的虚实性有何实际意义？

19.图 2.21 所示各曲面上的压力体是否相同？为什么？

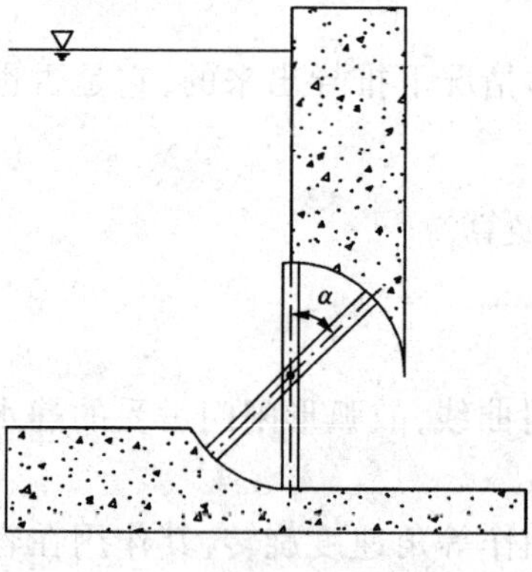

图 2.20

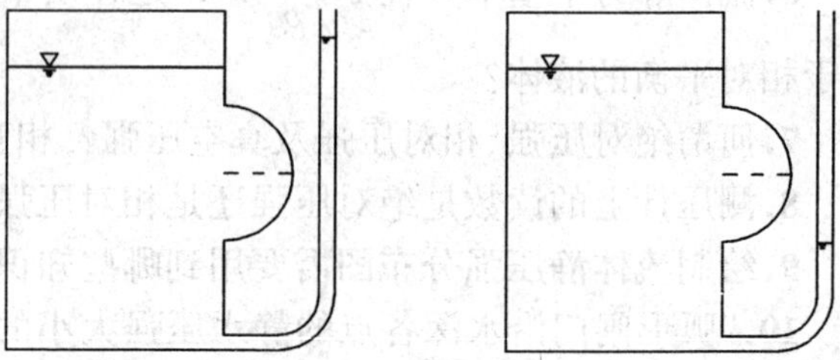

图 2.21

20.是否可用压力体概念证明阿基米德原理？

21.阿基米德原理对相对平衡液体和运动液体也适用吗？

22.何谓浮体？何谓潜体？何谓沉体？它们各自稳定平衡的条件有何异同？

23.客轮的定倾半径 R 是否越大越好？

24. 图 2.22 所示 3 条船的外形尺寸和载重均相同，但船载物资或船载方式有所不同。试问哪种情况的稳定性最好？哪种情况的稳定性最差？为什么？

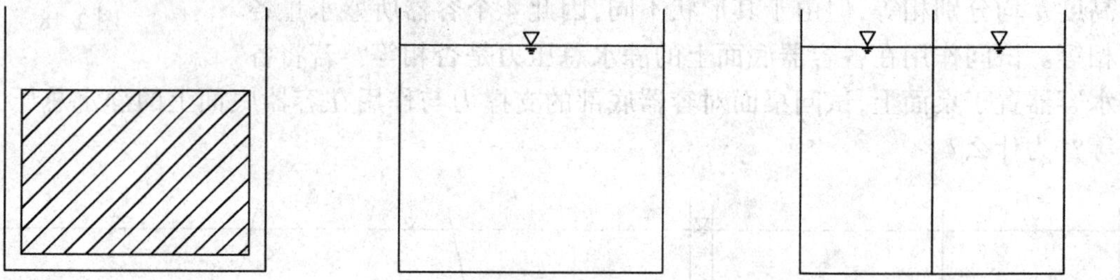

(a) (b) (c)

图 2.22

五、判断改正题

1.静止流体内各点的测压管水头等于常数。(　　)

2.平衡流体的等压面处处与表面力正交。(　　)

3.静止流体的等压面必为水平面，反之也成立。(　　)

4.在平衡流体中，不管是绝对压强还是相对压强，其作用方向都是垂直指向作用面。(　　)

5. 在工程流体力学或水力学中,测压管水头和测压管高度是同一概念,两者数值相等。(　　)

6. 相对压强恒为正值,而绝对压强和真空压强则可正可负。(　　)

7. 相对压强是指相对于绝对真空的压强,而绝对压强则为相对于当地大气压的压强。(　　)

8. 只有作用在规则平面上的静水总压力才等于受压面形心处的压强与受压面面积的乘积。(　　)

9. 当压力体与液体在曲面的同侧时,为实压力体,否则为虚压力体。实压力体 F_{Pz} 向上,虚压力体 F_{Pz} 向下。(　　)

10. 潜体或浮体稳定与否取决于其重心是否在浮心之下。(　　)

六、计算题

1. 成人的正常血压为收缩压 100 ~ 125 mmHg,舒张压 60 ~ 90 mmHg,试分别将其换算为国际单位制表示。

2. 图 2.23 所示为测量两点压强差的两种压差计,其中下部为 U 形管水银压差计,上部为倒 U 形管空气压差计,试证明 $H=\left(\dfrac{\rho_{水银}}{\rho_{水}}-1\right)h$。

3. 图 2.24 表示用两个压差计连接的两水箱具有不同的水位高程,试证明箱内水的密度

$$\rho=\frac{\rho_1 h_1+\rho_2 h_2}{h_1+h_2}$$

式中:ρ_1、ρ_2 分别为压差计内工作液体的密度。

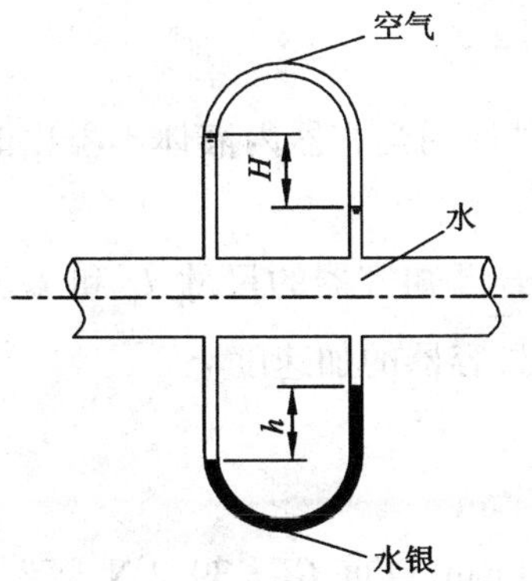

图 2.23

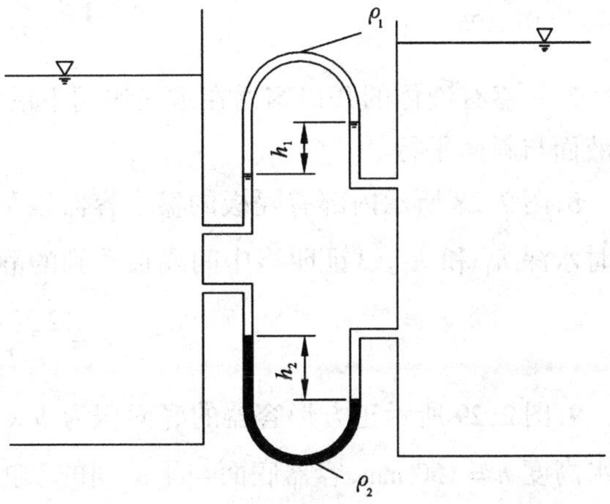

图 2.24

4. 图 2.25 表示一半径 $R = 1$ m 的半球形容器,质量 $m = 3.2\times10^3$ kg,内部充满密度 $\rho = 800$ kg/m³ 的油,容器顶部的金属压力表读数为 $p = 16.5$ Pa。试求容器底部所受油压以及容器底与地面间的平均压强。

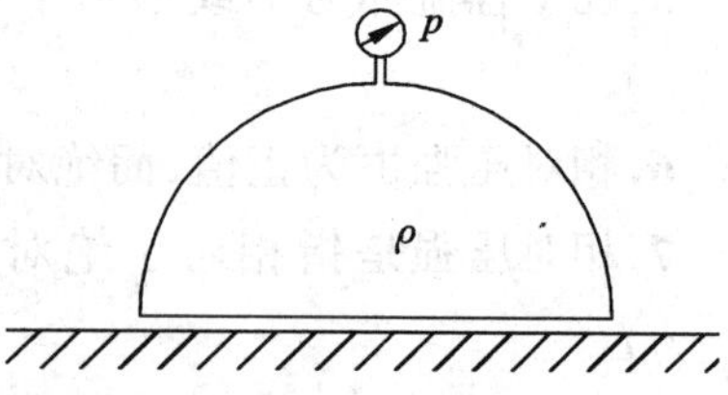

图 2.25

5. 如图 2.26 所示,直径 $D = 0.2$ m 的圆柱形盛水容器悬于直径 $d = 0.1$ m 的柱塞上,已知容器自重 $G = 490$ N,水深 $h = 0.3$ m,若略去容器与柱塞间的摩擦力,试求容器内液面的真空压强 p_V,并分析柱塞淹没深度对计算结果的影响。

6. 图 2.27 所示一液力变压器,其大、小活塞的直径分别为 D 和 d,两根竖管的直径相同。若初始平衡状态时两根竖管的液柱差为 h,试证明在左边竖管内加入体积为 V 的液体时,活塞右移的距离

$$l = \frac{V}{\frac{\pi}{4}D^2\left[1 + \left(\frac{d}{D}\right)^4\right]}$$

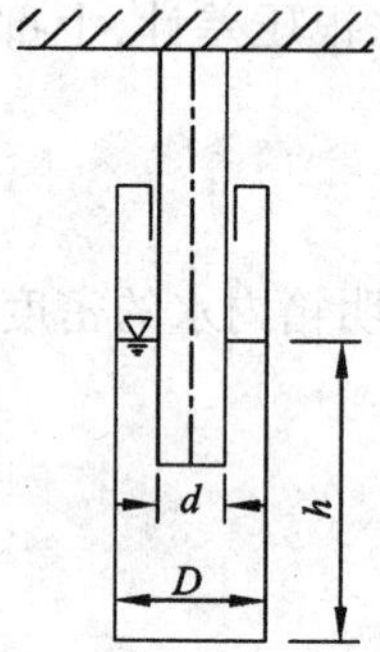

图 2.26

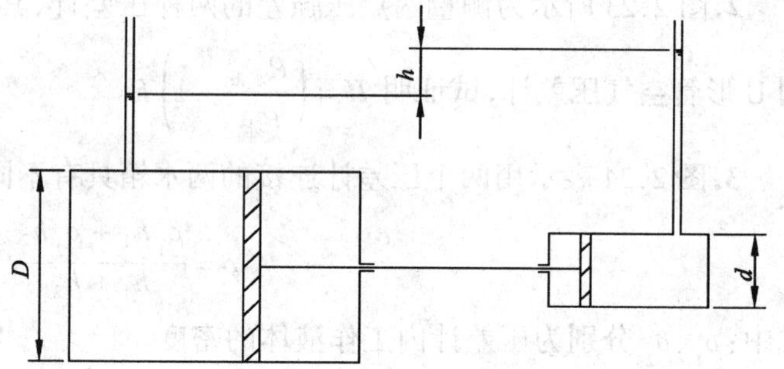

图 2.27

7. 一盛有液体的开口容器在重力作用下沿斜面自由下滑,试证明当容器内液体不溢出时,其液面与斜面平行。

8. 图 2.28 所示内部有隔板的盛水容器以加速度 a 运动。若已知容器的尺寸 l_1 和 l_2、静止时水深 h_1 和 h_2,试证明当中间隔板受到的静水总压力为零时,容器的加速度

$$a = \frac{2g(h_2 - h_1)}{l_1 + l_2}$$

9. 图 2.29 所示正方形容器的底面积为 $b\times b = 200\ \text{mm}\times200\ \text{mm}$,自重 $G_1 = 39.2$ N,容器内盛水高度 $h = 150$ mm,容器底面与平面间的摩擦系数 $f = 0.3$,若该容器在荷重 $G_2 = 245.2$ N 作用下沿平面滑动,试求在忽略滑轮摩擦情况下,为使水不溢出容器所需要的最小高度 H。

10. 如图 2.30 所示,圆柱形容器(直径为 d)内充满密度为 ρ 的液体,在顶盖上距中心为 r_0

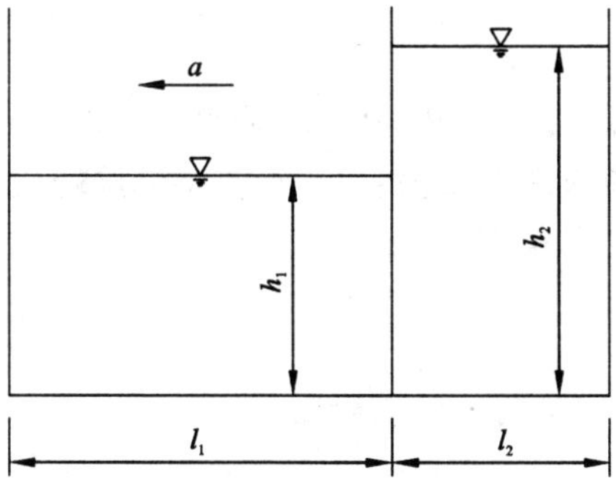

图 2.28

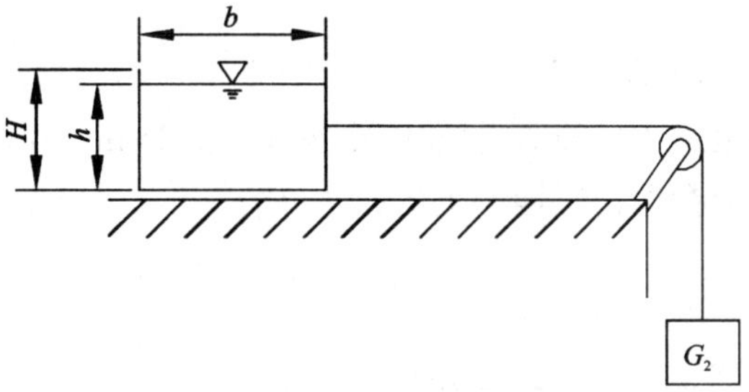

图 2.29

处开有一小孔通大气。若容器绕其铅垂轴作等角速度 ω 旋转，试问 $\frac{r_0}{d}$ 等于多少时，顶盖所受到的液体总压力为零？

11. 图 2.31 所示液体转速计由直径为 d_1 的圆筒和质量为 m 的活塞以及与其连通的两根直径为 d_2 的支管所构成，转速计内盛水银，支管中心距圆筒中心轴为 R。试证明转速计工作时，转速 n 与活塞的下降值 h 的关系为

$$n=\frac{30}{\pi}\sqrt{\frac{2gh\left[1+\frac{1}{2}\left(\frac{d_1}{d_2}\right)^2\right]}{R^2-\frac{d_1^2}{8}}}$$

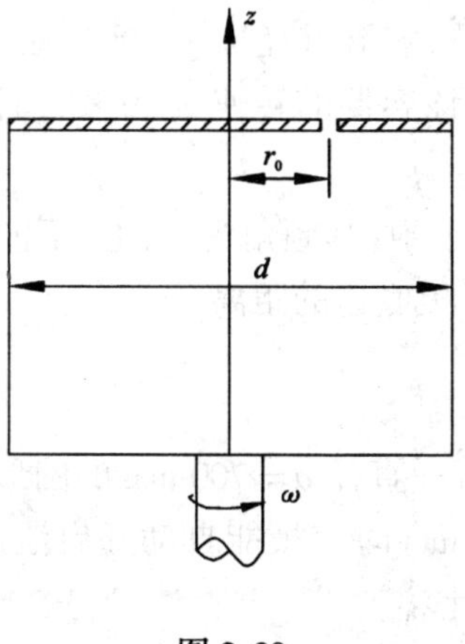

图 2.30

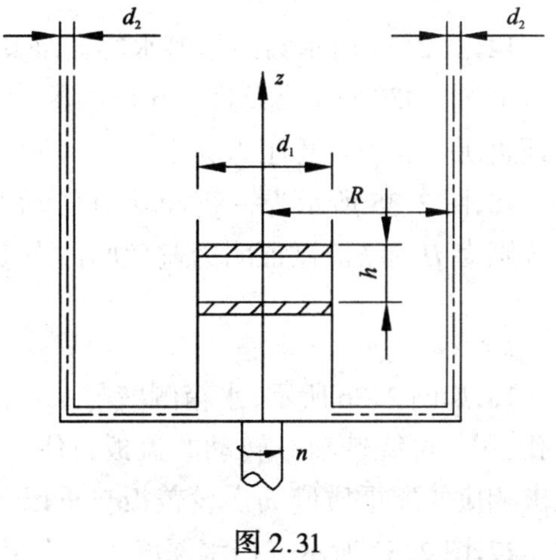

图 2.31

12. 图 2.32 所示半径为 r_0 的活塞浮在比它略大的圆筒形盛水容器上，活塞质量为 m，水的密度为 ρ。试证明当容器连同水及活塞以等角速度 ω 旋转时，活塞的吃水深度

$$h=\frac{\omega^2 r_0^2}{4g}+\frac{m}{\pi\rho r_0^2}$$

13. 图 2.33 所示一顶盖中心开口的圆筒形盛水容器，其半径 $R=0.4$ m，高度 $H=0.7$ m，顶盖重量 $G=50$ N，容器内水量 $V=0.25$ m^3，若容器以等角速度 $\omega=10$ rad/s 绕铅垂轴旋转，试求作用在顶盖螺栓群上的拉力 F_T。

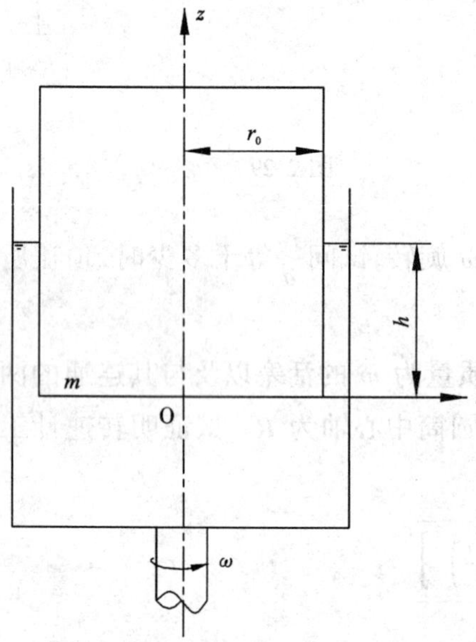

图 2.32

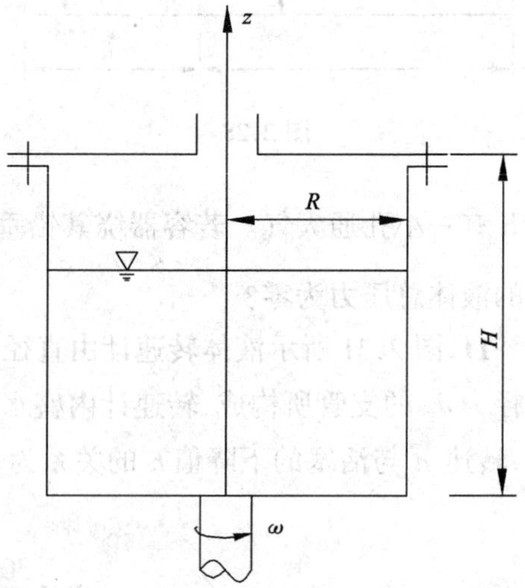

图 2.33

14. 图 2.34 所示圆筒形盛水容器绕其中心轴作等角速度旋转，容器直径 $d=1\ 200$ mm，在顶盖上 $r_0=430$ mm 处安装一开口测压管，测得 $h=500$ mm，试问该容器的转速 n 为多大时容器顶盖所受的静水总压力为零？

15. 图 2.35 所示为一绕铰轴 O 转动的自动开启式矩形平板水闸，其倾角为 α，上、下游水深分别为 H 和 h。试证明为避免闸门自动开启，应使铰轴 O 与平板底边的距离

$$x>\frac{H^3-h^3}{3(H^2-h^2)\sin\alpha}$$

16. 如图 2.36 所示，水箱侧壁与水平面成 $\alpha=60°$ 夹角，侧壁有一直径 $d=700$ mm 的圆形泄水孔，用与可绕铰轴 O 转动的盖板封住。若要求当水位 $H=600$ mm 时盖板能自动开启泄水，试求相应的配重质量 m。设盖板自重以及铰轴摩擦等可略去不计。

17. 图 2.37 所示一挡水深度为 h 的铅垂矩形平板闸门，设计要求用 4 根受力相等的工字钢梁作支撑，试求各工字钢梁的形心至水面的距离 $y_i(i=1,2,3,4)$ 与水深 h 的比值 $\frac{y_i}{h}$。

18. 试绘制图 2.38 所示 $\frac{3}{4}$ 圆柱承压曲面在 3 种水头情况下所对应的压力体图，并标示曲

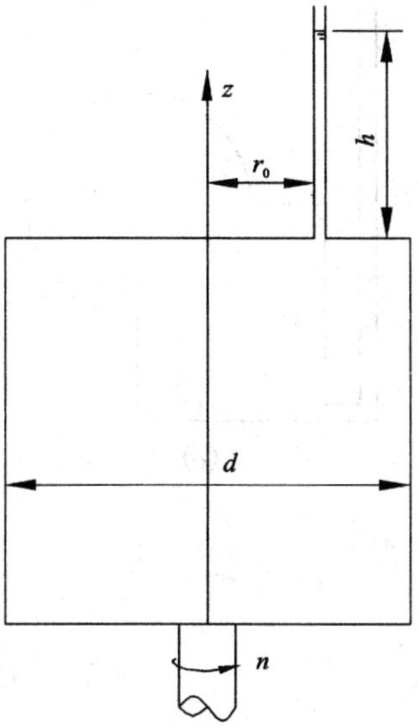

图 2.34

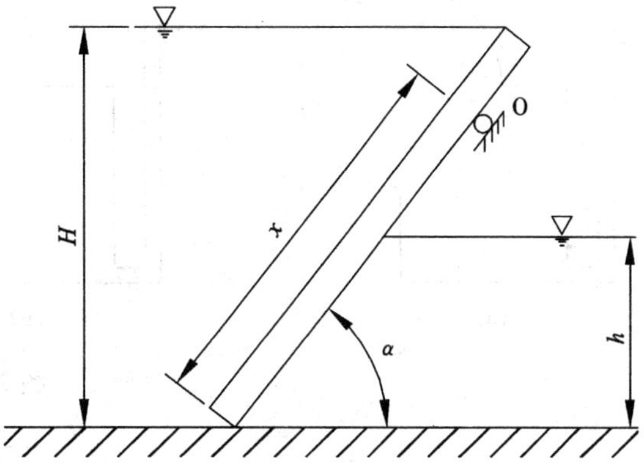

图 2.35

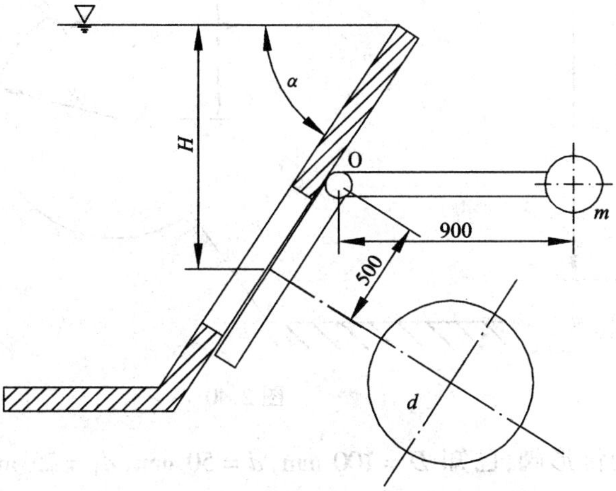

图 2.36

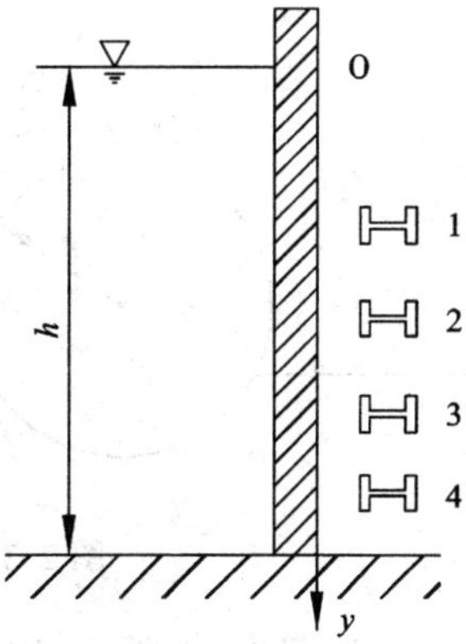

图 2.37

面所受的铅垂总压力的作用方向。

19. 如图 2.39 所示,用半径为 R 的圆球堵住水箱底部半径为$\frac{\sqrt{2}}{2}R$ 的圆孔,若水箱内水深为 H,试求圆球所受静水总压力的大小 F_p,并讨论其作用方向。

20. 如图 2.40 所示,倾角 $\alpha=45°$的容器斜壁上开有一半径为 R 的圆孔,圆孔中心的水深为 h,若用一半径为 R 的半球壳盖子封堵圆孔,试证明盖子所受的静水总压力

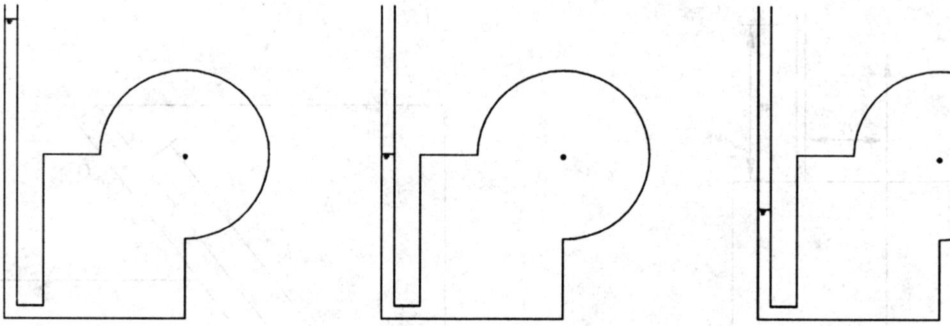
(a) (b) (c)

图 2.38

$$F_p = \rho g \pi R^2 \sqrt{\frac{4}{9}R^2 + \frac{2\sqrt{2}}{3}Rh + h^2}$$

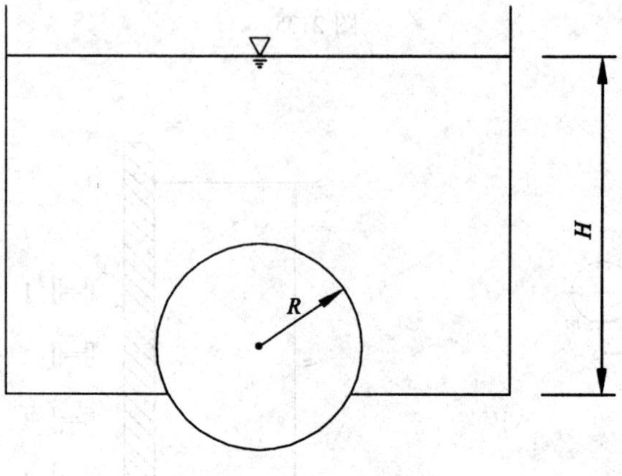

图 2.39

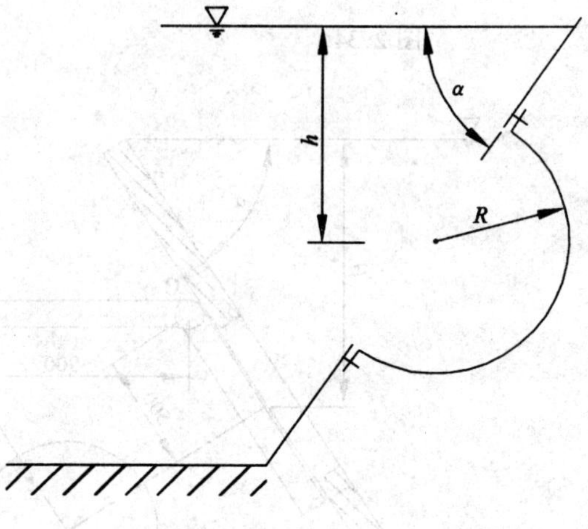

图 2.40

21. 如图 2.41 所示，汽油箱底部有一圆锥形阀，已知 $D = 100$ mm，$d = 50$ mm，$d_1 = 25$ mm，$h_1 = 50$ mm，$h_2 = 100$ mm，汽油密度 $\rho = 830$ kg/m^3，若略去阀芯的自重和运动时的摩擦力，试求当压力表读数为 9 800 Pa 时，提起阀芯所需的最小力 F。

22. 已知图 2.42 所示的浮筒重 $G = 493.8$ N，直径 $d = 1\ 000$ mm，高 $H = 800$ mm，在水下的淹没深度 $h = 400$ mm，其底面用缆绳与河底上的一体积 $V = 0.3$ m^3、密度 $\rho = 2\ 400$ kg/m^3 的水泥块相连，若不计缆绳重量，试求浮筒开始随水漂流时的潮水涨高 Δh。

23. 若将密度为 ρ 的木材制成直径为 D、高度为 H 的圆柱，如图 2.43 所示，试求圆柱浮于水面满足稳定性要求时的 $\dfrac{H}{D}$。

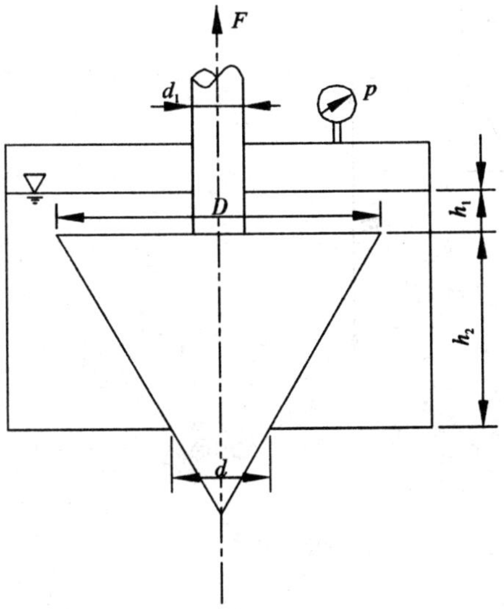

图 2.41

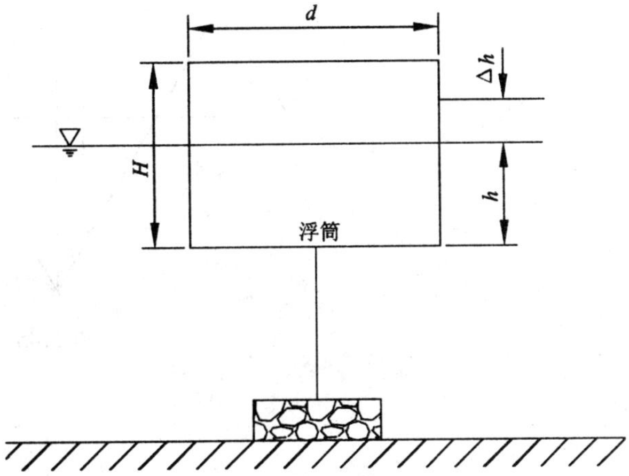

图 2.42

24. 若将上题的实心圆柱改为内径为 d 的同心空心圆柱，如图 2.44 所示，如保持$\frac{H}{D}$不变，是否可增加其稳定性？

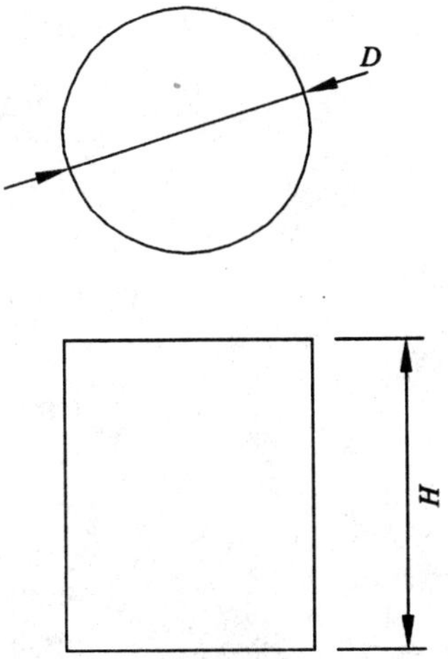

图 2.43

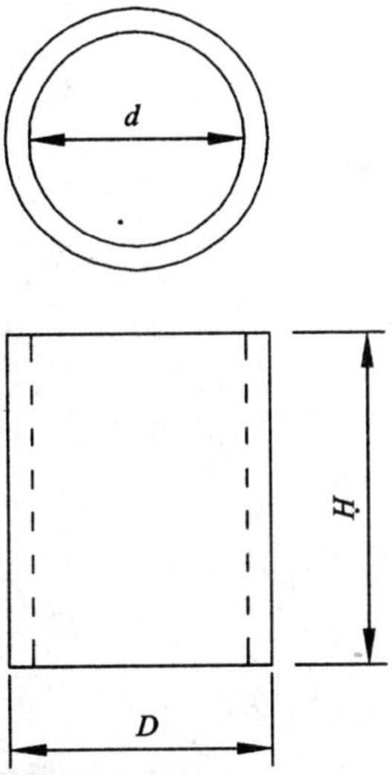

图 2.44

25. 图 2.45 所示木质圆锥体的密度为 $\rho_{木}$，底半径为 R，高为 H，若使圆锥体锥顶向下稳定地浮在密度为 $\rho_{水}$ 的水面上，则对于$\frac{\rho_{木}}{\rho_{水}}$值有何限制？

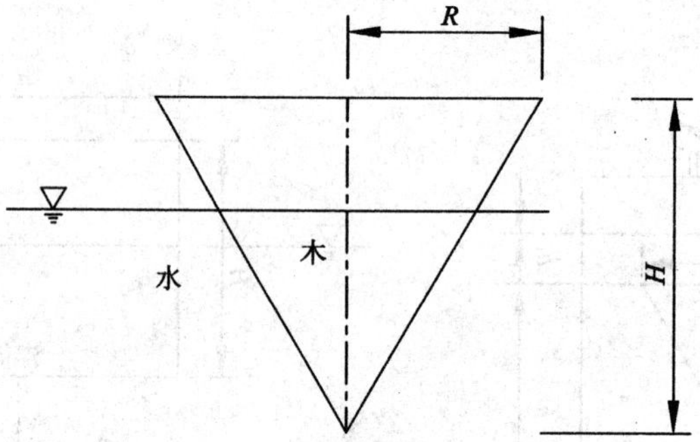

图 2.45

第3章　流体动力学基础

一、单项选择题

1.当液流为恒定流时,必有(　　)等于零。

A.当地加速度　B.迁移加速度　C.向心加速度　D.合加速度

2.均匀流过流断面上各点的(　　)等于常数。

A.p　B.$z+\frac{p}{\rho g}$　C.$\frac{p}{\rho g}+\frac{u^2}{2g}$　D.$z+\frac{p}{\rho g}+\frac{u^2}{2g}$

3.过流断面是指与(　　)的横断面。

A.迹线正交　B.流线正交　C.流线斜交　D.迹线斜交

4.已知不可压缩流体的流速场为 $u_x=f(y,z)$,$u_y=f(x)$,$u_z=0$,则该流动为(　　)。

A.一元流　B.二元流　C.三元流　D.均匀流

5.用欧拉法研究流体运动时,流体质点的加速度 $a=$(　　)。

A.$\frac{\mathrm{d}^2\boldsymbol{r}}{\mathrm{d}t^2}$　B.$\frac{\partial\boldsymbol{u}}{\partial t}$　C.$(\boldsymbol{u}\cdot\nabla)\boldsymbol{u}$　D.$\frac{\partial\boldsymbol{u}}{\partial t}+(\boldsymbol{u}\cdot\nabla)\boldsymbol{u}$

6.在恒定流中,流线与迹线在几何上(　　)。

A.相交　B.正交　C.平行　D.重合

7.控制体是指相对于某个坐标系来说,(　　)。

A.由确定的流体质点所组成的流体团　B.有流体流过的固定不变的任何体积

C.其形状、位置随时间变化的任何体积　D.其形状不变而位置随时间变化的任何体积

8.渐变流过流断面近似为(　　)。

A.抛物面　B.双曲面

C.对数曲面　D.平面

9.在图3.1所示的等径长直管流中,M—M为过流断面,N—N为水平面,则有(　　)。

A.$p_1=p_2$　B.$p_3=p_4$

C.$z_1+\frac{p_1}{\rho g}=z_2+\frac{p_2}{\rho g}$　D.$z_3+\frac{p_3}{\rho g}=z_4+\frac{p_4}{\rho g}$

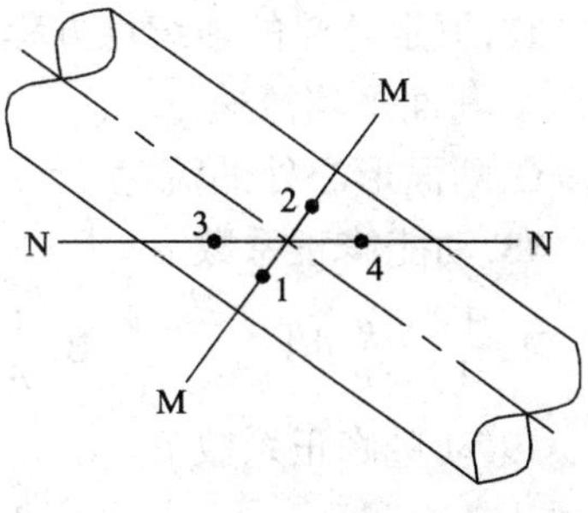

图3.1

10.已知突然扩大管道突扩前后管段的管径之比$\frac{d_1}{d_2}=$

0.5,则突扩前后断面平均流速之比$\frac{v_1}{v_2}$=(　　)。

A.4　　B.2　　C.1　　D.0.5

11.根据图3.2所示的三通管流,可得(　　)。

A.$q_{V1}+q_{V2}=q_{V3}$　　B.$q_{V1}-q_{V2}=q_{V3}$　　C.$q_{V1}=q_{V2}+q_{V3}$　　D.$q_{V1}+q_{V2}+q_{V3}=0$

12.根据图3.3所示三通管流,可得(　　)。

A.$q_{V1}+q_{V2}=q_{V3}$　　B.$q_{V1}-q_{V2}=q_{V3}$　　C.$q_{V1}=q_{V2}+q_{V3}$　　D.$q_{V1}+q_{V2}+q_{V3}=0$

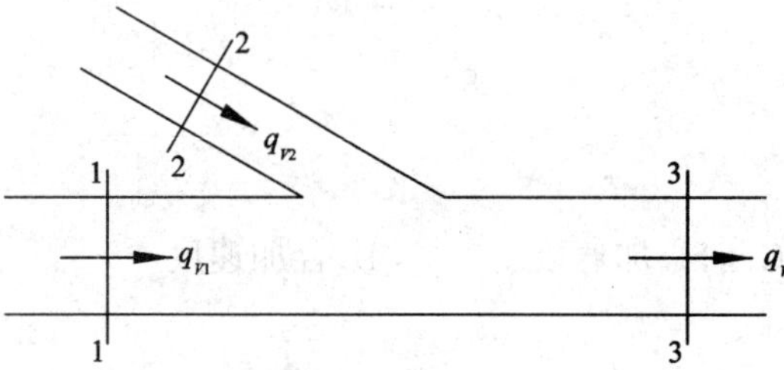

图3.2

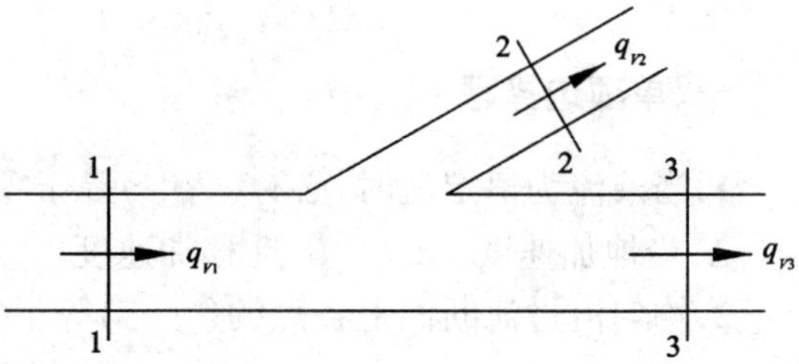

图3.3

13.测压管水头坡度 J_P=(　　)。

A.$-\frac{dz}{ds}$　　B.$-\frac{d\left(z+\frac{p}{\rho g}\right)}{ds}$　　C.$-\frac{d\left(\frac{p}{\rho g}+\frac{u^2}{2g}\right)}{ds}$　　D.$-\frac{d\left(z+\frac{p}{\rho g}+\frac{u^2}{2g}\right)}{ds}$

14.水力坡度 J=(　　)。

A.$-\frac{dz}{ds}$　　B.$-\frac{d\left(z+\frac{p}{\rho g}\right)}{ds}$　　C.$-\frac{d\left(\frac{p}{\rho g}+\frac{u^2}{2g}\right)}{ds}$　　D.$-\frac{d\left(z+\frac{p}{\rho g}+\frac{u^2}{2g}\right)}{ds}$

15.流速水头的表达式为(　　)。

A.$\frac{v^2}{2}$　　B.$\frac{\rho v^2}{2}$　　C.$\frac{v^2}{2\rho}$　　D.$\frac{v^2}{2g}$

16.实际流体的水力坡度(　　)。

A.$J<0$　　B.$J=0$　　C.$J>0$　　D.$J=J_P$

17.恒定总流的连续性方程、伯努利方程、动量方程中的流速为(　　)。

A.断面平均流速　　B.断面上的最大流速

C.断面形心处的流速　　D.断面上压力中心处的流速

18.动能修正系数 α=(　　)。

A.$\frac{1}{A}\int_A \frac{u}{v}dA$　　B.$\frac{1}{A}\int_A \left(\frac{u}{v}\right)^2 dA$　　C.$\frac{1}{A}\int_A \left(\frac{u}{v}\right)^3 dA$　　D.$\frac{1}{A}\int_A \left(\frac{u}{v}\right)^4 dA$

19.动量修正系数 β=(　　)。

A.$\frac{1}{A}\int_A \frac{u}{v}dA$　　B.$\frac{1}{A}\int_A \left(\frac{u}{v}\right)^2 dA$　　C.$\frac{1}{A}\int_A \left(\frac{u}{v}\right)^3 dA$　　D.$\frac{1}{A}\int_A \left(\frac{u}{v}\right)^4 dA$

20.毕托管是一种测量(　　)的仪器。

A.点流速　　B.断面平均流速　　C.压强　　D.流量

21.文丘里管是一种测量(　　)的仪器。

A.点流速　　B.压强　　C.密度　　D.流量

22.安装在风道内的毕托管的测速管和测压管间的压差为 100 mmH_2O,若毕托管的流速系数为 0.99,风道内空气的密度为 1.12 kg/m^3,则风道内的风速为(　　)m/s。

A.40.9　　B.43.8　　C.45.7　　D.47.6

23.如图 3.4 所示,输气管在喉道处用一玻璃管与盛水容器相连,已知玻璃管内水的上升高度为 h,则输气管喉道断面的相对压强为(　　)。

A.$\rho_{水} gh$　　B.$\rho_{气} gh$

C.$-\rho_{水} gh$　　D.$-\rho_{气} gh$

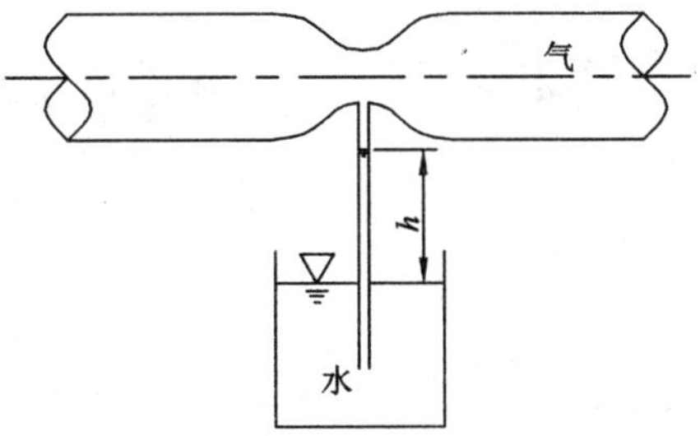

图 3.4

24.关于水流流向的正确说法是(　　)。

A.水一定是从高处往低处流

B.水一定是从流速大处往流速小处流

C.水一定是从机械能大处往机械能小处流

D.水一定是从测压管水头高处往测压管水头低处流

25.如图 3.5 所示,输油管路中安装有一文丘里流量计,已知水银压差计中水银柱高差为 h_p,则 $\left(z_2+\dfrac{p_2}{\rho g}\right)-\left(z_1+\dfrac{p_1}{\rho g}\right)=$(　　)。

A.$\dfrac{\rho_{水银}}{\rho}h_p$　　B.$\left(1-\dfrac{\rho_{水银}}{\rho}\right)h_p$

C.$\left(\dfrac{\rho_{水银}}{\rho}-1\right)h_p$　　D.$\left(1+\dfrac{\rho_{水银}}{\rho}\right)h_p$

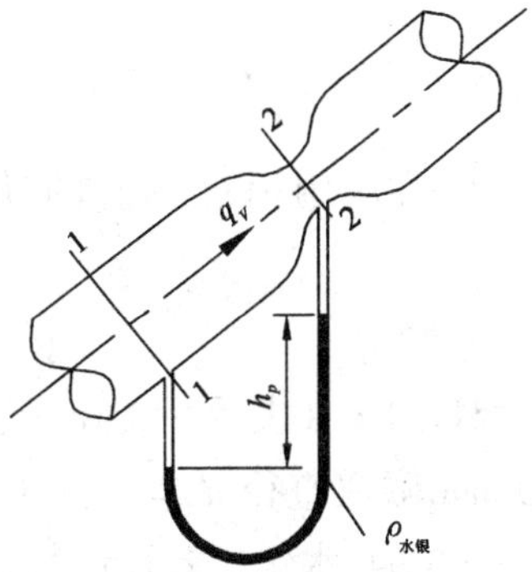

图 3.5

26.已知圆管过流断面上的流速分布为 $u=u_{max}\left[1-\left(\dfrac{r}{r_0}\right)^2\right]$。式中:$u_{max}$ 为管轴处的流速,r_0 为某点到管轴的距离,则该圆管断面平均流速与断面上最大流速之比 $\dfrac{v}{u_{max}}=$(　　)。

A.1/2　　B.2/3　　C.3/4　　D.4/5

27.已知三通管来流流量 $q_{V1}=140$ L/s,两出流支管的管径分别为 $d_2=150$ mm 和 $d_3=200$ mm,若两支管的断面平均流速相等,则两支管的流量分别为(　　)。

A.$q_{V2}=40$ L/s,$q_{V3}=100$ L/s　　B.$q_{V2}=50.3$ L/s,$q_{V3}=89.7$ L/s

C. $q_{V2}=60$ L/s, $q_{V3}=80$ L/s　　D. $q_{V2}=q_{V3}=70$ L/s

28. 若图 3.6 所示固定平行平板间的断面流速分布为 $u=u_{\max}\left(\dfrac{B/2-y}{B/2}\right)^{\frac{1}{7}}$，$y\geqslant 0$，则总流的动能修正系数 $\alpha=$(　　)。

A. 0.955　　B. 1.035　　C. 1.045　　D. 1.055

29. 如图 3.7 所示，离心式通风机借集流器从大气中吸入空气。若插入盛水容器的玻璃管中的水上升高度为 h，则通风机流量 $q_V=$(　　)。

A. $\dfrac{\pi}{4}d^2\sqrt{2gh}$　　B. $\dfrac{\pi}{4}d^2\sqrt{2\rho_{气}gh}$　　C. $\dfrac{\pi}{4}d^2\sqrt{2\rho_{水}gh}$　　D. $\dfrac{\pi}{4}d^2\sqrt{2\dfrac{\rho_{水}}{\rho_{气}}gh}$

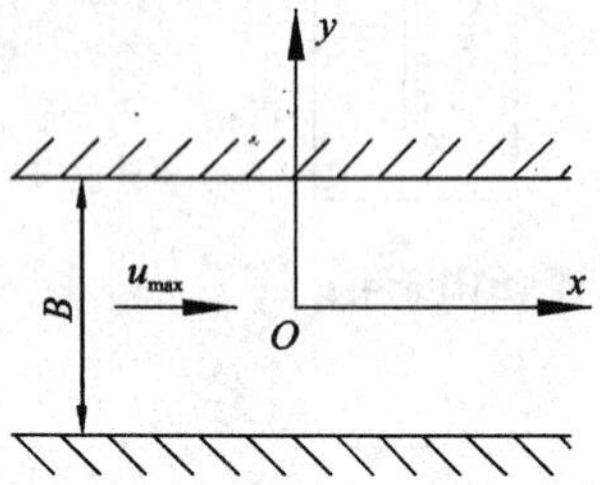

图 3.6

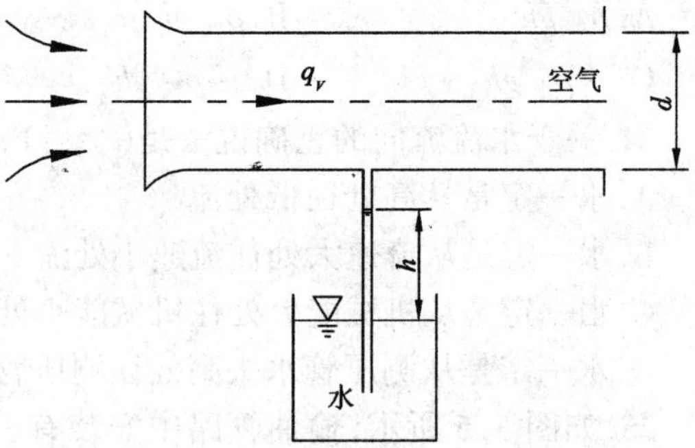

图 3.7

30. 在应用恒定总流的动量方程 $\sum \boldsymbol{F}=\rho q_V(\beta_2\boldsymbol{v}_2-\beta_1\boldsymbol{v}_1)$ 解题时，$\sum \boldsymbol{F}$ 中不应包括(　　)。

A. 重力　　B. 压力　　C. 阻力　　D. 惯性力

31. 图 3.8 表示一文丘里管，已知管道直径 $d_1=100$ mm，喉道直径 $d_2=50$ mm，文丘里流量计流量系数 $\mu=0.94$，水银压差计读数 $h_p=25$ cm，则通过管道的水流流量 $q_V=$(　　)m^3/s。

A. 0.030　　B. 0.025

C. 0.020　　D. 0.015

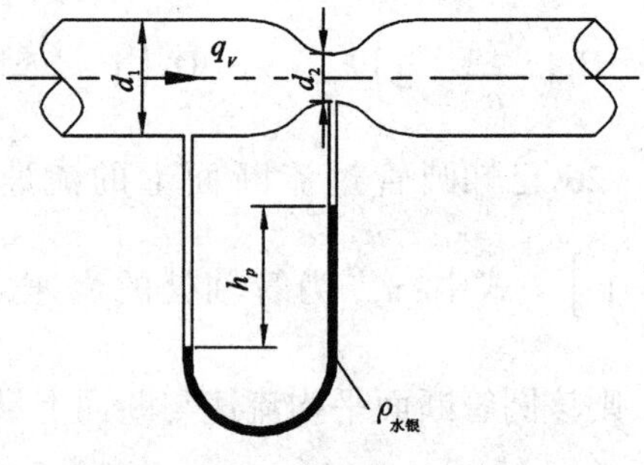

图 3.8

32. 无旋流动是指(　　)的流动。

A. 流线是直线

B. 迹线是直线

C. 流体微团不绕自身旋转　　D. 运动要素沿程不变

33. 平面势流的等流函数线与等势线(　　)。

A. 正交　　B. 斜交　　C. 平行　　D. 重合

34.已知平面流动的流速分布为 $u_x = ky, u_y = 0$,其中 k 为常数,则该流动为(　　)。

A.无旋流动　　B.有旋流动　　C.渐变流动　　D.急变流动

35.当陨星在天空中下坠时,其划过的白线是(　　)。

A.流线　　B.迹线　　C.等势线　　D.等流函数线

二、多项选择题

1.已知不可压缩流体流动的流速分布为 $u_x = f(y,z), u_y = u_z = 0$,则该流动为(　　)。

A.恒定流　　B.均匀流　　C.非均匀流　　D.一元流

E.二元流

2.已知不可压缩流体作平面流动的流速分布为 $u_x = ax^2 - y^2 + x, u_y = -(x+b)y$,则常数(　　)。

A.$a = \frac{1}{2}$　　B.$a = 1$　　C.$b = \frac{1}{2}$　　D.$b = 1$

E.$a = 1, b = \frac{1}{2}$

3.当液流为恒定均匀流时,必有(　　)等于零。

A.当地加速度　　B.迁移加速度　　C.水力坡度 J　　D.测压管坡度 J_P

E.$J - J_P$

4.用欧拉法研究流体运动时,其合加速度 $\boldsymbol{a}$ 由(　　)组成。

A.$\frac{\partial \boldsymbol{u}}{\partial t}$　　B.$\frac{\partial \boldsymbol{u}}{\partial t}$　　C.$(\nabla \cdot \boldsymbol{u})\boldsymbol{u}$　　D.$\nabla \cdot \boldsymbol{u}$

E.$\nabla \times \boldsymbol{u}$

5.对于图 3.9 所示的汇流三通管路,应有(　　)。

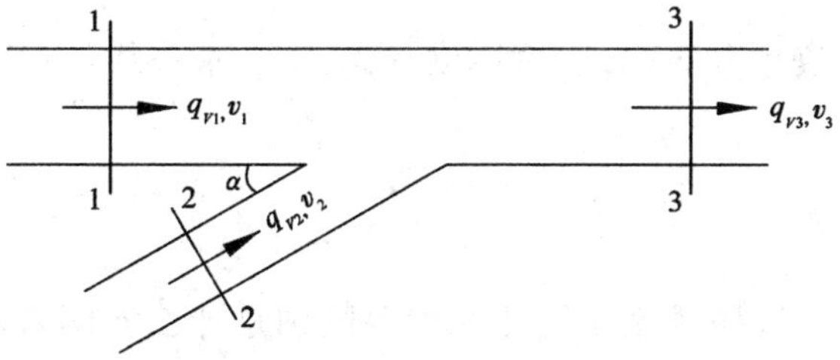

图 3.9

A.$q_{V1} + q_{V2}\cos\alpha = q_{V3}$

B.$z_1 + \frac{p_1}{\rho g} + \frac{\alpha_1 v_1^2}{2g} = z_3 + \frac{p_3}{\rho g} + \frac{\alpha_3 v_3^2}{2g} + h_{w1-3}$

$z_2 + \frac{p_2}{\rho g} + \frac{\alpha_2 v_2^2}{2g} = z_3 + \frac{p_3}{\rho g} + \frac{\alpha_3 v_3^2}{2g} + h_{w2-3}$

C. $\left(z_1+\frac{p_1}{\rho g}+\frac{\alpha_1 v_1^2}{2g}\right)+\left(z_2+\frac{p_2}{\rho g}+\frac{\alpha_2 v_2^2}{2g}\right)=z_3+\frac{p_3}{\rho g}+\frac{\alpha_3 v_3^2}{2g}+h_{w1-3}+h_{w2-3}$

D. $\left(z_1+\frac{p_1}{\rho g}+\frac{\alpha_1 v_1^2}{2g}\right)+\left(z_2+\frac{p_2}{\rho g}+\frac{\alpha_2 v_2^2}{2g}\right)\cos\alpha=z_3+\frac{p_3}{\rho g}+\frac{\alpha_3 v_3^2}{2g}+h_{w1-3}+h_{w2-3}$

E. $\left(z_1+\frac{p_1}{\rho g}+\frac{\alpha_1 v_1^2}{2g}\right)\rho g q_{V1}+\left(z_2+\frac{p_2}{\rho g}+\frac{\alpha_2 v_2^2}{2g}\right)\rho q_{V2}$

$$=\left(z_3+\frac{p_3}{\rho g}+\frac{\alpha_3 v_3^2}{2g}\right)\rho g q_{V3}+h_{w1-3}\rho g q_{V1}+h_{w2-3}\rho g q_{V2}$$

三、填充题

1. 流线一般不能相交，且只能是一条(　　)曲线。

2. 恒定流动的流线与迹线(　　)。

3. 渐变流断面上各点的测压管水头 $z+\frac{p}{\rho g}$ 近似等于(　　)。

4. 如图 3.10 所示，三种形式的叶片受流量为 q_V、流速为 v 的射流冲击，则叶片受冲击力最大的是(　　)，最小的是(　　)。

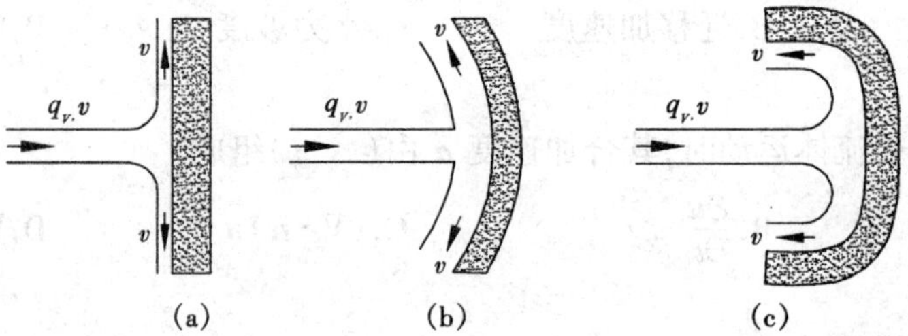

图 3.10

5. 在工程流体力学或水力学中，水力坡度 J、测压管水头线坡度 J_p 均以相应水头线沿程(　　)为正。

四、思考题

1. 拉格朗日法和欧拉法描述流体运动的主要区别是什么？两者的数学表达式有何不同？它们能否相互转换？

2. 何谓流线？何谓迹线？两者的表述方程(微分方程)有何本质区别？

3. 恒定流时，流线与迹线完全重合，非恒定流时，流线与迹线有无完全重合的情形？

4. 静止流体中的应力具有两个重要特性(方向性和大小性)，运动流体中的应力是否也具有这两个特性？

5. 何谓均匀流？何谓非均匀流？它们与过流断面上流速分布是否均匀有无关系？

6. 何谓渐变流？渐变流过流断面具有哪些重要性质？引入渐变流概念对研究流体运动有

什么实际意义？

7.“均匀流和渐变流必为恒定流，急变流必为非恒定流”，这种说法对否？为什么？

8.为什么说渐变流过流断面上的流体动压强近似地按流体静压强分布？这个结论对理想流体和实际流体都适用吗？

9.不可压缩流体的连续性方程$\frac{\partial u_x}{\partial x}+\frac{\partial u_y}{\partial y}+\frac{\partial u_z}{\partial z}=0$的物理意义是什么？为什么说该方程也适用于非恒定流？

10.恒定流时，流线与迹线完全重合，但在推导理想流体恒定元流的伯努利方程时，为什么只强调“沿流线积分”而不提“沿迹线积分”？

11.恒定总流的伯努利方程是否也近似适用于沿程有流量输入、输出的管路或河渠？为什么？

12.在河道中，自由航行的船只为什么总是被迫向水流较急的一侧河岸靠拢？

13.当流量 q_V 一定时，连接在文丘里流量计上的水银压差计的读数 h_p 是否与文丘里管轴线的倾度有关？为什么？

14.如何根据伯努利方程的性质判断水流流向？

15.在应用恒定总流的动量方程$\sum \boldsymbol{F}=\rho q_V(\beta_2 \boldsymbol{v}_2-\beta_1 \boldsymbol{v}_1)$解题时，$\sum \boldsymbol{F}$ 中是否应包括惯性力？为什么？

16.在应用动量方程解题时，为什么要把过流断面选在渐变流段上？这难道仅仅是为了便于计算动水压力吗？

17.在应用动量方程解题时，控制面的大小是否是任意的？如求水流对图 3.11 所示溢流坝的作用力问题，在考虑边界摩擦力情况下，上游过流断面位置取得不同，所得结果是否唯一？

18.在应用动量方程求解水流对图 3.12 所示溢流坝迎水面的水平作用力时，因重力在水平方向的投影为零，是否可以说水平作用力与重力无关？

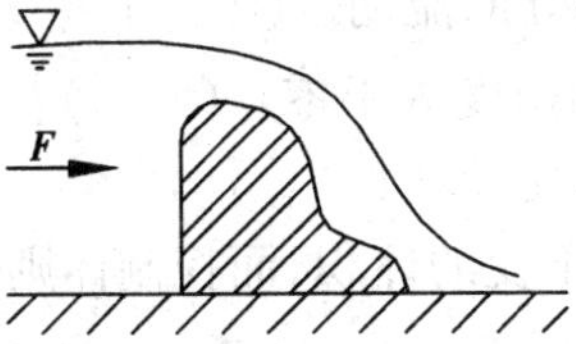

图 3.11

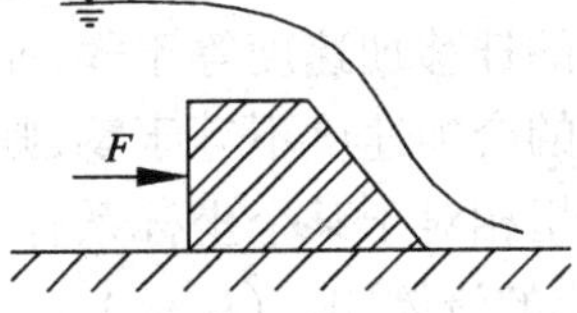

图 3.12

19.液体作用于运动部件时，流体动力学基本方程（包括连续性方程、能量方程、动量方程和动量矩方程）中的流速应采用绝对速度还是相对速度？为什么？

20.为什么洒水器旋转方向与水的出流方向相反？

21.何谓无旋流？何谓有旋流？它们和液体质点的运动轨迹是否为圆有无关系？

22.为什么无旋流动必为有势流动？反之是否成立？为什么？

23.无旋流动一般存在于无黏性的理想流体中，能否说理想流体流动一定是无旋流动？理想流体有旋流动是否存在?

24.有旋流动一般存在于有黏性的实际流体中,能否说实际流体一定是有旋流动?实际流体无旋流动是否存在?

25.理想流体的伯努利积分和无旋流动的伯努利积分有无实质性区别?

26.流速势函数 φ 与力势函数 W 有何区别?两者有无共同点?

27.有旋流动中不存在流速势函数 φ,是否存在流函数 ψ?为什么?

28.流速势函数 φ 和流函数 ψ 都满足拉普拉斯方程,因此两者的性质相同,这种说法对吗?为什么?

29.流函数 ψ 的物理意义是什么?它具有哪些主要性质?

30.何谓势流叠加原理?势流叠加原理对解决实际问题有何意义?

五、判断改正题

1.恒定流是指运动要素不随时间和空间变化的流动。(　　)

2.均匀流是指过流断面上各点流速均相等的流动。(　　)

3.急变流是指流线近似为平行直线的流动。(　　)

4.渐变流是指流速分布沿程不变的流动。(　　)

5.渐变流过流断面上各点的测压管高度近似等于常数。(　　)

6.运动流体具有与静止流体完全相同的两个应力特征(即大小性和方向性)。(　　)

7.由于黏性是流体的固有属性,因此,不管是理想流体还是实际流体,其机械能总是沿程减小的。(　　)

8.对于恒定不可压缩流体的流动问题,质量守恒与流量守恒并不完全等同。(　　)

9.在流量 q_V 一定条件下,流速水头$\dfrac{v^2}{2g}$与管径 d 成正比。(　　)

10.有压管流必为恒定流。(　　)

11.根据流动的分类,三元流是指 $u_x \neq 0, u_y \neq 0, u_z \neq 0$ 的流动。(　　)

12.恒定流的迁移加速度等于零,而均匀流的当地加速度等于零。(　　)

13.若流动的合加速度不等于零,则该流动必为非恒定流。(　　)

14.系统是指相对于某个坐标系有流体流过的固定不变的体积,而控制体则是指由确定的流体质点所组成的流体团。(　　)

15.恒定不可压缩势流的等势线与等流函数线处处正交。(　　)

六、计算题

1.已知流速场 $u_x = (4x^2 + 2y + xy)$, $u_y = (3x - y^3 + z)$,试问:

(1)点(1,1,2)的加速度是多少?

(2)流动是几元流?

(3)流动是恒定流还是非恒定流?

(4)流动是均匀流还是非均匀流？

2. 已知流速分布 $u_x = kx, u_y = -ky, u_z = 0$，其中，$y \geqslant 0$，$k$ 为常数，试求：(1)流线方程；(2)迹线方程。

3. 已知流速场 $u_x = -\dfrac{ky}{x^2 + y^2}, u_y = \dfrac{kx}{x^2 + y^2}$，其中 k 为常数，试求流线方程并画出若干条流线。

4. 试判别不可压缩流体流动 $u_x = f(y, z), u_y = u_z = 0$ 是否存在？若存在，则属于何种流动？

5. 在三元不可压缩流场中，已知 $u_x = ax^2 + by^2 + cz^2, u_y = -(dxy + eyz + fzx)$，其中 a、b、c、d、e、f 均为常数。若当 $z = 0$ 时，$u_z = 0$，试求分速度 u_z。

6. 已知平面不可压缩流动的流速分布为 $u_x = ax^2 - y^2 + x, u_y = -(x + b)y$，试求常数 a、b 之值。

7. 已知某平面流动的流速场为 $u_x = x + t, u_y = -y + t$，试求在 $t = 0$ 时过点$(-1, -1)$的流线方程和迹线方程。

8. 试推导图 3.13 所示平面流动问题在极坐标系(r, θ)下的可压缩流体和不可压缩流体的连续性微分方程。

9. 试证明图 3.14 所示变截面管道中的连续性微分方程为

$$\frac{\partial \rho}{\partial t} + \frac{1}{A}\frac{\partial(\rho u A)}{\partial s} = 0$$

式中 ρ、u、A、s 分别为密度、流速、过流面积和沿程坐标。

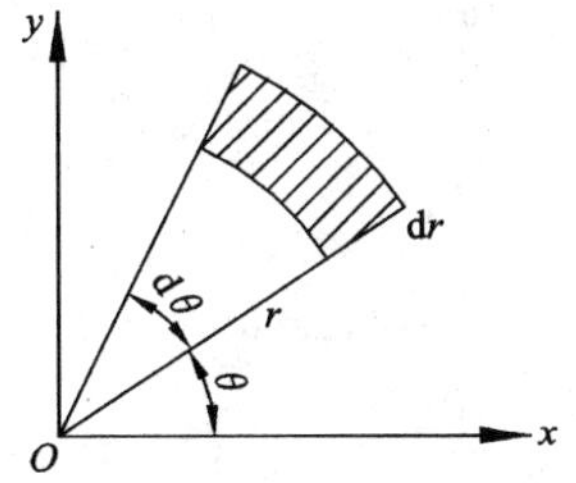

图 3.13

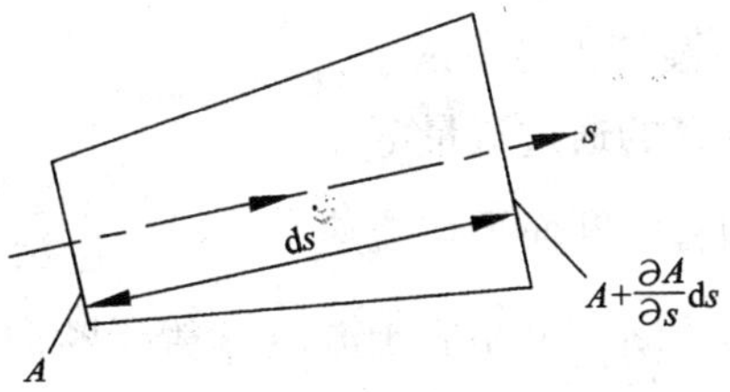

图 3.14

10. 试推证流体运动的连续性积分方程的一般形式为

$$\frac{\partial}{\partial t}\int_V \rho \mathrm{d}V + \oint_A \rho u_n \mathrm{d}A = 0$$

式中：V 为总流控制体体积，A 为控制面面积，u_n 为控制面上各点的流速矢量在微元面积 $\mathrm{d}A$ 的外法向的投影，$\oint_A \rho u_n \mathrm{d}A$ 为通过总流控制面的质量通量。

11. 水流恒定流过图 3.15 所示的突然扩大管道，已知突扩前后管径之比 $\dfrac{d_1}{d_2} = \dfrac{1}{2}$，试求突扩前后断面平均流速之比$\frac{v_1}{v_2}$。

12.图 3.16 表示一宽度为 b 的矩形断面渠槽,其流速分布为 $u = u_{\max}\left(\frac{y}{h}\right)^{\frac{1}{7}}$。式中:$h$ 为渠槽水深,y 为距渠底的铅垂距离,$u_{\max}$为水面流速。试求:

(1)渠槽的通过流量 q_V;

(2)渠槽的断面平均流速 v;

(3)渠槽断面上相应于流速 u 等于断面平均流速 v 处的$\frac{y}{h}$。

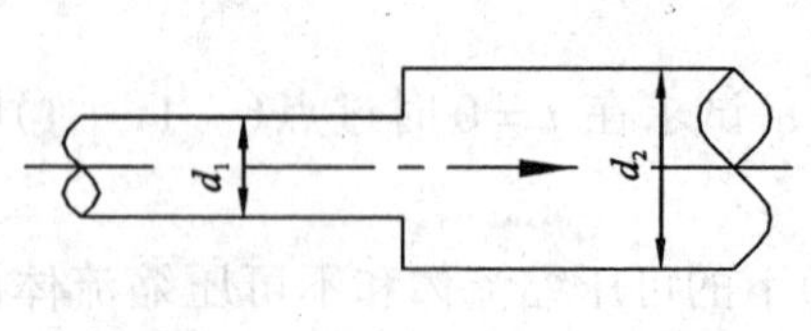

图 3.15

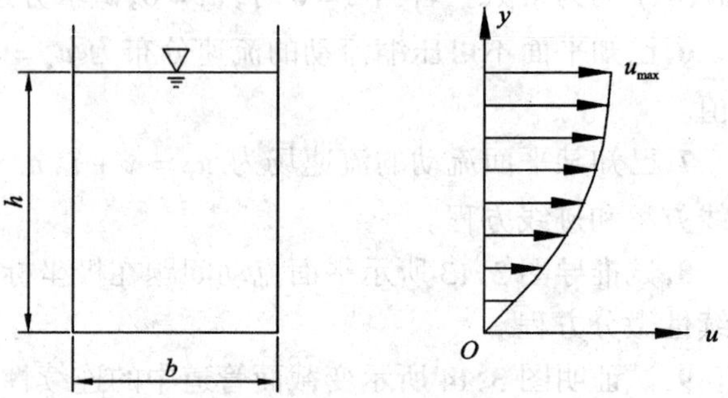

图 3.16

13.图 3.17 所示圆管过流断面上的流速分布为 $u = u_{\max}\left(1-\frac{r}{r_0}\right)^{\frac{1}{7}}$。式中:$u_{\max}$为管轴上的流速;$r_0$ 为圆管半径。试求:

(1)圆管的通过流量 q_V;

(2)圆管的断面平均流速 v;

(3)圆管断面上相应于流速 u 等于断面平均流速 v 处的$\frac{r}{r_0}$。

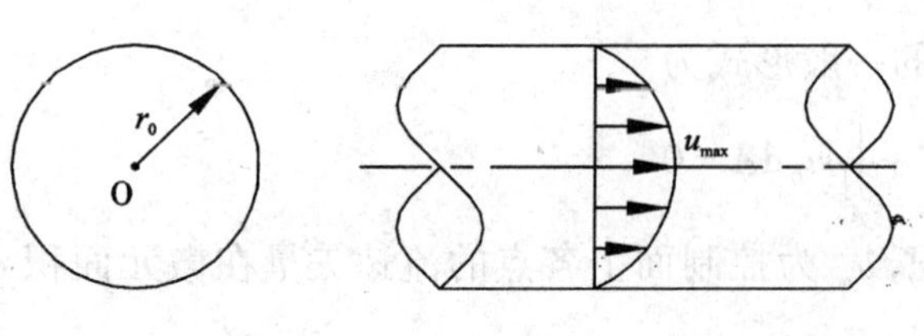

图 3.17

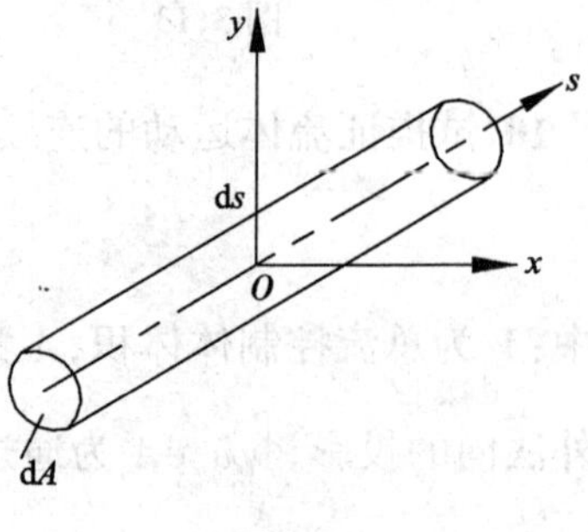

图 3.18

14. 试从牛顿第二定律出发推证图 3.18 所示一元流动的运动方程为

$$-g\frac{\partial z}{\partial s}-\frac{1}{\rho}\frac{\partial p}{\partial s}=\frac{\mathrm{d}u_s}{\mathrm{d}t}$$

15. 如图 3.19 所示，利用毕托管原理测量输水管的流量 q_V。已知输水管管径 $d=200$ mm，水银压差计读数 $h_p=60$ mm，断面平均流速与毕托管测点流速之比$\frac{v}{u_{\max}}=0.84$。

16. 如图 3.20 所示，水平管路中装有一直径 $D=50$ mm、$d=25$ mm 的文丘里流量计。已知管道流量 $q_V=2.5$ L/s，压力表读数为 $p=9.8$ kPa，若水头损失忽略不计，试求连接于文丘里流量计喉道断面的水管可将水从容器内吸上的高度 h。

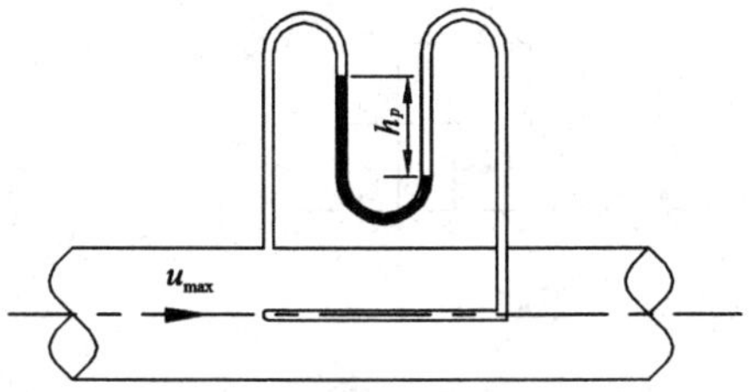

图 3.19

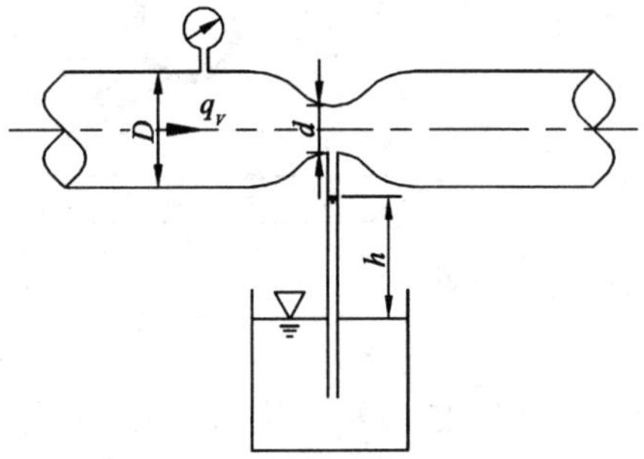

图 3.20

17. 试推证通过图 3.21 所示文丘里管的流量与水银差压计读数的关系为

$$q_V=\frac{\frac{\pi}{4}d_1^2}{\sqrt{\left(\frac{d_1}{d_2}\right)^4-1}}\sqrt{2g\left(\frac{\rho_p}{\rho}-1\right)h_p}$$

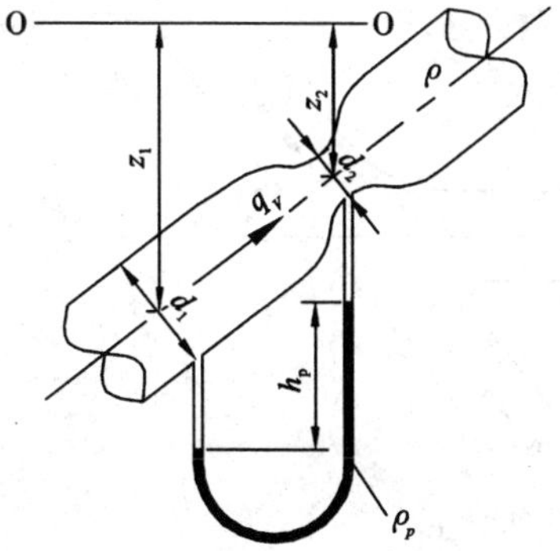

图 3.21

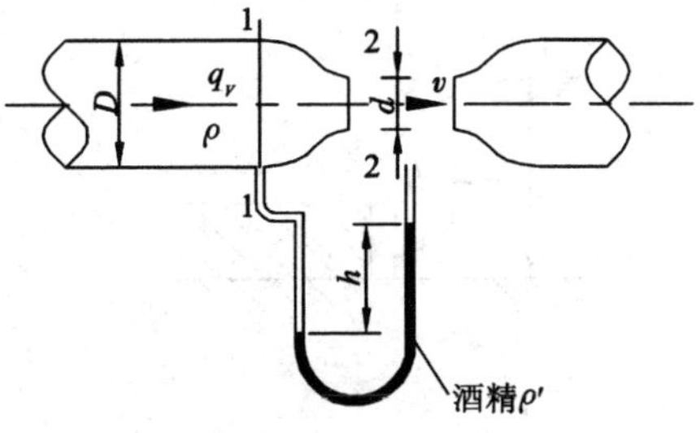

图 3.22

18. 图 3.22 所示一风洞实验段，已知 $D=1\ 000$ mm、$d=400$ mm、$h=150$ mm，空气和酒精的

密度分别为 $\rho=1.29\ \text{kg/m}^3$ 和 $\rho'=759.5\ \text{kg/m}^3$，若不计水头损失，试求风洞实验段的流速 v。

19. 一U形水银压差计连接于直角弯管上，如图3.23所示。已知管径 $D=300$ mm、$d=100$ mm，若不计水头损失，试求当管中流量 $q_V=100$ L/s 时水银压差计的读数 h_p。

20. 某河段过水断面近似为宽 $b=100$ m 的矩形，桥梁基础施工时用围堰将其缩窄一半，如图3.24所示。假设缩窄处水位与下游河段水位相同，水头损失为缩窄处流速水头的一半。当下游水深 $h=3$ m 时，通过流量 $q_V=300\ \text{m}^3/\text{s}$，若不计河床坡度，试求上游壅水水深 H。

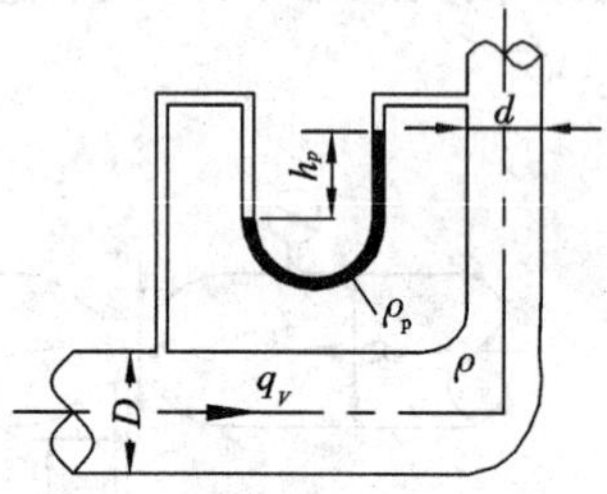

图3.23

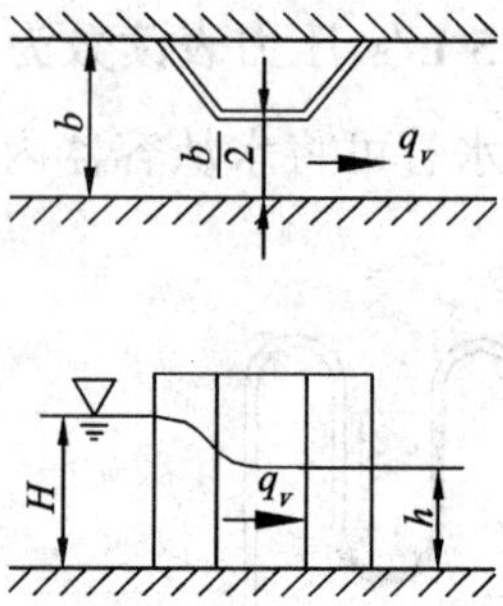

图3.24

21. 图3.25表示一宽 $b=2.7$ m 矩形断面平底渠道，已知河床在某断面处抬高 $h_p=0.30$ m，抬高前渠道水深 $h=1.8$ m，抬高后水面降低 $h_z=0.12$ m，若水头损失 h_w 为渠尾流速水头的一半，试求渠道的流量 q_V。

22. 如图3.26所示，水自轴线水平的喷嘴射向一与其交角成 $\alpha=60°$ 的光滑平板上（不计摩擦力）。已知喷嘴出口的流量和流速分别为 q_V 和 v，若水头损失忽略不计，试求射流沿平板向两侧的分流流量之比 $\frac{q_{V1}}{q_{V2}}$ 以及射流对平板的冲击力 F。

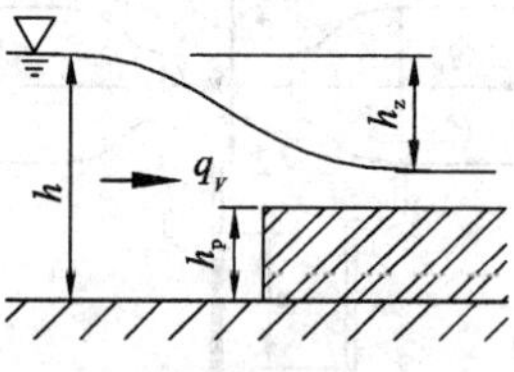

图3.25

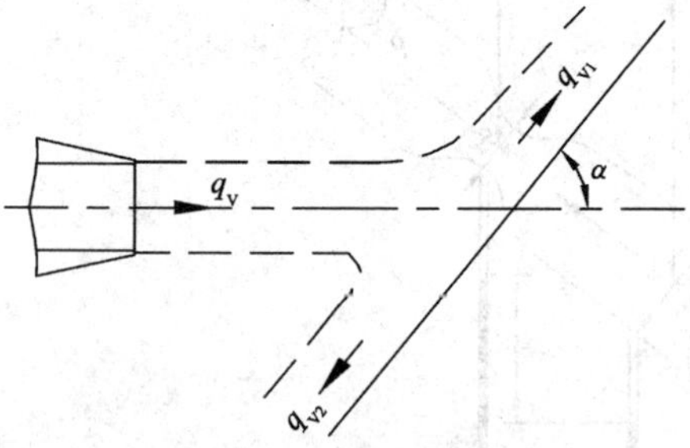

图3.26

23. 如图3.27所示，将一平板垂直置于轴线水平的自由射流中。已知 $v=30$ m/s，$q_V=36$ L/s，$q_{V1}=12$ L/s，若不计摩擦力，试求射流对平板的冲击力 F 以及射流偏转角 α。

24. 一水平喷射的消防水龙头如图 3.28 所示。已知消防喷嘴进口断面管径 $D=100$ mm，相对压强 $p=700$ kPa，出口断面管径 $d=40$ mm，消防流量 $q_V=186\ \mathrm{m^3/h}$，试求作用于喷嘴上的水平力 F。

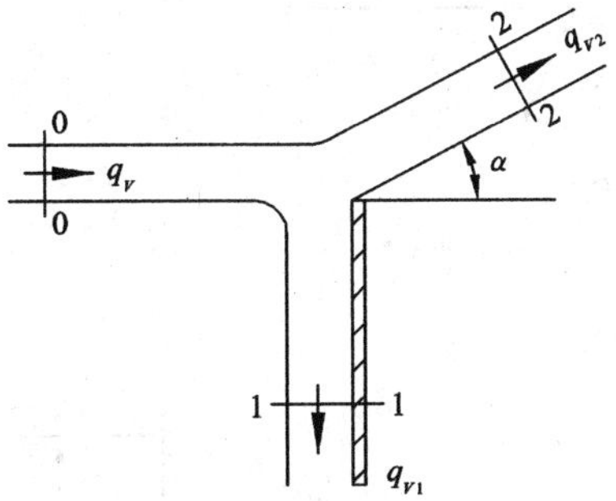

图 3.27

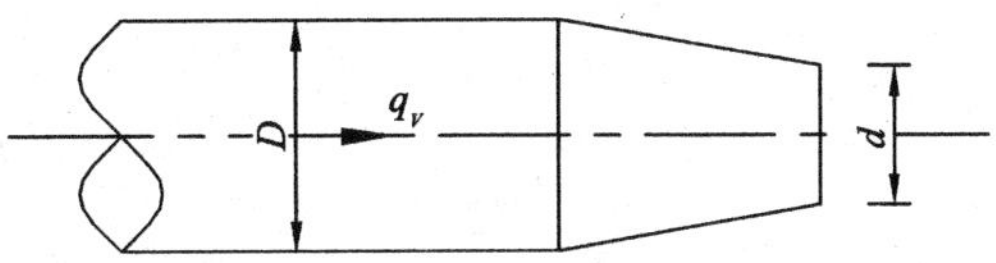

图 3.28

25. 喷水船用水泵由船头吸水，从船尾以高速喷水而运动。已知水泵流量 $q_V=80$ L/s，船头吸水和船尾喷水的相对速度分别为 $v_1=0.5$ m/s 和 $v_2=12$ m/s，试求喷水船的推进力 F。

26. 图 3.29 所示为嵌入支墩内的一段输水管，其管径由 $D=1\ 500$ mm 变化到 $d=1\ 000$ mm，假定水头损失可忽略不计，试求当支墩前相对压强 $p=392$ kPa、流量 $q_V=1.8\ \mathrm{m^3/s}$ 时，渐变段支墩所受的轴向力 F。

27. 图 3.30 所示为嵌入支墩内的一段输水管(俯视图)，其管径由 $D=1\ 500$ mm 变化到 $d=1\ 000$ mm，假定水头损失可忽略不计，试求当支墩前相对压强 $p=196$ kPa、流量 $q_V=1.8\ \mathrm{m^3/s}$ 时，弯段支墩所受的轴向力 F。

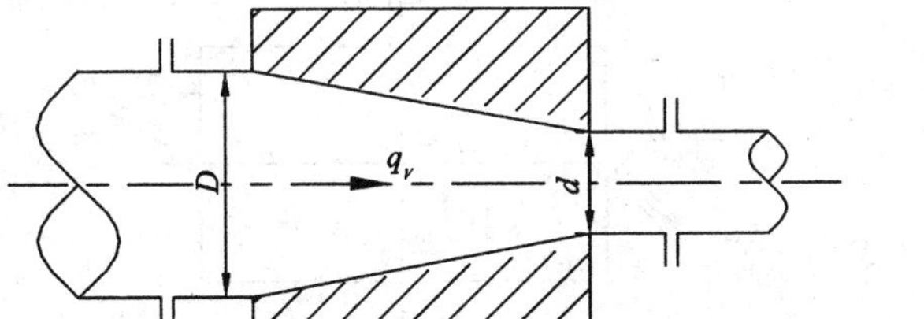

图 3.29

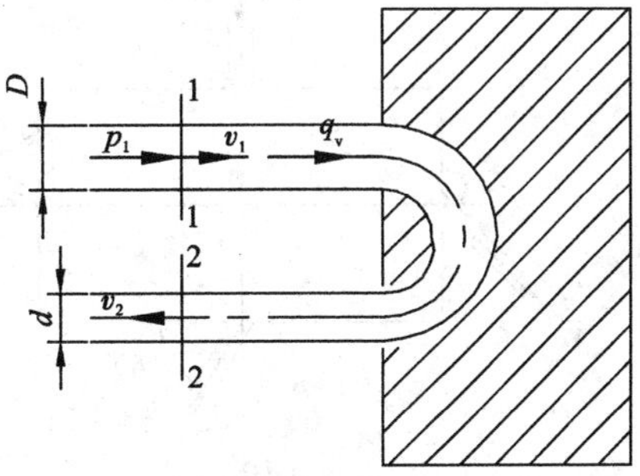

图 3.30

28. 图 3.31 所示一边长 $l=30$ cm 的正方形铁板闸门，上边铰接于 O，其重量 $G=117.7$ N。若直径 $d=20$ mm 的水射流轴线通过闸板中心，射流速度 $v=15$ m/s，试问：

(1)为使闸门保持垂直位置，在其下边应施加多大的力 F_p？

(2)假定铰链摩擦可忽略不计，撤销力 F_p 后，闸门倾斜角 α 是多少？

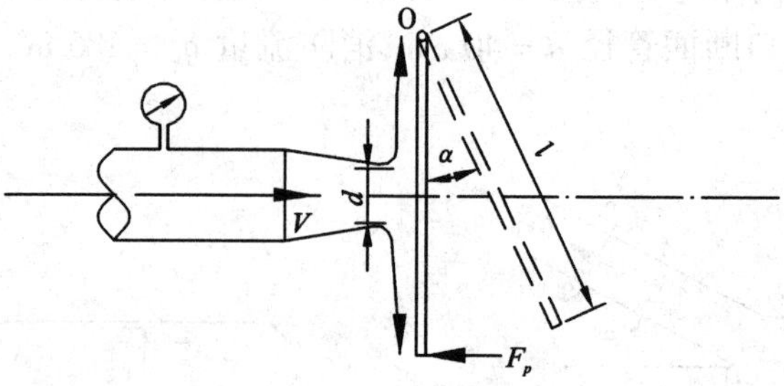

图 3.31

29. 如图 3.32 所示，水从容器甲的小孔口恒定出流射向盖在容器乙出流小孔口的盖板上。若两个出流孔口的面积均为 A，假定水头损失和盖板重量可忽略不计，试求射流对盖板的作用力恰好使盖板盖住容器乙出流孔口时两容器的水位之比 $\dfrac{h_1}{h_2}$。

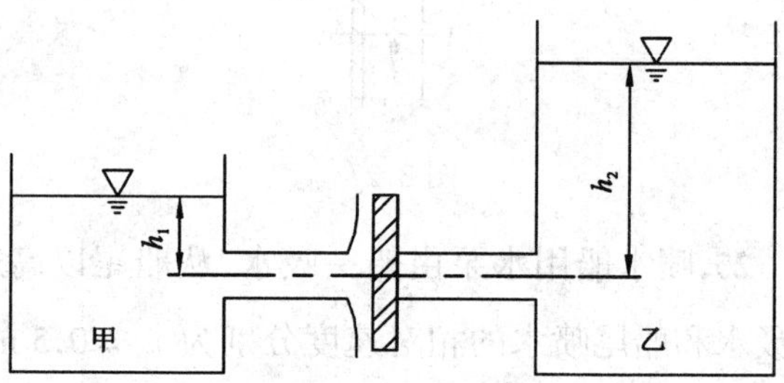

图 3.32

30. 图 3.33 所示水箱（俯视图），其输入管的流量和流速各为：$q_{V1} = 30$ L/s，$v_1 = 30$ m/s，$q_{V2} = 20$ L/s，$v_2 = 45$ m/s；输出管的流量和流速各为：$q_{V3} = 22$ L/s，$v_3 = 36$ m/s，$q_{V4} = 28$ L/s，$v_4 = 18$ m/s。若各输入管和输出管的入流断面和出流断面的相对压强均为零，试求固定水箱所需的力 F，并在图上确定它的方向。

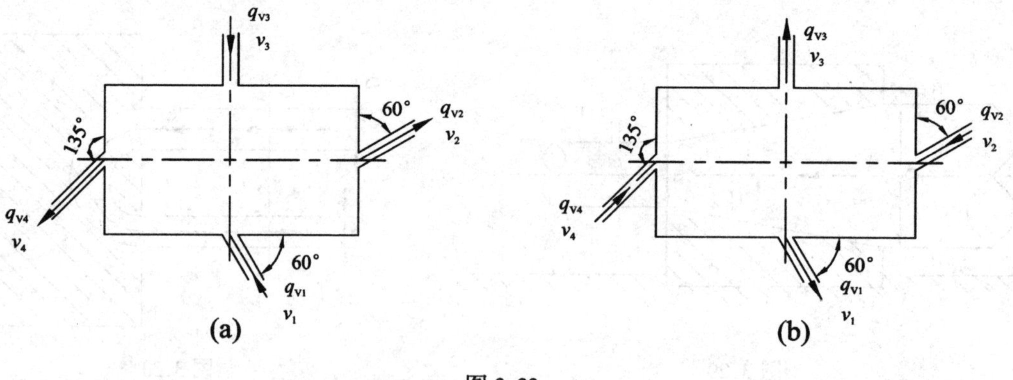

图 3.33

31. 试证明图 3.34 所示平底矩形断面突然扩大渠段恒定流有如下关系式：

$$(1)\ Fr_1 = \sqrt{\frac{\left(\dfrac{b_2}{b_1}\right)\left[\left(\dfrac{h_2}{h_1}\right)^2 - 1\right]}{2\beta\left[1 - \dfrac{1}{\left(\dfrac{h_2}{h_1}\right)\left(\dfrac{b_2}{b_1}\right)}\right]}}$$

式中：$Fr_1 = \dfrac{v_1}{gh_1}$，$\beta = \beta_1 = \beta_2$ 为动量修正系数。

$$(2)\ h_j = h_1\left\{\left(1 - \frac{h_2}{h_1}\right) + \frac{Fr_1^2}{2}\left[1 - \frac{1}{\left(\dfrac{h_2}{h_1}\right)^2\left(\dfrac{b_2}{b_1}\right)^2}\right]\right\}$$

32. 如图 3.35 所示，直径 $D = 80$ mm 的油缸端部有一直径 $d = 20$ mm 的小孔，若油的密度 $\rho = 800\ \text{kg/m}^3$，假定活塞的重量和系统的水头损失可忽略不计，推动活塞的力 $F' = 3\ 000$ N，油从小孔出流时，试求油缸受到的作用力 F。

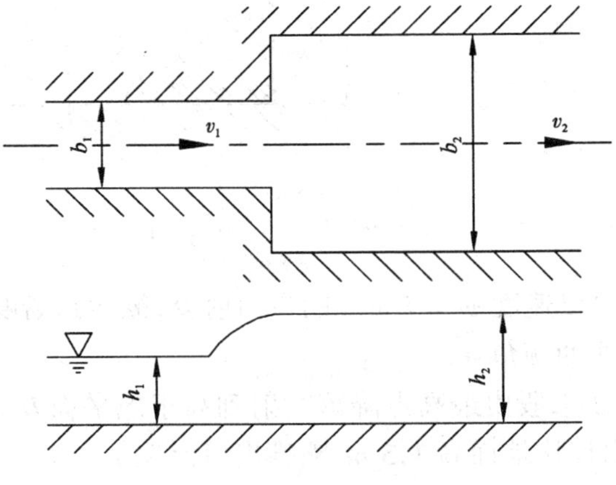

图 3.34

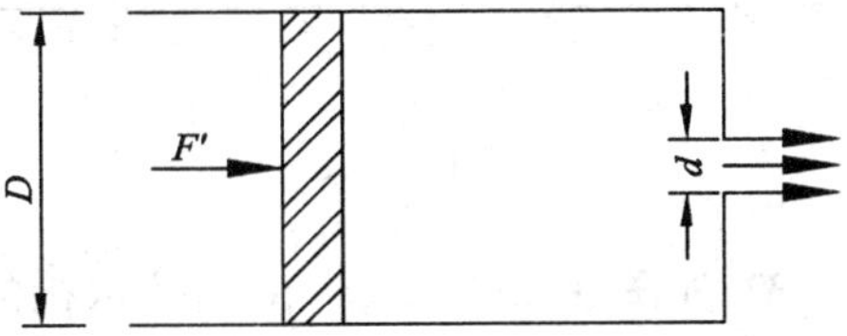

图 3.35

33. 一长为 L、直径为 D 的圆柱体置于恒定不可压缩流体中，假定其迎流面和背流面的压强相同、流速分布如图 3.36 所示，试求流体作用于圆柱体上的力 F。

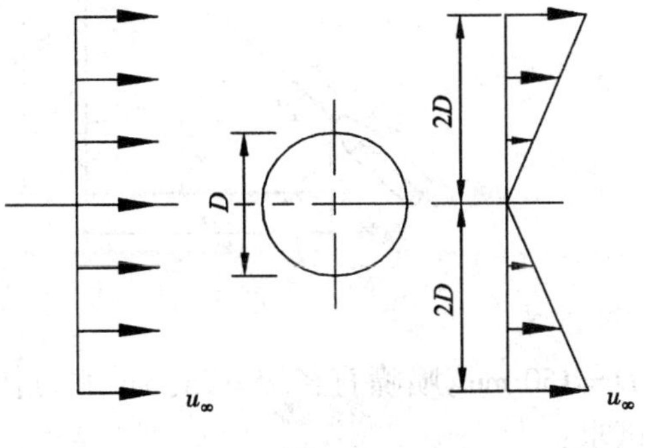

图 3.36

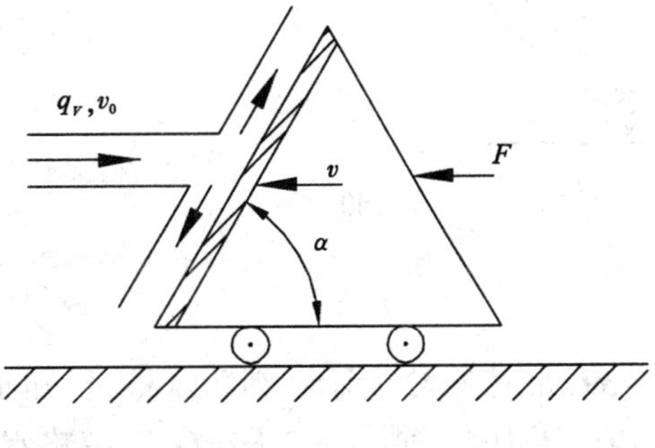

图 3.37

34. 如图 3.37 所示，一平板向着流量为 q_V、初速为 v_0 的射流以等速 v 运动，试推导使平板运动所需的功率 N。

35. 如图 3.38 所示，一平板闸下出流，已知闸门上游水深 H、闸宽 b 和流量 q_V，试求水流对闸门的冲击力 $F = F_{max}$ 时的闸下收缩水深 h_{sc}。

36. 如图 3.39 所示，在宽度为 $b = 10$ m 的矩形断面平底渠道中修筑一大坝。已知过坝流量 $q_V = 150$ m^3/s，上游水深 $h_1 = 5$ m，若摩擦阻力与水头损失可忽略不计，试求：

(1)大坝下游收缩水深 h_{sc}；

(2)水流作用在大坝上的水平力 F。

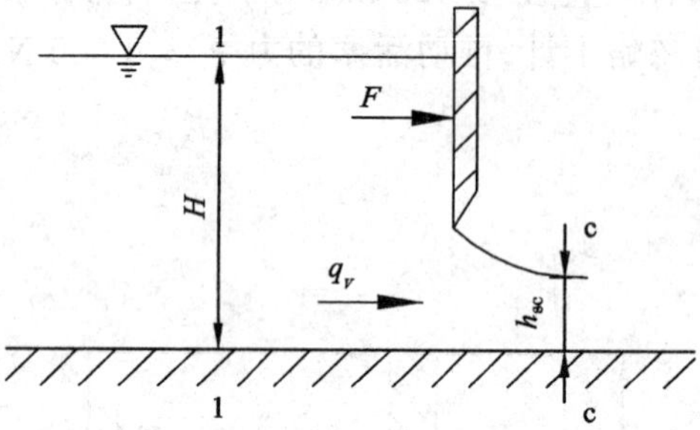

图 3.38

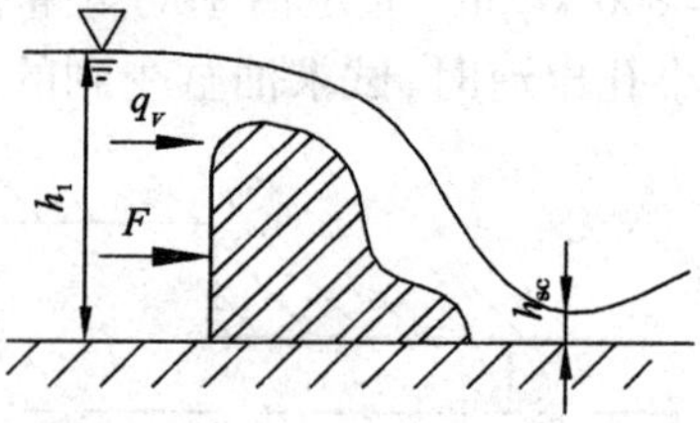

图 3.39

37. 如图 3.40 所示，一由消防水枪的喷嘴射出速度 $v_0 = 7$ m/s 的自由射流，欲达到高度 $H = 2$ m，假定空气阻力可略去不计，试求喷嘴轴线的倾角 α。

38. 一消防队员将水龙头喷嘴转至角度 α 使水股由最高点降落时射到高于地平面 $H = 26$ m 的楼墙上 A 点，如图 3.41 所示。已知喷嘴出口比地面高 1.5 m，喷嘴出口流速 $v_0 = 25$ m/s，若忽略空气阻力，试求喷嘴出口距楼墙的最大水平距离 x。

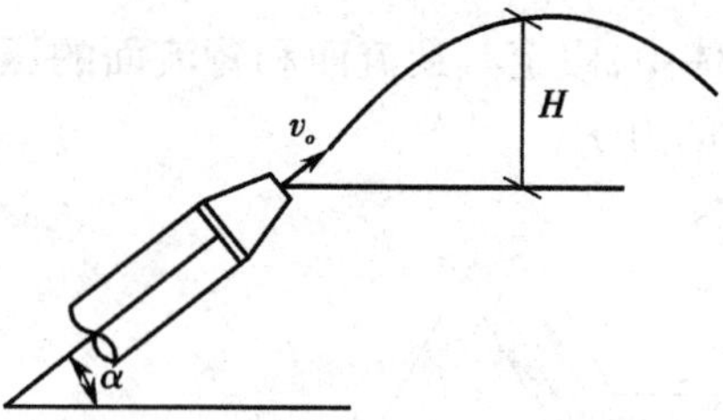

图 3.40

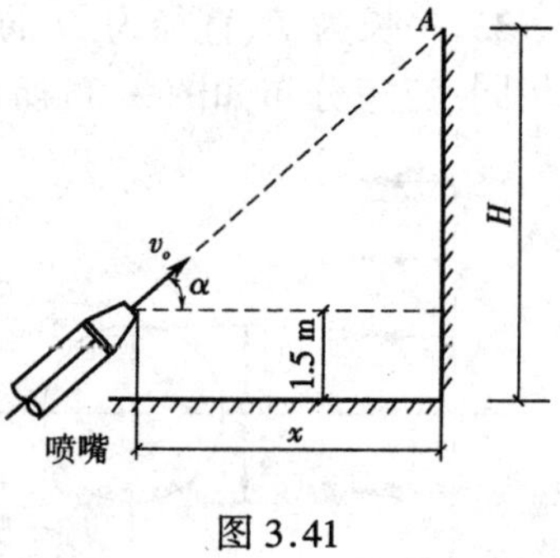

图 3.41

39. 如图 3.42 所示一消防水枪，已知水管直径 $D = 150$ mm，喷嘴直径 $d = 75$ mm，水枪倾角 $\alpha = 30°$，压力表读数 $p = 3$ mH_2O，若忽略水头损失，试求：

(1)消防水枪的出口速度 v_0；

(2)消防水枪对消防队员的后坐力 F；

(3)消防水枪的最高射程 H；

(4)最高点处的射流水股直径 d'。

40. 图 3.43 表示直径为 D 的量水桶置于磅秤上。若在水由上方直径为 d 的管中以流速 v 垂直落入桶中的同时称得水桶的重量为 G，问它与水桶的实际重量 G_0 相差多少？假设空气阻力与水头损失可忽略不计，已知管道出口到量水桶水面的距离为 H。

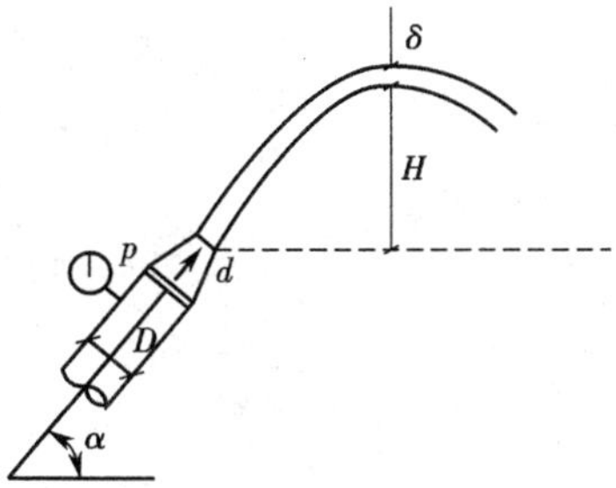

图 3.42

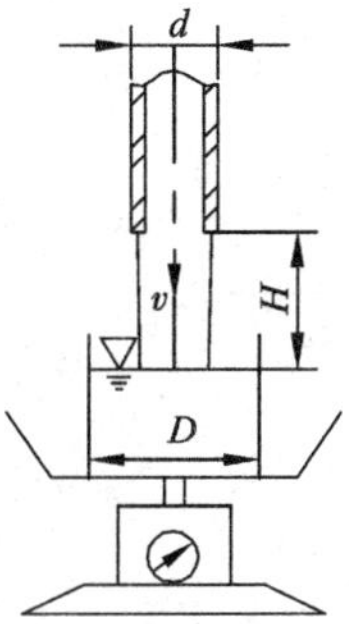

图 3.43

41. 图 3.44 所示为一水平放置的具有对称臂的洒水器。已知悬臂半径 $R = 25$ cm，喷嘴过流面积 $A = 0.93$ cm^2，喷嘴倾角 $\alpha = 45°$，若洒水器总流量 $q_V = 0.56$ L/s，试求：

(1)不计摩擦时的悬臂转速 n；

(2)不让悬臂转动时应施加的扭矩 M。

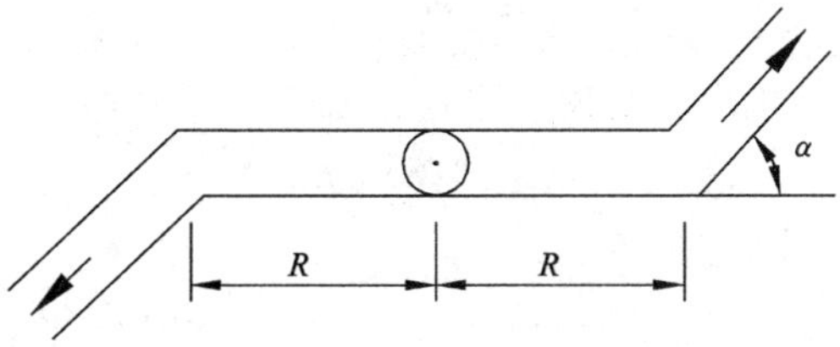

图 3.44

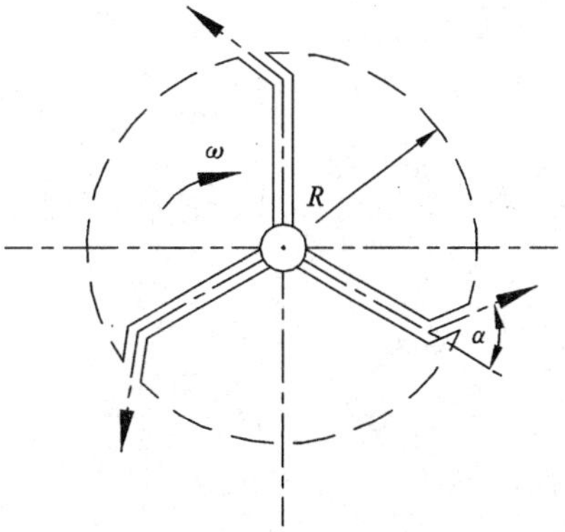

图 3.45

42. 图 3.45 所示为一水景公园里的旋转式喷水器，它是由 3 个均布在水平面上的旋转喷嘴组成。已知总供水量为 q_V，喷嘴出口断面面积为 A，悬臂长为 R，喷嘴出口流速方向与悬臂的夹角为 α。

(1)若不计摩擦,试求悬臂的旋转角速度 ω;

(2)若欲使已有角速度 ω 的悬臂停止,需要施加多大的外力矩 M。

43.某流动的流速场为 $u_x = ax$,$u_y = u_z = 0$,其中常数 $a \neq 0$,流线是平行于 x 轴的直线,试判断该流动是有旋流还是无旋流?

44.已知不可压缩流体平面势流,其流速势函数 $\varphi = xy$,试求相应的流速分量和流函数 ψ。

45.已知不可压缩流体平面流动的流函数 $\psi = xy + 2x - 3y + 10$,试判断该流动是否无旋流?若是无旋流,确定相应的流速势函数 φ。

第4章　量纲分析与相似理论

一、单项选择题

1. 下列关于单位和量纲的说法中，正确的是(　　)。

A. 单位表征各物理量的类别

B. 量纲表征各物理量的大小

C. 单位表征各物理量的大小，量纲表征各物理量单位的类别

D. 单位和量纲含义相同，均表征各物理量的大小

2. 在工程流体力学或水力学中，常取的基本量纲为(　　)。

A. 质量量纲 M、长度量纲 L、时间量纲 T　　B. 长度量纲 L、时间量纲 T、流速量纲 V

C. 长度量纲 L、时间量纲 T、流量量纲 Q　　D. 质量量纲 M、长度量纲 L、密度量纲 ρ

3. 已知动力黏度 μ 的单位为 Pa·s，则其量纲$[\mu]$=(　　)。

A. MLT^{-1}　　B. $ML^{-1}T$　　C. $ML^{-1}T^{-1}$　　D. $M^{-1}LT$

4. 已知表面张力系数 σ 的单位为 N/m，则其量纲$[\sigma]$=(　　)。

A. MLT^{-2}　　B. MT^{-2}　　C. MT^{-1}　　D. $ML^{-1}T^{-1}$

5. 下列各组物理量中，能取做基本物理量的是(　　)。

A. l(长度)、d(管径)、v(流速)　　B. l、d、q_V(流量)

C. l、v、ρ(密度)　　D. d、q_V、ν(运动黏度)

6. 下列各组物理量中，属于同一量纲的是(　　)。

A. 长度、宽度、动力黏度　　B. 长度、高度、运动黏度

C. 长度、速度、密度　　D. 长度、管径、测压管水头

7. 由密度 ρ、流速 v、长度 l 和表面张力 σ 组成的无量纲量是(　　)。

A. $\dfrac{\rho v^2 l}{\sigma}$　　B. $\dfrac{\rho v l}{\sigma}$　　C. $\dfrac{\rho v \sigma}{l}$　　D. $\dfrac{\rho v^2 \sigma}{l}$

8. 由体积弹性模量 K、密度 ρ 和流速 v 组成的无量纲量是(　　)。

A. $\dfrac{Kv}{\rho}$　　B. $\dfrac{Kv^2}{\rho}$　　C. $\dfrac{\rho v}{K}$　　D. $\dfrac{\rho v^2}{K}$

9. 瑞利法的基本思想是假定各物理量之间呈(　　)的乘积组合。

A. 对数形式　　B. 指数形式　　C. 积分形式　　D. 微分形式

10. 根据 π 定理,若有 n 个变量且互为函数关系,其中含有 m 个基本物理量,则可将其组合成(　　)个无量纲量的函数关系。

A. $n+m$　　B. $n+m+1$　　C. $n+m-1$　　D. $n-m$

11. 原型和模型水力相似的充分必要条件是两者的(　　)相等。

A.弗劳德数　　B.雷诺数　　C.欧拉数　　D.牛顿数

12. 在进行水力模型实验时,欲实现明渠水流的动力相似,一般应选(　　)。

A.弗劳德准则　　B.雷诺准则　　C.欧拉准则　　D.马赫准则

13. 在进行水力模型实验时,要实现有压管流的动力相似,一般应选(　　)。

A.弗劳德准则　　B.雷诺准则　　C.欧拉准则　　D.马赫准则

14. 弗劳德数 Fr 的物理意义在于它反映了(　　)的比值。

A.惯性力与黏滞力　　B.重力与黏滞力　　C.惯性力与重力　　D. 重力与压力

15. 雷诺数 Re 的物理意义在于它反映了(　　)的比值。

A.惯性力与黏滞力　　B.重力与黏滞力　　C.惯性力与重力　　D.重力与压力

16. 欧拉数 Eu 的物理意义在于它反映了(　　)的比值。

A.压力与黏滞力　　B.压力与惯性力　　C.压力与重力　　D.重力与惯性力

17. 当水力模型按重力相似准则设计时,其流量比尺 $\lambda_{q_V}=$(　　)。

A. $\lambda_l\lambda_v$　　B. $\lambda_l\lambda_g$　　C. $\lambda_l^{2.5}\lambda_g^{0.5}$　　D. λ_l

18. 当水力模型按黏滞力相似准则设计时,其流速比尺 $\lambda_v=$(　　)。

A. $\lambda_l\lambda_v$　　B. λ_v/λ_l　　C. λ_l/λ_v　　D. $\lambda_l^{2.5}$

19. 桥墩绕流模型实验设计应选用(　　)。

A.雷诺准则　　B.弗劳德准则　　C.欧拉准则　　D.马赫准则

20. 自由式孔口出流模型实验设计应选用(　　)。

A.马赫准则　　B.欧拉准则　　C.雷诺准则　　D.弗劳德准则

21. 已知三角堰的流量 q_V 与作用水头 H、重力加速度 g 和三角堰的顶角 θ 有关,则用瑞利量纲分析法可得流量公式 $q_V=$(　　)。

A. $k(\theta)\sqrt{gH^5}$　　B. $k(\theta)\sqrt{gH^3}$　　C. $k(\theta)\sqrt{\dfrac{H^5}{g}}$　　D. $k(\theta)\sqrt{\dfrac{H^3}{g}}$

22. 一建筑模型在风速为 8 m/s 时,测得其迎风面的压强为 45 Pa,背风面的压强为 −27 Pa,若气温不变,风速增至 12 m/s,则该建筑模型迎风面和背风面的压强分别为(　　)。

A. 55.1 Pa 和 −33.1 Pa　　B. 67.5 Pa 和 −40.5 Pa

C. 82.7 Pa 和 −49.6 Pa　　D. 101.3 Pa 和 −60.8 Pa

23. 已知明渠水流模型实验的长度比尺 $\lambda_l=4$,若原型和模型采用同一流体,则其流量比尺 $\lambda_{q_V}=$(　　)。

A. 4　　B. 8　　C. 16　　D. 32

24. 已知压力输水管模型实验的长度比尺 $\lambda_l=8$,若原型和模型采用同一流体,则其流量比

尺 λ_{q_V} =(　　)。

A.2　　B.4　　C.8　　D.16

25.已知压力输水管模型实验的长度比尺 $\lambda_l=8$,若原型和模型采用同一流体,则其压强比尺 λ_p =(　　)。

A.1/8　　B.1/16　　C.1/32　　D.1/64

二、多项选择题

1.下列命题中,正确的有(　　)。

A.单位表征物理量的大小　　B.量纲表征物理量的类别

C.基本物理量的选取具有惟一性　　D.量纲的选取具有惟一性

E.表面张力系数 σ 是无量纲的量

2.水力相似一般应包括(　　)。

A.几何相似　　B.运动相似　　C.动力相似　　D.边界条件相似

E.初始条件相似

3.下列各组物理量中,量纲相同的组次有(　　)。

A.位置水头 z、压强水头$\dfrac{p}{\rho g}$、流速水头$\dfrac{u^2}{2g}$

B.动力黏度 μ、运动黏度 ν、密度 ρ

C.长度 l、宽度 b、深度 h

D.表面张力系数 σ、动力黏性系数 μ、体积压缩系数 k

E.压强 p、单位质量力 f、静水总压力 F_p

4.下列各组合量中,为无量纲的量有(　　)。

A.$\dfrac{p}{\rho g}$　　B.$\dfrac{u^2}{2g}$　　C.$\dfrac{\rho vd}{\mu}$　　D.$\dfrac{v}{\sqrt{gh}}$

E.$\dfrac{p}{\rho v^2}$

5.下列各物理量的量纲表达式中,正确的有(　　)。

A.$\dim v=M^0LT^{-1}$　　B.$\dim p=ML^{-1}T^{-2}$　　C.$\dim \tau=MLT^{-2}$　　D.$\dim Q=M^0L^3T^{-1}$

E.$\dim \rho=ML^{-3}T^0$

三、填充题

1.在工程流体力学或水力学中,若不考虑温度影响,通常取(　　)3 个量纲为基本量纲。

2.M、L、T 是基本(　　),而密度 ρ、管径 d、流速 v 则是基本(　　)。

3.某河工模型实验按弗劳德准则进行设计,已知长度比尺 $\lambda_l=10$,模型流动时间 $t_m=5$ min,则对应的原型流动时间 t_p =(　　)min。

4.已知密度比尺 $\lambda_\rho=1$,原型和模型的流速分别为 $v_p=10$ m/s 和 $v_m=2.5$ m/s,模型压强

$p_m = 1.5$ kPa,则原型压强 $p_p =$ (　　)kPa。

5. 按重力相似设计的模型,其雷诺数比尺 $\lambda_{Re} =$ (　　)。

6. 按黏性力相似设计的模型,其弗劳德数比尺 $\lambda_{Fr} =$ (　　)。

7. 若按雷诺准则和弗劳德准则设计模型,其运动黏度比尺 $\lambda_\nu =$ (　　)。

8. 若按弗劳德准则设计模型,其压强比尺 $\lambda_p =$ (　　)。

9. 若按雷诺准则设计模型,其压强比尺 $\lambda_p =$ (　　)。

10. 瑞利量纲分析法的基本思想是假定各物理量之间呈(　　)形式的乘积组合。

四、思考题

1. 在工程流体力学或水力学中,学习量纲分析和相似理论有何实际意义?这套理论对其他学科也适用吗?

2. 何谓量纲?何谓单位?两者有何区别和联系?

3. 何谓基本物理量?基本物理量是否固定不变?它的选取原则是什么?

4. 何谓基本量纲?基本量纲与基本物理量是否相同?在工程流体力学或水力学中,若不考虑温度变化,一般选取哪些量纲作为基本量纲?

5. 何谓物理方程的量纲齐次性原理?为什么说量纲齐次性原理是量纲分析的理论依据?

6. 何谓瑞利量纲分析法?瑞利量纲分析法有何优缺点?

7. 何谓 π 定理?在应用 π 定理分析问题时,若基本物理量选择不同是否会导致其结果也不同?为什么?

8. 几何相似、运动相似、动力相似以及定解条件相似的含义是什么?

9. 何谓流动相似?流动相似的充分必要条件是什么?

10. 制约原型与模型流动相似的关系是什么?

11. 为什么说牛顿准则是决定流动相似的基本准则?

12. 一般情况下,作用在水流上的力有重力、压力、阻力等多个力,为什么在进行实验设计时,有时只考虑单个力相似?这能保证水流流动相似吗?

13. 各相似准则数的物理意义是什么?

14. 为什么说欧拉准则为非独立准则?

15. 实际工程为什么常常要进行模型实验?是否所有工程流体力学或水力学问题都可由模型实验来解决?

16. 如何设计模型实验?如何选择模型律?

17. 在流动相似的原型和模型上,无量纲系数如流速系数 φ、流量系数 m、沿程阻力系数 λ 等是否分别相等?为什么?

18. 在模型实验设计中,如何保证边界粗糙情况的相似?

19. 何谓正态模型?何谓变态模型?在什么情况下必须采用变态模型?如何设计变态模型?

20. 何谓同类相似？何谓异类相似？两种物理现象相似的本质是什么？

五、判断改正题

1. 单位表征各物理量的类别，而量纲则表征各物理量的大小。(　　)

2. 基本物理量必须相互独立，且选取不能因人而异，必须是惟一的。(　　)

3. 在不考虑温度变化的情况下，流速 v、加速度 a 和管径 d 可选为基本物理量。(　　)

4. 相似准则数均为有量纲数。(　　)

5. 几何相似是保证流动相似的必要条件，运动相似、动力相似才是保证流动相似的充分条件。(　　)

6. 雷诺准则一般用于明渠流动问题，而弗劳德准则则通常用于有压管流问题。(　　)

7. 当原型和模型同时保证重力和黏性力相似时，若采用同一流体进行实验，则长度比尺为 $\lambda_l = 1$。(　　)

8. 当原型和模型同时保证重力和黏性力相似时，若采用不同流体进行实验，则长度比尺和运动黏度比尺的关系为 $\lambda_l = \lambda_\nu^{\frac{3}{2}}$。(　　)

9. 雷诺数的物理意义在于它反映了惯性力与重力的比值。(　　)

10. 弗劳德数的物理意义在于它反映了惯性力与黏性力的比值。(　　)

六、计算题

1. 试用量纲分析法将下列各组物理量组合成无量纲量。

(1) τ(切应力)、v(流速)、ρ(密度)；

(2) N_e(水泵的输出功率)、ρ(密度)、g(重力加速度)、q_V(流量)、H(扬程)；

(3) v(流速)、g(重力加速度)、h(水深)；

(4) ρ(密度)、v(流速)、μ(动力黏度)、d(管径)；

(5) p(压强)、ρ(密度)、v(流速)。

2. 已知圆管流动的边壁切应力 τ_w 与流体的密度 ρ、动力黏度 μ、流速 v 和圆管直径 d、管壁粗糙度 Δ 等有关，试用量纲分析法确定 τ_w 的表达式。

3. 如图 4.1 所示，已知孔口出流的流量 q_V 与孔口直径 d、流体压强 p、流体密度 ρ 等有关，试用量纲分析法确定流量 q_V 的函数式。

4. 如图 4.2 所示，已知同心转动轴承的摩擦力 F_T 与轴的转速 n、油膜动力黏度 μ、轴的直径 d、径向缝隙 δ、油膜中的压强 p 等有关，试用量纲分析法确定摩擦力 F_T 的函数关系式。

5. 已知通过矩形薄壁堰的流量 q_V 与堰顶水头 H、重力加速度 g、流体的密度 ρ、动力黏度 μ、表面张力 σ 及堰孔宽度 b 等有关，试用量纲分析法推求流量 q_V 的计算公式。

6. 已知固体颗粒在液体中的沉降速度 v 与固体颗粒的直径 d、密度 ρ' 及液体的密度 ρ、动力黏度 μ、重力加速度 g 等有关，试用 π 定理建立沉降速度 v 的关系式。

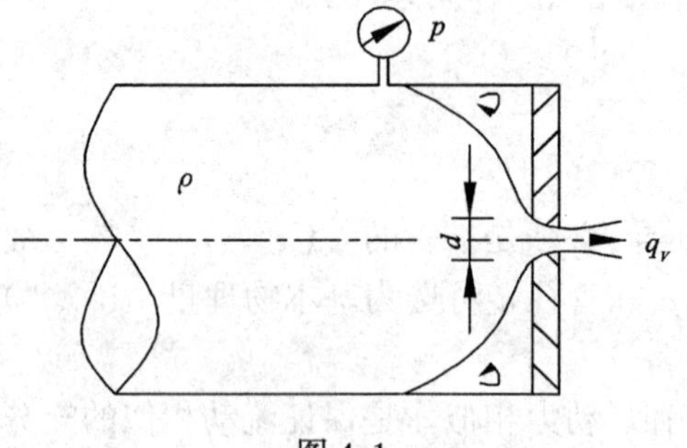

图 4.1

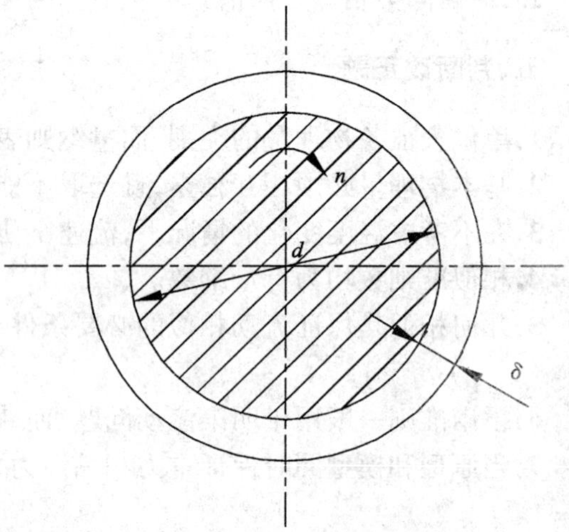

图 4.2

7. 用水管模拟输油管道。已知输油管道直径 $d_p = 500$ mm，管长 $l_p = 100$ m，输油量 $q_{Vp} = 100$ L/s，油的运动黏度 $\nu_p = 150 \times 10^{-6}$ m^2/s，实验水管直径 $d_m = 25$ mm，水的运动黏度 $\nu_m = 1.01 \times 10^{-6}$ m^2/s。试求：

(1) 模型水管的长度 l_m 和流量 q_{Vm}；

(2) 若模型水管上测得的压差水头 $\left(\dfrac{\Delta p}{\rho g}\right)_m = 2.35$ cmH$_2$O，则输油管道上的压差水头 $\left(\dfrac{\Delta p}{\rho g}\right)_p$ 是多少？

8. 为研究风对高层建筑物的影响，在风洞中进行模型实验。当风速为 9 m/s 时测得建筑物迎风面的压强为 42 Pa、背风面的压强为 −20 Pa，试求在温度不变情况下，风速增至 12 m/s 时，建筑物迎风面和背风面的压强。

9. 为研究汽车的动力特性，在风洞中进行模型实验。已知原型汽车的高度 $h_p = 1.5$ m，行驶速度 $v_p = 108$ km/h，风洞中最大吹风速度 $v_m = 45$ m/s，试求模型中的汽车高度 h_m。若在模型中测得汽车的正面阻力为 $F_m = 1\,500$ N，试求原型汽车在行驶时的正面阻力 F_p。

10. 对按长度比尺 $\lambda_l = 30$ 制作的船模在船池里进行拖曳实验以决定实船的阻力。(1) 若实船速度 $v_p = 27$ km/h，问船模速度 v_m 应为多大？(2) 若船模实验中的兴波阻力 $F_m = 1.47$ N，问相应的实船兴波阻力 F_p 为多大？

11. 一油池通过管径 $d_p = 250$ mm 的管路以 $q_{Vp} = 140$ L/s 的流量输送运动黏度 $\nu_p = 0.75$ cm^2/s 的石油，为了确定避免油面发生旋涡将空气卷入管道的最小油深 $h_{\min p}$，在长度比尺 $\lambda_l = 5$ 的模型中进行实验。(1) 试求模型中液体的运动黏度 ν_m 和流量 q_{Vm}；(2) 若模型中观测到的 $h_{\min m} = 60$ mm，试求原型相应的 $h_{\min p}$。

12. 用长度比尺 $\lambda_l = 225$ 的模型进行游泳池放水模型实验，已知模型池开闸 10 min 水全部放空，试求放空游泳池所需时间 t_p。

13. 用长度比尺 $\lambda_l=60$ 的模型进行防浪堤模型实验，若测得模型波压力为 $F_m=130$ N，试求作用在原型防浪堤上的波压力 F_p。

14. 为研究输水管路上直径 $d_p=600$ mm 的阀门阻力特性，采用几何相似的直径 $d_m=300$ mm 的阀门用气流做模型实验。已知输水管路的流量 $q_{V_p}=0.283\ m^3/s$，水的运动黏度 $\nu_p=1.0\times10^{-6}\ m^2/s$，空气的运动黏度 $\nu_m=1.6\times10^{-5}\ m^2/s$，试求模型的气流量 q_{V_m}。

15. 转速为 n、直径为 d 的转盘浸没于密度为 ρ、动力黏度为 μ 的液体中，试用量纲分析法推证其功率

$$N=f\left(\frac{\rho nd^2}{\mu}\right)\rho n^3 d^5$$

若转盘直径 $d_p=225$ mm、转速 $n_p=1\ 380$ r/min、在水中需转矩 1.1 N·m，试计算当 $d_m=675$ mm 的转盘在空气中转动时的转盘转速 n_m 和所需功率 N_m。已知空气的密度 $\rho_m=1.2\ kg/m^3$、动力黏度 $\mu_m=1.86\times10^{-5}$ Pa·s，水的密度 $\rho_p=1\ 000\ kg/m^3$、动力黏度 $\mu_p=1.01\times10^{-3}$ Pa·s。

第 5 章　流动阻力与水头损失

一、单项选择题

1. 有压管道的管径 d 与相应的水力半径 R 之比 $\frac{d}{R}=$(　　)。

A.1　　B.2　　C.3　　D.4

2. 如图 5.1 所示的矩形断面渠道的水力半径 $R=$(　　)。

A. $\frac{b+2h}{bh}$　　B. $\frac{bh}{b+2h}$

C. $\frac{2(b+h)}{bh}$　　D. $\frac{bh}{2(b+h)}$

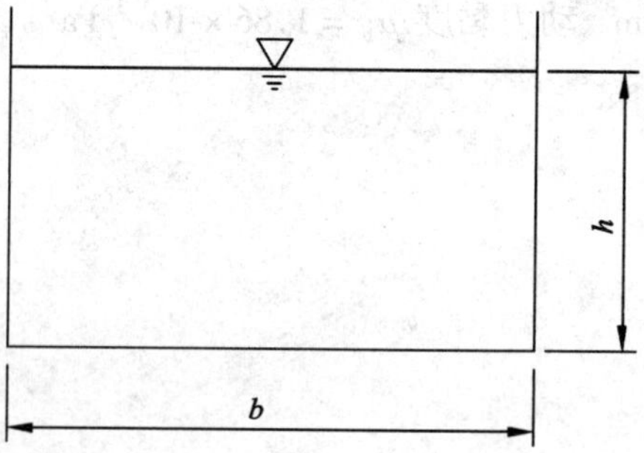

图 5.1

3. 已知有压管路中突然扩大前后管段的管径之比 $\frac{d_1}{d_2}=0.5$，则相应的雷诺数之比 $\frac{Re_1}{Re_2}=$(　　)。

A.1/4　　B.1/2

C.1　　D.2

4. 若有压圆管内水流为层流运动，则必有(　　)。

A. $\frac{q_V}{\pi d\mu}<575$　　B. $\frac{q_V}{\pi d\mu}<2\,300$　　C. $\frac{q_V}{\pi d\nu}<575$　　D. $\frac{q_V}{\pi d\nu}<2\,300$

5. 层流的沿程水头损失 h_f 与断面平均流速 v 的(　　)次方成正比。

A.1.0　　B.1.5　　C.1.75　　D.2.0

6. 在圆管层流中，断面上最大流速 u_{max} 与断面平均流速 v 之比 $\frac{u_{max}}{v}=$(　　)。

A.1.5　　B.2.0　　C.2.5　　D.3.0

7. 紊流的运动要素在时间和空间上都具有(　　)。

A.均匀性　　B.非均匀性　　C.脉动性　　D.稳定性

8. 从本质上讲，紊流应属于(　　)。

A.恒定流　　B.非恒定流　　C.均匀流　　D.渐变流

9. 若在同一等径长直管道中用不同流体进行实验，当流速相等时，其沿程水头损失 h_f 在

(　　)是相同的。

A.层流区　　B.紊流光滑区　　C.紊流过渡区　　D.紊流粗糙区

10. 已知某圆管流动的雷诺数 $Re = 2\,000$,则该管的沿程阻力系数 $\lambda =$(　　)。

A.0.032　　B.0.064　　C.0.128　　D.0.256

11. 欲一次测到半径为 r_0 的圆管层流中的断面平均流速 v,应将测速仪器探头置于距管轴线(　　)r_0 处。

A.$\frac{1}{2}$　　B.$\frac{2}{3}$　　C.$\frac{\sqrt{3}}{2}$　　D.$\frac{\sqrt{2}}{2}$

12. 在如图 5.2 所示的等径直管流动中,相距 l 的两断面间的水头损失 $h_w =$(　　)。

A.h　　B.$h - l$　　C.$h + l$　　D.l

13. 突然扩大管段的局部水头损失 $h_j =$(　　)。

A.$\frac{v_1 - v_2}{2g}$　　B.$\frac{(v_1 - v_2)^2}{2g}$　　C.$\frac{v_1^2 - v_2^2}{2g}$　　D.$\frac{v_1^2 + v_2^2}{2g}$

14. 图 5.3 所示突然扩大管段相距 l 的两断面的测压管水头差 $h =$(　　)。

A.$\frac{(v_1 - v_2)^2}{2g}$　　B.$\frac{v_1^2 - v_2^2}{2g}$　　C.$\frac{v_1 v_2 - v_2^2}{2g}$　　D.$\frac{v_1^2 - v_1 v_2}{2g}$

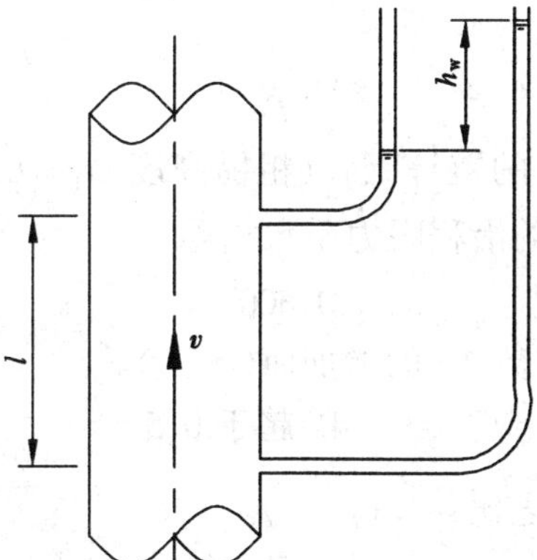

图 5.2

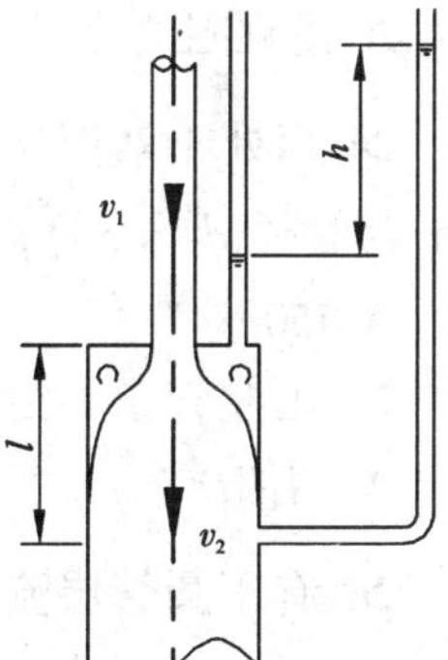

图 5.3

15. 已知混凝土雨水管的水力半径 $R = 0.5$ m,粗糙系数 $n = 0.014$,水均匀流动 1 000 m 的沿程水头损失为 1 m,则管中平均流速 $v =$(　　)m/s。

A. 1.12　　B.1.22　　C.1.32　　D.1.42

16. 题设条件与上题同,则管中流量 $q_V =$(　　)m^3/s。

A.4.26　　B.4.36　　C.4.46　　D.4.56

17. 已知输油管直径 $d = 250$ mm,长度 $l = 8\,000$ m,油的密度 $\rho = 850\ kg/m^3$,运动黏度 $\nu = 0.2\ cm^2/s$,通过流量 $q_V = 0.5$ L/s,则过流断面上的最大流速 $u_{max} =$(　　)cm/s。

A.0.61 B.1.02 C.2.04 D.4.08

18.下列关于流体切应力的表述中,正确的为( )。

A.层流的切应力取决于流体微团在流层间跃移的状态

B.紊流切应力的时均值只与时均流速梯度有关

C.无论是层流还是紊流,其切应力均与流速分布有关

D.A.、B.、C.均不正确

19.根据尼古拉兹实验成果知,紊流过渡区的沿程阻力系数 λ 与( )有关。

A. Re B. $\frac{\Delta}{d}$ C. $Re, \frac{\Delta}{d}$ D. $Re, Fr, \frac{\Delta}{d}$

20.当流动处于( )时,其沿程水头损失 $h_f \propto v^{1.75}$。

A.层流区 B.紊流光滑区 C.紊流过渡区 D.紊流粗糙区

21.对于圆管均匀流,其管壁切应力 $\tau_0 =$( )。

A. $\frac{\lambda}{8}\rho v^2$ B. $\frac{\lambda}{8}v^2$ C. $\sqrt{\frac{\lambda}{8}}\rho v$ D. $\sqrt{\frac{\lambda}{8}}v$

22.圆管层流的断面流速为( )分布。

A.线性 B.旋转抛物面 C.双曲面 D.对数曲面

23.黏性底层的厚度 δ_1 随着( )的增加而增加。

A.沿程阻力系数 λ B.断面平均流速 v C.雷诺数 Re D. $\frac{1}{Re}$

24.当处于紊流光滑区 $Re = 10^5$ 时,管径 $d_1 =$( )mm 的镀锌钢管(粗糙高度 $\Delta_1 = 0.25$ mm)与管径 $d_2 = 300$ mm 的铸铁管(粗糙高度 $\Delta_2 = 0.30$ mm)的沿程阻力系数相等?

A.150 B.200 C.250 D.300

25.工业管道的沿程阻力系数 λ,在紊流过渡区随着雷诺数 Re 的增加而( )。

A.增加 B.保持不变 C.减少 D.趋于0.5

26.有压圆管层流运动的动能修正系数与动量修正系数之比 $\frac{\alpha}{\beta} =$( )。

A.0.5 B.1.0 C.1.5 D.2.0

27.有压管道均匀流过流断面上的切应力 $\tau =$( )。

A. $\tau_w \frac{r}{r_0}$ B. $\tau_w \frac{r_0}{r}$

C. $\tau_w \left(\frac{r}{r_0}\right)^2$ D. $\tau_w \left(\frac{r_0}{r}\right)^2$

28.已知图5.4所示排水管的断面平均流速 $v = 2.0$ m/s,则管道出口的局部水头损失 $h_j =$( )m。

A.0.102 B.0.204

C.0.306 D.0.408

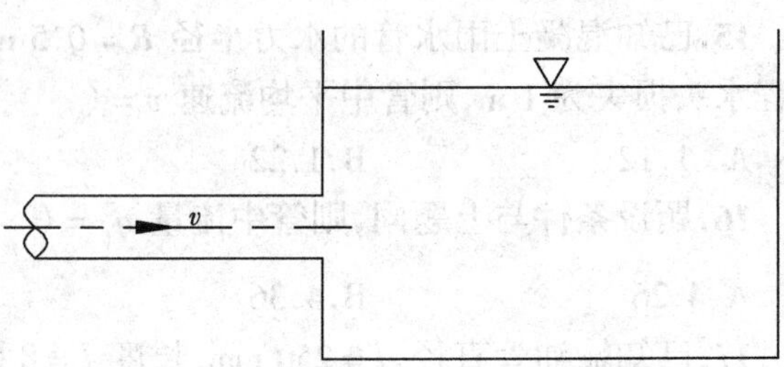

图5.4

29.绕流阻力等于(　　)之和。

A.压差阻力和形状阻力　　B.摩擦阻力和沿程阻力

C.形状阻力和局部阻力　　D.压差阻力和摩擦阻力

30.边界层是指壁面附近(　　)的薄层。

A.流速很大　　B.流速梯度很大　　C.黏性影响很小　　D.绕流阻力很小

二、多项选择题

1.若同一流体流经两根长度相同但粗糙度不同的等径长直管道,当两者的雷诺数相同时,它们的沿程水头损失在(　　)是相同的。

A.层流区　　B.层、紊过渡区　　C.紊流光滑区　　D. 紊流过渡区

E. 阻力平方区

2.若同一长直管道流过两种黏度不同的流体,当两者的断面平均流速相同时,它们的沿程水头损失在(　　)是不相同的。

A.层流区　　B.层、紊过渡区　　C.紊流光滑区　　D.紊流过渡区

E.阻力平方区

3.根据尼古拉兹实验成果知,当水流处于(　　)时,其沿程阻力系数 λ 与雷诺数 Re 有关。

A.层流区　　B.层、紊过渡区　　C.紊流光滑区　　D.紊流过渡区

E.紊流粗糙区

4.根据尼古拉兹实验成果知,(　　)。

A.层流区 $\lambda = f(Re)$　　B.层、紊过渡区 $\lambda = f(Re)$

C.紊流光滑区 $\lambda = f(Re)$　　D.紊流过渡区 $\lambda = f\left(Re,\dfrac{\Delta}{d}\right)$

E.紊流粗糙区 $\lambda = f\left(\dfrac{\Delta}{d}\right)$

5.下列各选项中,正确的有(　　)。

A.层流区 $h_f \propto v^{1.0}$　　B.层、紊过渡区 $h_f \propto v^{1.8}$

C.紊流光滑区 $h_f \propto v^{1.75}$　　D.紊流过渡区 $h_f \propto v^{2.5}$

E.紊流粗糙区 $h_f \propto v^{2.0}$

6.恒定均匀流的管壁切应力 $\tau_0 =$ (　　)。

A. ρgRJ　　B. ρRJ　　C. $\dfrac{\lambda}{8}\rho v^2$　　D. ρv_*^2

E. $\rho g v_*^2$

7.下列选项中,正确的有(　　)。

A.雷诺数 $Re \propto d$

B.雷诺数 $Re \propto \dfrac{1}{d}$

C.圆管层流的沿程水头损失 $h_f \propto \frac{1}{d^4}$

D.圆管紊流粗糙区的沿程水头损失 $h_f \propto \frac{1}{d^5}$

E.圆管突然扩大的沿程水头损失 $h_f \propto \left(\frac{d_2}{d_1}\right)^2$

8.已知突然扩大管段前后管径之比 $\frac{d_1}{d_2}=0.5$，则其相应的局部水头损失 $h_j=$（　　）。

A. $\frac{(1.5v_1)^2}{2g}$　　B. $\frac{(0.75v_1)^2}{2g}$　　C. $\frac{(0.75v_2)^2}{2g}$　　D. $\frac{(1.5v_2)^2}{2g}$

E. $\frac{(3v_2)^2}{2g}$

9.在管长 l、管径 d 一定的水平放置的长直工业管道流动中，其欧拉数 Eu 随流量 q_V 的变化规律为（　　）。

A.层流区，欧拉数 Eu 随流量 q_V 的增加而减小

B.层、紊过渡区，欧拉数 Eu 随流量 q_V 的增加而增加

C.紊流光滑区，欧拉数 Eu 随流量 q_V 的增加而减小

D.紊流过渡区，欧拉数 Eu 随流量 q_V 的增加而减小

E.紊流粗糙区，欧拉数 Eu 与流量 q_V 无关

10.下列关于边界层概念的说法中，正确的有（　　）。

A.边界层是指壁面附近流体黏性不能忽略的薄层

B.边界层是指壁面附近流速梯度很大的薄层

C.沿程水头损失与边界层的流动特点有关

D.局部水头损失与边界层分离现象有关

E.边界层分离区通常为高压区

三、填充题

1.设圆管层流运动的流速分布为 $u=a+br+cr^2$，则系数 $a=$（　　），$b=$（　　），$c=-\left(\frac{1}{r_0}\right)^2 u_{max}$，式中 r_0 为管道半径、u_{max} 为过流断面上的最大流速。

2.若圆管水流为层流，则必有 $\frac{q_V}{\pi d\nu}<$（　　　）。

3.若圆管水流为紊流，则必有 $\frac{q_V}{\pi R\nu}>$（　　　）

4.当流动处于（　　　）时，其沿程水头损失 $h_f \propto v^{1.75\sim2.0}$。

5. 当流动处于紊流光滑区时，其沿程水头损失 h_f 与流速 v 的(　　)次方成正比。

6. 工业管道的沿程阻力系数 λ 在紊流过渡区随着雷诺数 Re 的增加而(　　)。

7. 谢齐系数 C 与沿程阻力系数 λ 的关系为 $C=$(　　)。

8. 产生水头损失的内因是(　　　　)，外因是(　　　　)。

9. 已知某有压管流的雷诺数 $Re=2\ 005$，则其沿程阻力系数 $\lambda=$(　　　)。

10. 局部水头损失产生的根本原因是(　　　　　　)。

四、思考题

1. 水流阻力与水头损失是两个不同的概念吗？为什么？

2. 产生水流阻力或水头损失的原因是什么？

3. 雷诺数与哪些因素有关？为什么可以用雷诺数判别水流流态？如何判别？

4. 为什么不宜用临界流速作为判别水流流态的标准？

5. 临界雷诺数 $Re_{cr}=2\ 300$ 是根据均匀流得到的，它是否也适用于非均匀流？

6. 雷诺数的物理意义在于反映了水流惯性力和黏性力的比值关系，雷诺数越大，说明惯性力也越大吗？在恒定均匀流中，加速度为零，惯性力应等于零，为什么雷诺数又不等于零呢？

7. 理想流体有无层流和紊流之分？

8. 何谓水力半径 R？其物理意义是什么？它与管道半径有何区别？

9. 常温下，空气和水在相同水力半径和流速条件下，何者易呈紊流流态？

10. 对于层流和紊流中的切应力，其形成原因和数学表达式都是不同的，为什么均匀流基本方程 $\tau_w=\rho gRJ$ 却可通用于层流和紊流呢？

11. 在圆管均匀流中，过流断面上的切应力 τ 呈线性分布，但半径不同的元流或总流都有相同的水力坡度，两者之间是否存在矛盾？

12. 达西公式 $h_f=\lambda\dfrac{l}{d}\dfrac{v^2}{2g}$ 是计算沿程水头损失的通用公式，它对恒定流和非恒定流、均匀流和非均匀流、层流和紊流均适用吗？为什么？

13. 既然层流运动时沿程水头损失与流速的一次方成正比，即 $h_f\propto v^{1.0}$，为什么又称 $h_f=\lambda\dfrac{l}{d}\dfrac{v^2}{2g}$ 为计算沿程水头损失的通用公式？这里沿程水头损失不是与流速的二次方成正比吗？

14. 何谓紊流？紊流与层流相比有何特点？两者在研究方法上有何不同？

15. 瞬时流速、脉动流速、时均流速和断面平均流速有何区别和联系？

16. 层流运动和紊流运动的切应力各由什么原因引起的？它们与时均流速有何关系？

17. 紊流的运动要素在时间和空间上都具有脉动性，具有非恒定性质，但也存在恒定紊流，二者有无矛盾？为什么？

18. 何谓黏性底层？其厚度 δ_l 与哪些因素有关？它在研究紊流问题时有何重要意义？

19. 水力光滑与水力粗糙的含义是什么？对于某一管道或渠道来说，它们是否固定不变？为什么？

20. 若在同一管道中分别以不同流体进行实验，当流速相同时，它们的沿程水头损失是否相同？

21. 若在同一管道中分别以不同流体进行实验，当雷诺数相同时，它们的沿程水头损失是否相同？

22. 若同一流体分别流经两根管径、长度均相同但粗糙高度不同的管道，当流速相同时，它们的沿程水头损失是否相同？

23. 若同一流体分别流经两根管径、长度均相同但粗糙高度不同的管道，当雷诺数相同时，它们的沿程水头损失是否相同？

24. 为什么人工粗糙管的沿程阻力系数曲线（尼古拉兹实验曲线图）与工业管道的沿程阻力系数曲线（莫迪图）在紊流过渡区的基本形状不一样？是否可以在紊流过渡区建立工业管道的当量粗糙高度？

25. 均匀流基本方程 $\tau_w = \rho gRJ$、达西公式 $h_f = \lambda \dfrac{l}{d}\dfrac{v^2}{2g}$ 和谢齐公式 $v = C\sqrt{RJ}$ 三者之间有何联系和区别？它们对恒定流和非恒定流、均匀流和非均匀流、层流和紊流都适用吗？

26. 普朗特紊流流速分布公式推导的基本假定存在什么缺陷？其流速分布曲线与实验成果是否完全吻合？

27. 在实际计算中，一般取动能修正系数 α、动量修正系数 β 近似为1.0，其依据是什么？

28. 根据阻力机理分析可知，紊流阻力总是大于层流阻力，紊流粗糙区阻力总是大于紊流光滑区阻力，但从尼古拉兹实验曲线或莫迪图上看，沿程阻力系数 λ 总是随着雷诺数 Re 的增加而减小，这是何故？

29. 产生局部水头损失的主要原因是什么？局部阻力系数与哪些因素有关？

30. 对于管径突变的管流，在流量一定条件下，若改变流向，则突变处产生的局部水头损失是否相同？为什么？

31. 在推导圆管突然扩大的局部水头损失时，若考虑管壁摩擦力和沿程水头损失，所得结果与略去摩擦力和不计沿程水头损失时是否相同？

32. 如何才能测出各种管路配件引起的全部水头损失？

33. 计算局部损失的包达公式 $h_j = \dfrac{(v_1 - v_2)^2}{2g}$ 是根据圆管突然扩大推得的，它是否也适用于明渠突然扩大情况？

34. 何谓边界层？为什么说边界层理论是现代流体力学发展的一个重要标志？

35. 何谓层流边界层？何谓紊流边界层？影响边界层内流态的主要因素是什么？

36. 边界层和黏性底层都是处于边壁附近的薄层，都是黏性起重要作用的区域，两者是否为同一概念的两种说法？

五、判断改正题

1. 在流量 q_V 一定条件下，雷诺数 Re 随着管径 d 的增大而增大。（　　）

2. 不管是层流还是紊流，其运动要素在时间和空间上都具有脉动性。(　　)

3. 在过流断面上，圆管层流流速呈对数曲面分布，而圆管紊流流速则呈旋转抛物面分布。(　　)

4. 对于圆管层流，沿程水头损失 $h_f=\lambda\dfrac{l}{d}\dfrac{v^2}{2g}\propto v^2$。(　　)

5. 若流动的沿程水头损失 $h_f\propto v^{1.75}$，则该流动必处于紊流粗糙区。(　　)

6. 同一管道的层流底层厚度 δ_1 随着雷诺数 Re 的增加而增厚。(　　)

7. 工业管道的沿程阻力系数 λ 在紊流过渡区随着雷诺数 Re 的增加而增加。(　　)

8. 如图 5.5 所示管流流入水池，已知管流流速 $v=3.5$ m/s，则管道出口后的局部水头损失 $h_j=0.5\dfrac{v^2}{2g}=0.312\ 5$m。(　　)

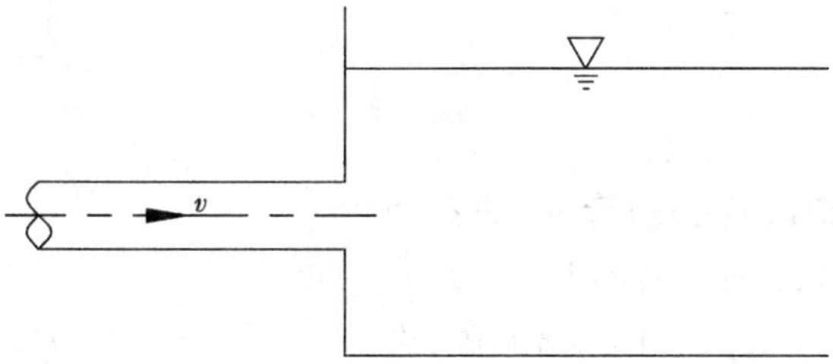

图 5.5

9. 对于图 5.6 所示的突然扩大管道，在流量 q_V 和$\dfrac{d_2}{d_1}$一定条件下，其局部水头损失 h_j 随着扩大次数的增加而增加。(　　)

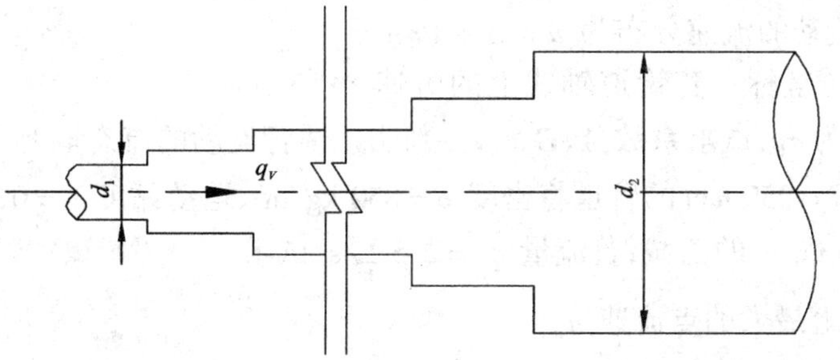

图 5.6

10. 流线型物体的压差阻力大于黏性阻力，而非流线型物体的黏性阻力则大于压差阻力。工程上的绕流物体多为非流线型的钝形物体，如圆球、圆柱等，其绕流阻力主要取决于黏性阻力。(　　)

六、计算题

1. 利用图 5.7 所示装置测定油液黏度。已知毛细管管径 $d=4\ \text{mm}$，长度 $l=500\ \text{mm}$，通过流量 $q_V=1\ 000\ \text{mm}^3/\text{s}$，上、下游测压管水位差 $h=150\ \text{mm}$，试求油液的运动黏度 ν。

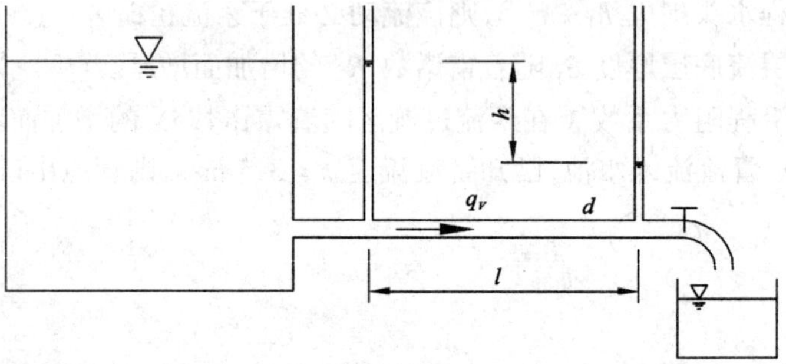

图 5.7

2. 如图 5.8 所示倾斜放置的圆管，已知管径 $d=20\ \text{mm}$，长度 $l=6\ \text{m}$，1、2 两断面高差 $h=2\ \text{m}$，压强分别为 $p_1=1.0\times10^5\ \text{Pa}$，$p_2=1.5\times10^5\ \text{Pa}$，流体密度 $\rho=900\ \text{kg/m}^3$，动力黏度 $\mu=0.045\ \text{Pa.s}$。试确定管中液流方向，并计算管流流量 q_V。

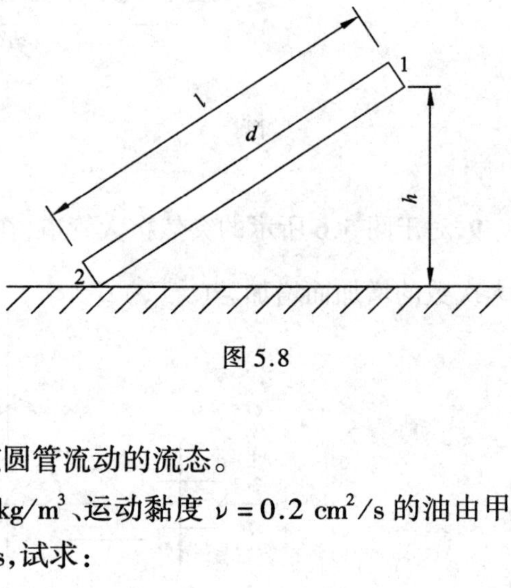

图 5.8

3. 水流经突然扩大管道，已知突扩前后管径之比 $\dfrac{d_1}{d_2}=0.5$，试求突扩前后雷诺数之比 $\dfrac{Re_1}{Re_2}$。

4. 设某圆管流动的流速分布为 $u=A+Br+Cr^2$，其中 r 为径向坐标。若管道轴线上的流速为 $u_{\max}$，管道半径为 r_0，试求系数 A、B、C，并判明该圆管流动的流态。

5. 欲用直径 $d=250\ \text{mm}$ 的管道将密度 $\rho=850\ \text{kg/m}^3$、运动黏度 $\nu=0.2\ \text{cm}^2/\text{s}$ 的油由甲城输送到相距 $l=8\ 000\ \text{m}$ 的乙城，若流量 $q_V=2.5\ \text{L/s}$，试求：

(1)过流断面上最大的点流速 $u_{\max}$；

(2)圆管流动的沿程阻力系数 λ；

(3)油流的水头损失 h_w；

(4)管壁处切应力 τ_w。

6. 在半径为 r_0 的管道中，流体作层流运动，试问 $\dfrac{r}{r_0}$ 等于多少时其点流速 u 正好等于断面平均流速 v？

7. 如图 5.9 所示水平安置的圆管，已知管径为 d、长度为 l、断面平均流速为 v，流体的动

力黏度为 μ，若管道流动为层流。

(1)试证明流经长度为 l 的压强损失为 $\Delta p=\dfrac{32\mu vl}{d^2}$；

(2)试从 $\Delta p=\dfrac{32\mu vl}{d^2}$ 出发推证保证原型和模型流动相似时，压强比尺 λ_p 应满足的相似准则方程为 $\dfrac{\lambda_p}{\lambda_\rho\lambda_v^2}=1$(欧拉准则)。

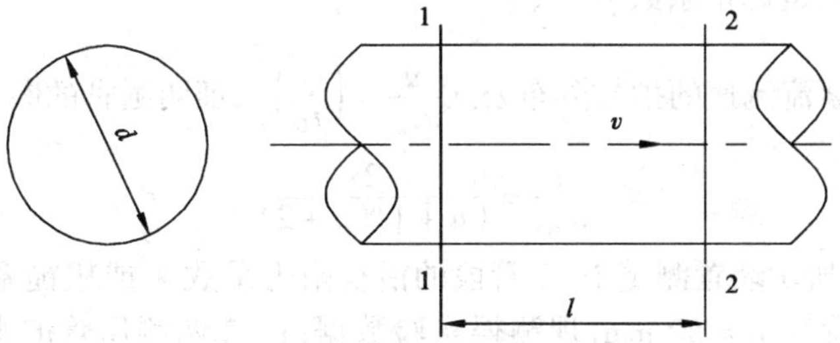

图 5.9

8. 如图 5.10 所示厚度为 h、宽度为 b 的液体薄层在斜面上向下均匀流动，试证明：

(1)断面流速分布为　$u=\dfrac{g}{2\nu}(h^2-y^2)\sin\alpha$

(2)流经断面的流量为　$q_V=\dfrac{g}{3\nu}bh^2\sin\alpha$

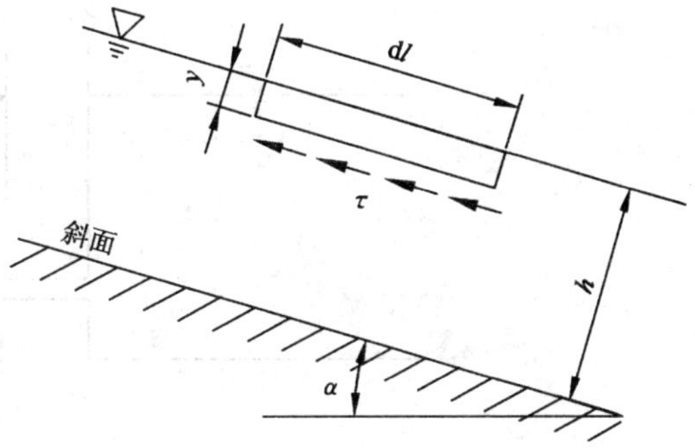

图 5.10

9. 用管径 $d=50$ mm 的管道输送运动黏度 $\nu=5.16\times10^{-2}$ cm²/s 的油，试求欲保持层流流态的最大流量 q_V。

10. 有 3 根过流断面面积 A 和水力坡度 J 均相等的有压管道，其断面形状分别为如图 5.11 所示的圆形、正方形和矩形，试求：

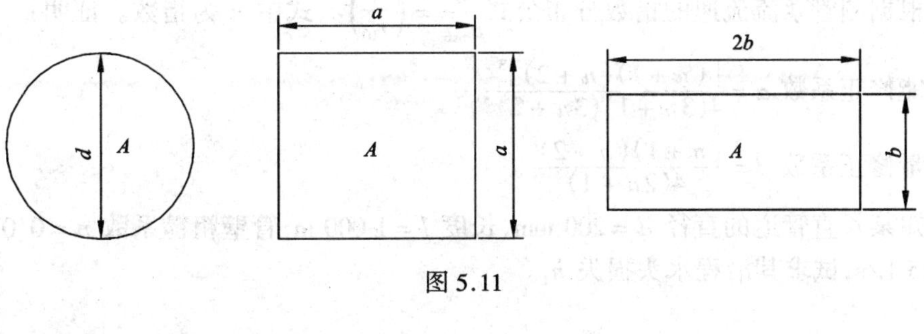

图 5.11

(1)3 根管道的水力半径之比 $R_1:R_2:R_3$;

(2)3 根管道的管壁切应力之比 $\tau_{w1}:\tau_{w2}:\tau_{w3}$;

(3)当沿程阻力系数 λ 相等时,三根管道的流量之比 $q_{V1}:q_{V2}:q_{V3}$。

11.已知圆管层流的流速分布为 $u=\frac{\rho gJ}{4\mu}(r_0^2-r^2)$,试证明:

(1)圆管层流的动能修正系数 $\alpha=2$;

(2)圆管层流的动量修正系数 $\beta=\frac{4}{3}$。

12.试根据圆管紊流流速的指数分布公式 $\frac{u}{u_{\max}}=\left(\frac{y}{r_0}\right)^n$,证明圆管的断面平均流速为

$$\frac{v}{u_{\max}}=\frac{2}{(n+1)(n+2)}$$

13.采用图 5.12 所示装置测定 1—2 管段的沿程阻力系数 λ 或粗糙系数 n。已知 1—2 管段的长度 $l=10$ m,管径 $d=50$ mm,现测得实验数据:1—2 两测压管的水位差 $h=0.8$ m,经 90 s 水箱流入的水量为 0.247 m^3。试求该管段的沿程阻力系数 λ,并用曼宁公式求相应的粗糙系数 n。

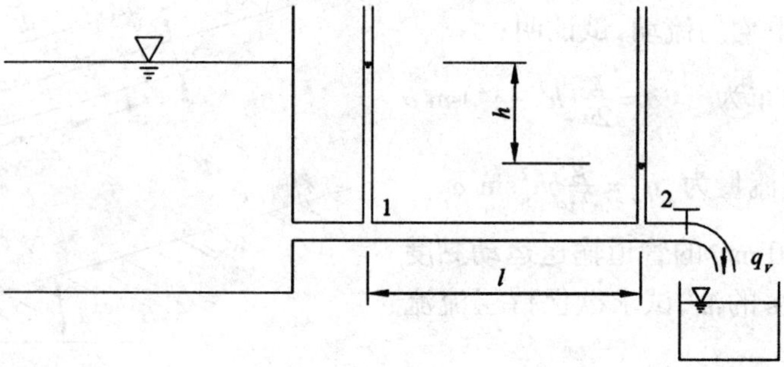

图 5.12

14.采用直径 $d=200$ mm、长度 $l=3\ 000$ m 的无缝钢管(粗糙高度 $\Delta=2$ mm)输送密度 $\rho=900$ kg/m^3 的石油。已知流量 $q_V=27.8$ L/s,石油的运动黏度:冬季 $\nu=1.092$ cm^2/s;夏季 $\nu=0.355$ cm^2/s。试求流动的沿程水头损失 h_f。

15.试根据圆管紊流流速的指数分布公式 $\frac{u}{u_{\max}}=\left(\frac{y}{r_0}\right)^n$,式中 n 为指数。证明:

(1)动能修正系数 $\alpha=\frac{[(n+1)(n+2)]^3}{4(3n+1)(3n+2)}$;

(2)动量修正系数 $\beta=\frac{(n+1)(n+2)^2}{4(2n+1)}$。

16.已知某长直管道的直径 $d=200$ mm,长度 $l=1\ 000$ m,管壁粗糙系数 $n=0.012$,通过流量 $q_V=40.5$ L/s,试求其沿程水头损失 h_f。

17. 已知某市政给水管道的水力半径 $R = 500$ mm，管壁粗糙系数 $n = 0.014$，水均匀流过长度 $l = 1$ km 的水头损失 $h_f = 1$ m，试求给水管道的流速 v 和通过流量 q_V。

18. 如图 5.13 所示，在流速由 v_1 变为 v_2 的突然扩大管路中，如果中间加一中等粗细管段使其形成两次突然扩大。试求：

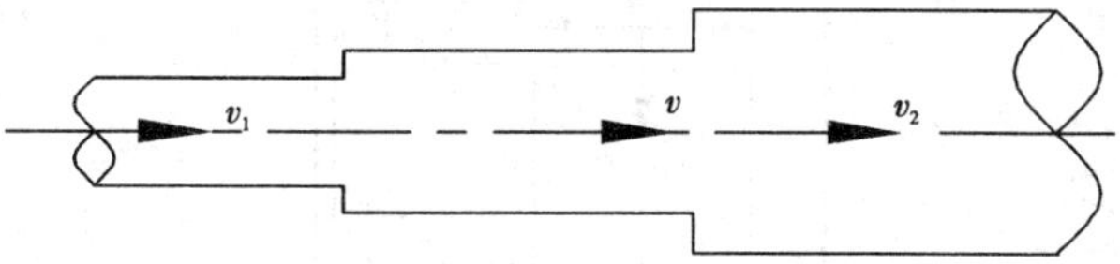

图 5.13

(1)中间管段流速 v 取何值时总的局部水头损失最小；

(2)两次突然扩大的最小局部水头损失 h_{jmin}；

(3)两次突然扩大与一次突然扩大的局部水头损失之比 $\dfrac{h_j}{h_{jmin}}$。

19. 已知图 5.14 所示突然扩大管段的局部水头损失 $h_j = \dfrac{v_1^2}{4g}$，试证明：

(1)突然扩大前后管段的流速之比 $\dfrac{v_1}{v_2} = \dfrac{2}{2-\sqrt{2}}$；

(2)突然扩大前后管段的管径之比 $\dfrac{d_1}{d_2} = \sqrt{\dfrac{2-\sqrt{2}}{2}}$。

20. 若图 5.14 所示突然扩大管段的局部水头损失为 $h_j = \dfrac{v_2^2}{4g}$，试求：

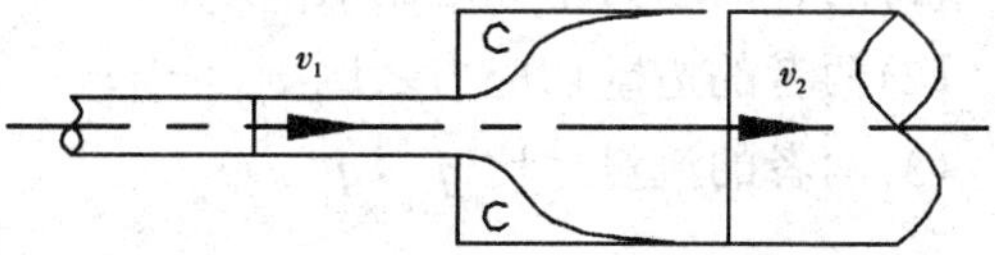

图 5.14

(1)突然扩大前后管段的断面平均流速之比为 $\dfrac{v_1}{v_2}$；

(2)突然扩大前后管段的管径之比为 $\dfrac{d_1}{d_2}$。

21. 如图 5.15 所示，密度 $\rho = 920$ kg/m^3 的油以流速 $v = 1$ m/s 沿直径 $d = 25$ mm 的立管向下流动，若相距 $l = 3$ m 的水银压差计读数 $h_p = 90$ mm，试求：

(1)油液流动的沿程水头损失 h_f；

(2)油液流动型态(层流或紊流)；

(3)油液的运动黏度 ν。

22. 已知图 5.16 所示突然扩大前后管段的流速分别为 v_1 和 v_2，试求相距 l 的两过流断面的测压管水头差 h。

23. 试用圆管层流区的 $\lambda = \dfrac{64}{Re}$、紊流光滑区的 $\lambda = \dfrac{0.316\,4}{Re^{0.25}}$ 以及紊流粗糙区的 $\lambda = 0.11\left(\dfrac{\Delta}{d}\right)^{0.25}$ 等沿程阻力系数计算公式分析沿程水头损失 h_f 与断面平均流速 v 之间关系。

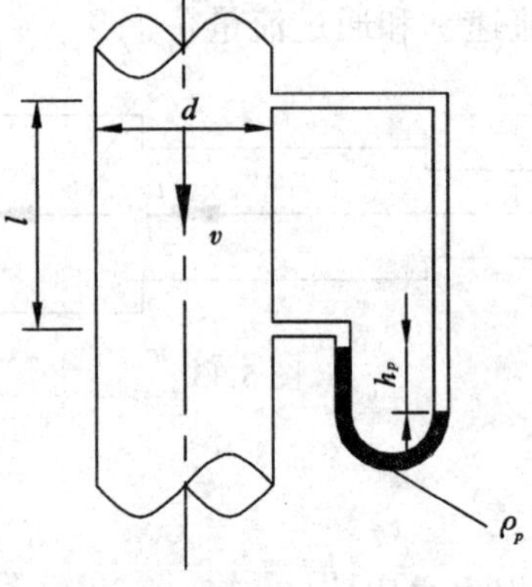

图 5.15

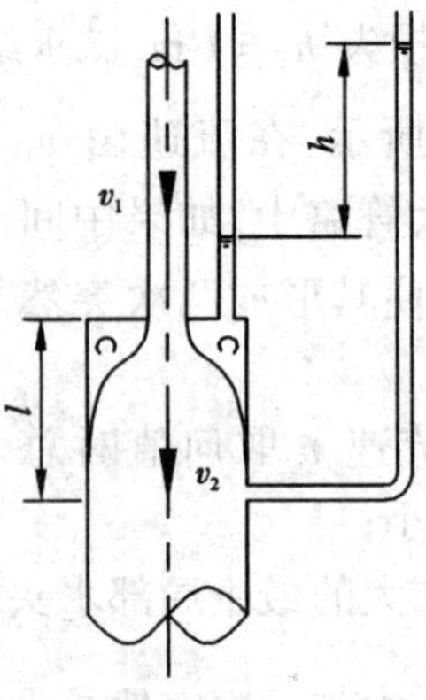

图 5.16

24. 有一长度 $l=200\text{m}$ 的圆形断面水工隧洞，要求通过流量 $q_V=700\ \text{m}^3/\text{s}$。如果洞壁不加衬砌，其直径 $d_1=7.8\ \text{m}$，洞壁糙率 $n_1=0.033$；若用混凝土喷护衬砌，洞径 $d_2=7.0\ \text{m}$，糙率 $n_2=0.014$。试问衬砌方案比不衬砌方案沿程水头损失将减少多少？

25. 如图 5.17 所示，对于底宽为 a、水深为 a 的矩形断面渠道和边长为 a 的正方形断面管道，若两者的水力坡度 J 和边壁粗糙系数 n 均相等，试求：

(1)两者的水力半径之比 $R_1:R_2$；

(2)两者的边壁切应力之比 $\tau_{w1}:\tau_{w2}$；

(3)两者的流量之比 $q_{V1}:q_{V2}$。

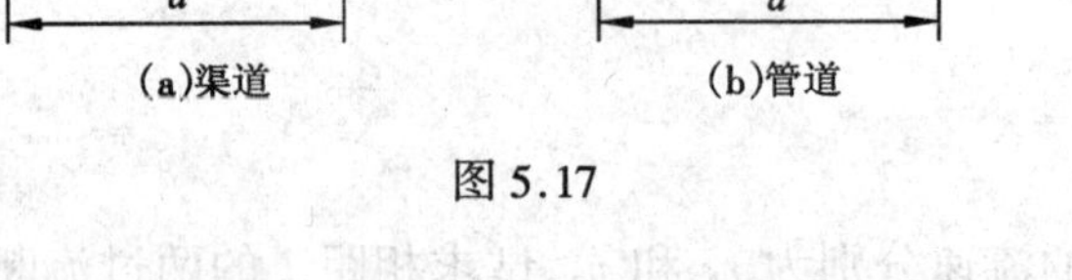

(a)渠道 (b)管道

图 5.17

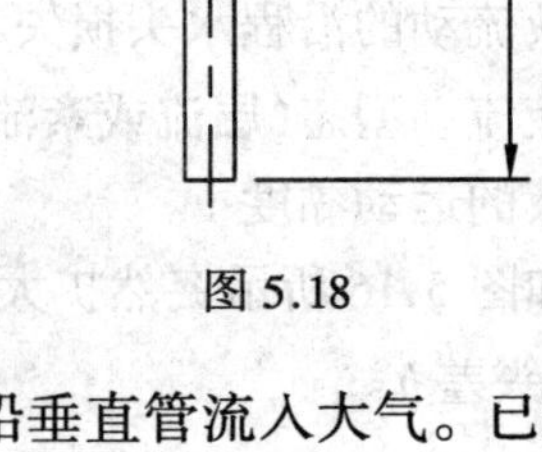

图 5.18

26. 如图 5.18 所示，水从水箱经管径为 d、长度为 l 的铅垂直管流入大气。已知水箱中水深 h，沿程阻力系数 λ 和进口局部阻力系数 ζ。

(1)试求管路起始断面 A 处的相对压强 P_A；

(2)试问 h 为何值时，起始断面 A 处的绝对压强等于当地大气压？

(3)试求管中断面平均流速 v；

(4)试问 h 为何值时，管中流量 q_V 不随管长 l 变化？

27. 如图 5.19 所示给水管路，管径由 $d = 50$ mm 突然扩大到 $D = 100$ mm，已知管中流量 $q_V = 16\ m^3/h$，连接于突扩前后管段截面的四氯化碳($\rho' = 1\,600\ kg/m^3$)压差计的液面高差 $h = 165$ mm，试求突然扩大管段的水头损失 h_j，并与按包达公式计算结果 h'_j 进行比较。

28. 如图 5.20 所示一给水管路，管径由 $D = 150$ mm 突然缩小至 $d = 100$ mm，已知管中流量 $q_V = 2\ m^3/min$，连接于突缩前后管段截面的水银压差计的水银面高差 $h_p = 80$ mm，试求突然缩小的水头损失 h_j。

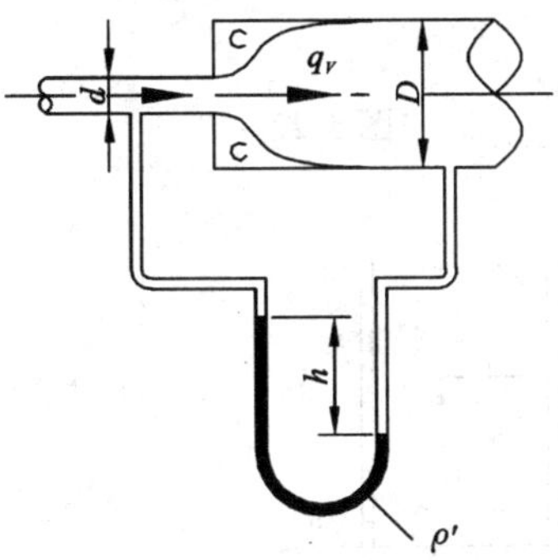

图 5.19

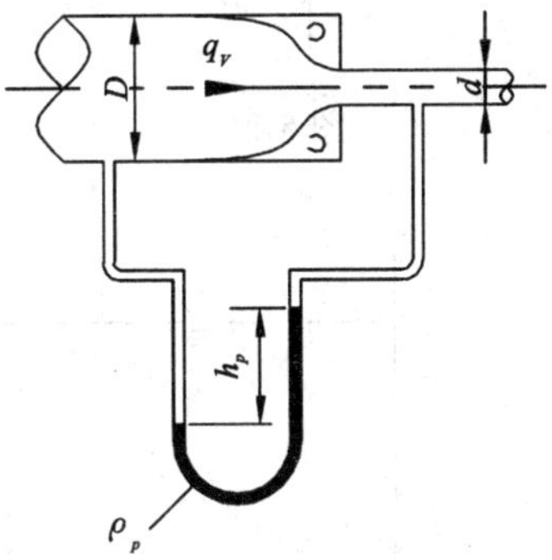

图 5.20

29. 试计算图 5.21 所示逐渐扩大管段的局部阻力系数 ζ。已知 $d = 75$ mm，$p_1 = 68.6$ kPa，$D = 150$ mm，$p_2 = 137.2$ kPa，$l = 1.5$ m，通过流量 $q_V = 56.6$ L/s。

30. 如图 5.22 所示一铅直突然扩大水管，已知 $d = 150$ mm，$D = 300$ mm，$v_2 = 3$ m/s，试判断图中水银压差计的水银面高差标示是否正确？并求水银面高差 h_p。

31. 利用图 5.23 所示装置测定阀门的局部阻力系数 ζ。已知管道直径 $d = 50$ mm，水流速度 $v = 3$ m/s，3 根测压管的间距及高差分别为 $l_1 = 1$ m，$h_1 = 25$ cm 和 $l_2 = 2$ m，$h_2 = 85$ cm。

32. 利用图 5.24 所示装置进行管道流动实验。已知管径 $d = 50$ mm，实验段长 $l = 2$ m，现实验测得 4 组数据如下表：

组次	1	2	3	4
q_V(L/s)	4.23	5.00	5.48	5.98
h_f(cm)	25	35	42	50

试根据上述实测数据：(1)判断水流的流动型态；(2)若为紊流，则属于紊流 3 个区中的哪一区？

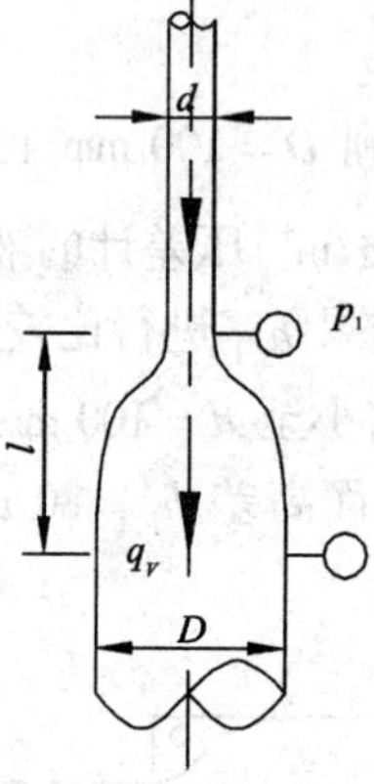

图 5.21

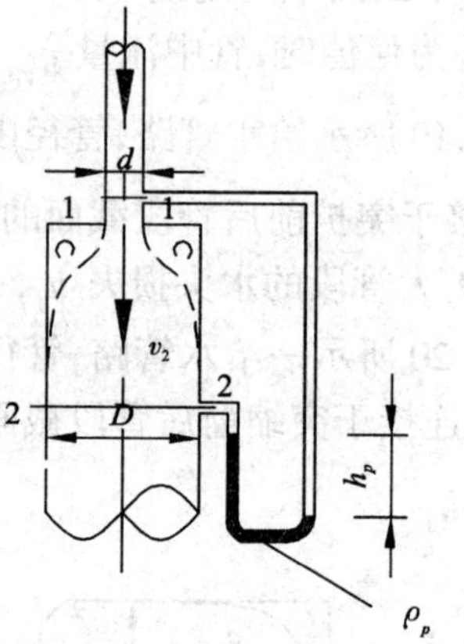

图 5.22

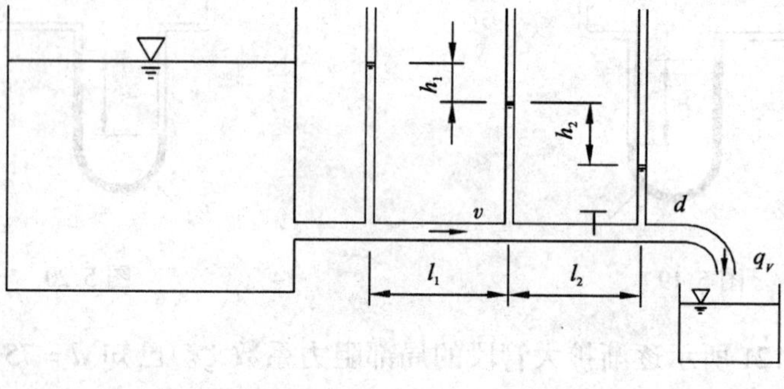

图 5.23

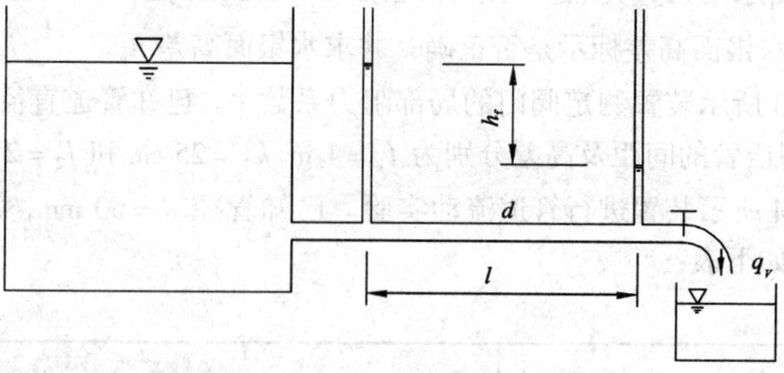

图 5.24

33. 已知迎风面积 $A=2.0\ \text{m}^2$ 的新型汽车的绕流阻力系数 $C_D=0.26$，空气密度 $\rho=1.20\ \text{kg/m}^3$，如果汽车的时速为 $v=100\ \text{km/h}$，试求汽车克服空气阻力所消耗的功率 N。

34. 某河中有一直径 $d=1\ 000\ \text{mm}$ 的圆形桥墩，已知水深 $h=2.0\ \text{m}$，河流断面平均流速 $v=2.0\ \text{m/s}$，绕流阻力系数 $C_D=0.30$，试求该桥墩受到的水流作用力 F_D。

35. 如图 5.25 所示，某高层建筑可视为长 $l=80$ m、宽 $b=60$ m、高 $h=200$ m 的矩形断面的柱体。现已测得楼顶处风速 $u_0=15$ m/s，空气密度 $\rho=1.20$ kg/m^3，设风速沿楼高为指数分布：

$$\frac{u}{u_0}=\left(1-\frac{z}{h}\right)^{0.2}$$

取绕流阻力系数 $C_D=2.08$，试求高层建筑所受到的风载合力 F_D。

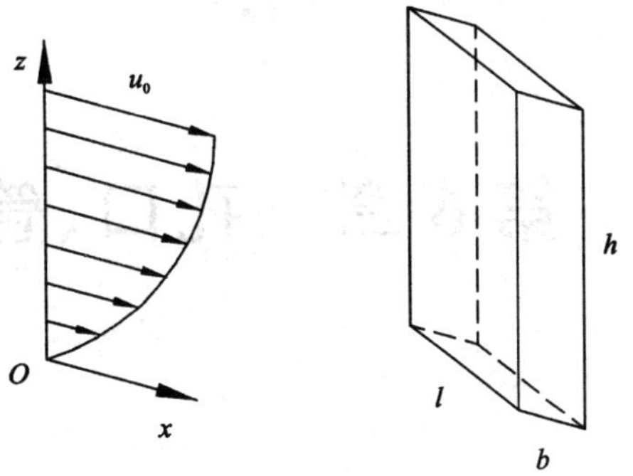

图 5.25

第 6 章　孔口、管嘴及有压管道恒定流动

一、单项选择题

1. 当孔口、管嘴出流的作用水头 H 和管(孔)径 d 分别相等时,则必有(　　)。

A. $q_{V孔口} > q_{V管嘴}, v_{孔口} > v_{管嘴}$　　B. $q_{V孔口} < q_{V管嘴}, v_{孔口} > v_{管嘴}$

C. $q_{V孔口} > q_{V管嘴}, v_{孔口} < v_{管嘴}$　　D. $q_{V孔口} < q_{V管嘴}, v_{孔口} < v_{管嘴}$

2. 圆柱形管嘴正常工作的条件为(　　)。

A. $l = (3 \sim 4)d, H_0 < 9$ m　　B. $l = (3 \sim 4)d, H_0 > 9$ m

C. $l < 3d, H_0 > 9$ m　　D. $l > 4d, H_0 < 9$ m

3. 图 6.1 所示淹没式孔口出流的流量 $q_V = \mu A\sqrt{2gH_0}$,其中作用水头 $H_0 =$(　　)。

A. $H_1 + \frac{p_0}{\rho g}$　　B. $H_2 + \frac{p_0}{\rho g}$

C. $H_1 - H_2 + \frac{p_a - p_0}{\rho g}$　　D. $H_1 - H_2 + \frac{p_0 - p_a}{\rho g}$

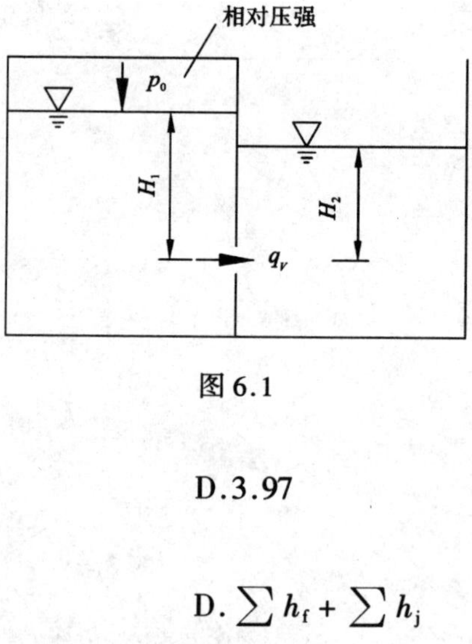

图 6.1

4. 已知圆柱形管嘴($\mu_{管嘴} = 0.82$)的泄流量 $q_{V管嘴} = 3$ L/s,则与其同直径同水头作用下的孔口($\mu_{孔口} = 0.62$)的泄流量 $q_{V孔口} =$(　　)L/s。

A. 2.07　　B. 2.27　　C. 3.67　　D. 3.97

5. 短管水力计算的特点是 $h_w =$(　　)。

A. 0　　B. $\sum h_f$　　C. $\sum h_j$　　D. $\sum h_f + \sum h_j$

6. 长管水力计算的特点是 $h_w =$(　　)。

A. 0　　B. $\sum h_f$　　C. $\sum h_j$　　D. $\sum h_f + \sum h_j$

7. 若离心式水泵吸水管内某点的绝对压强为 40 kPa,则其相对压强为(　　)kPa。

A. −58　　B. 58　　C. −138　　D. 138

8. 图 6.2 所示水流经虹吸管从河流流入水池,已知局部阻力系数:进口 $\zeta_e = 0.5$,弯道 ζ_b

=0.15,则从 1→2 列恒定总流的伯努利方程时,其局部阻力系数之和 $\sum\zeta=$(　　)。

A.0.65　　B.0.80　　C.1.3　　D.1.80

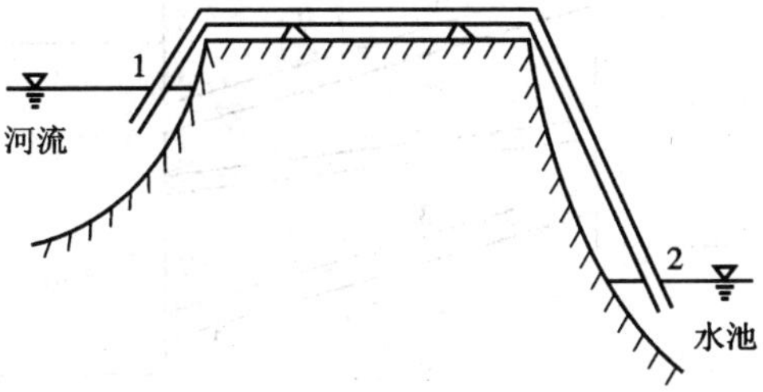

图 6.2

9. 图 6.3 所示水面差为 H 的两水箱间并联两根等长、等径、同管材的长管,则两管的流量关系为(　　)。

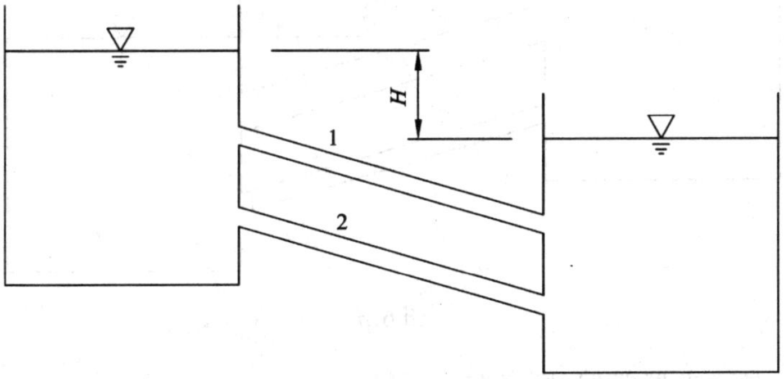

图 6.3

A. $q_{V1}=q_{V2}$　　B. $q_{V1}>q_{V2}$　　C. $q_{V1}<q_{V2}$　　D. $q_{V1}\leqslant q_{V2}$

10. 图 6.4 所示水面差为 H 的两水箱间并联 3 根等径、同管材但不等长的长管,则三管的流量关系为(　　)。

A. $q_{V1}=q_{V2}=q_{V3}$　　B. $q_{V1}>q_{V2}>q_{V3}$　　C. $q_{V1}<q_{V2}<q_{V3}$　　D. $q_{V2}>q_{V1}>q_{V3}$

11. 图 6.5 所示水面差为 H 的两水箱间并联两根等长、同管材但管径 $\dfrac{D}{d}=2$ 的长管,则两管的流量关系 $\dfrac{q_{VD}}{q_{Vd}}=$(　　)。

A.2　　B. $\sqrt{2}$　　C. $\sqrt{2^3}$　　D. $\sqrt{2^5}$

12. 当作用水头 H_0、孔口边缘情况一定时,孔口的流量系数 μ 一般与(　　)等有关。

A.孔口位置、孔口大小、孔壁材料　　B.孔口位置、孔口形状、孔壁材料

C.孔口形状、孔口大小、孔壁材料　　D.孔口位置、孔口大小、孔口形状

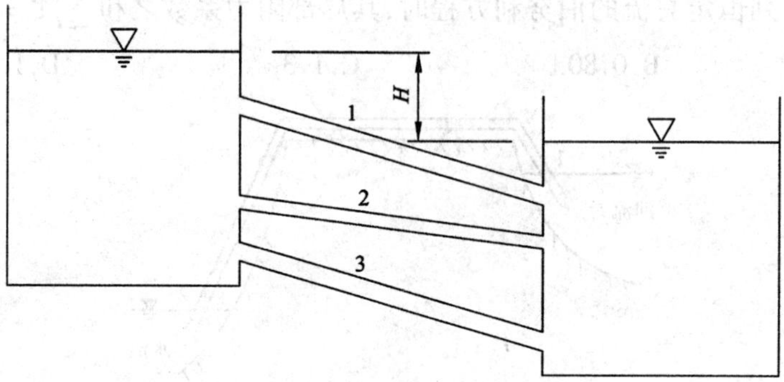

图 6.4

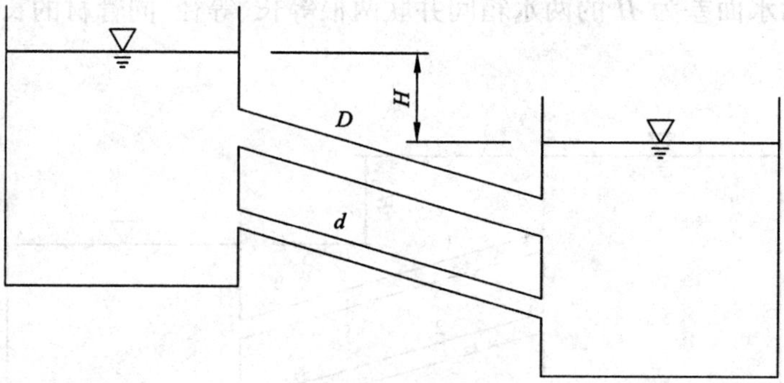

图 6.5

13. 对于图 6.6 所示并联管路，则存在(　　)。

A. $h_{fAB} = h_{f1} + h_{f2}$　　B. $h_{fAB} = h_{f1} = h_{f2}$

C. $h_{f1} q_{V1} = h_{f2} q_{V2}$　　D. $h_{fAB} q_V = h_{f1} q_{V1} = h_{f2} q_{V2}$

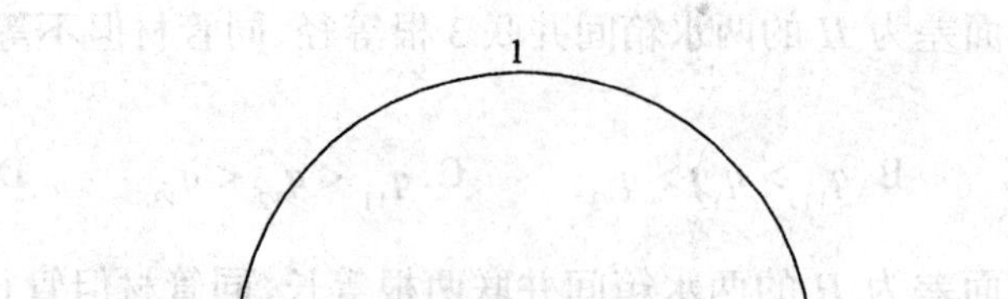

图 6.6

14. 图 6.7 所示并联管路，已知各支路的水头损失分别为 h_{f1}、h_{f2}、h_{f3}，管径分别为 d_1、d_2、d_3，且 $d_1 > d_2 > d_3$，则有(　　)。

A. $h_{f1} = h_{f2} = h_{f3}$　　B. $h_{f1} > h_{f2} > h_{f3}$　　C. $h_{f1} < h_{f2} < h_{f3}$　　D. $h_{fAB} = h_{f1} + h_{f2} + h_{f3}$

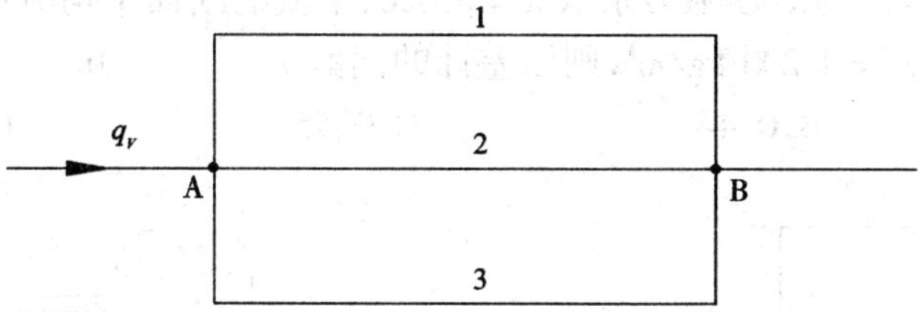

图 6.7

15. 图 6.8 所示并联管路，已知两支路的比阻之比$\frac{S_1}{S_2}=1$，管长之比$\frac{l_1}{l_2}=2$，则两支管的流量之比$\frac{q_{V1}}{q_{V2}}=$（　　）。

A. 2　　B. $\sqrt{2}$　　C. $\frac{\sqrt{2}}{2}$　　D. $\frac{1}{2}$

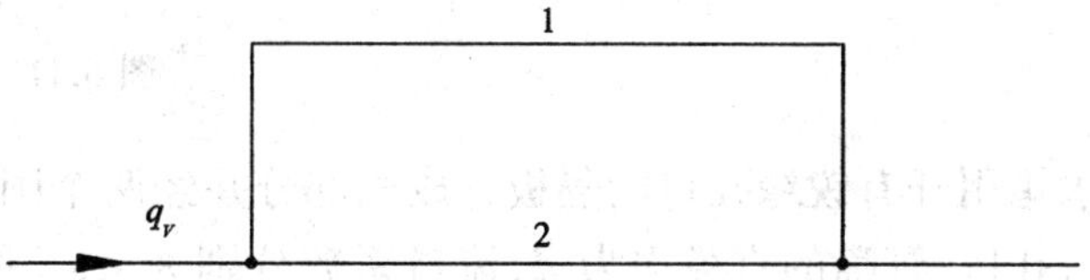

图 6.8

16. 图 6.9 所示并联管路，已知两支路的沿程阻力系数之比$\frac{\lambda_1}{\lambda_2}=1$，管长之比$\frac{l_1}{l_2}=4$，管径之比$\frac{d_1}{d_2}=2$，则两支管的流量之比$\frac{q_{V1}}{q_{V2}}=$（　　）。

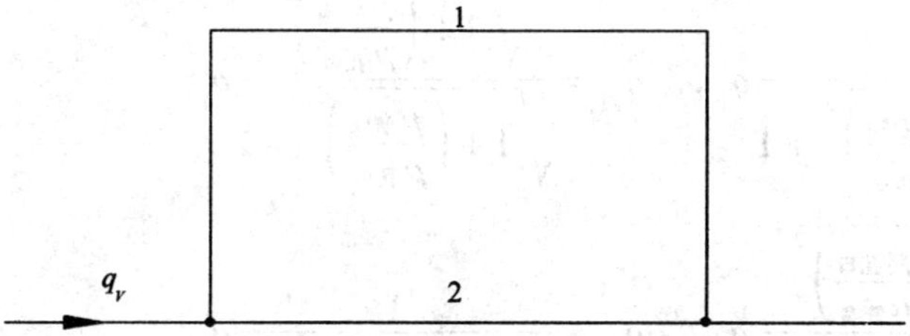

图 6.9

A. $\sqrt{2}$　　B. $2\sqrt{2}$　　C. $3\sqrt{2}$　　D. $4\sqrt{2}$

17. 图 6.10 所示输油管路，已知管长 $l=500$ m，管径 $d=200$ mm，沿程阻力系数 $\lambda=0.32$，局部损失可忽略不计。为保证输油量 $q_V=22$ L/s，则油塔自由油面与管道出口断面间的高差 H 约需（　　）m。

A. 14　　B. 16　　C. 18　　D. 20

18. 图 6.11 所示管路的沿程阻力系数 $\lambda=0.020$，水流的断面平均流速 $v=1.5$ m/s，若压差计中工作液体的密度 $\rho'=1\ 200$ kg/m^3，则压差计的读数 $h=($　　$)$m。

A. 0.33　　　　B. 0.44　　　　C. 0.55　　　　D. 0.66

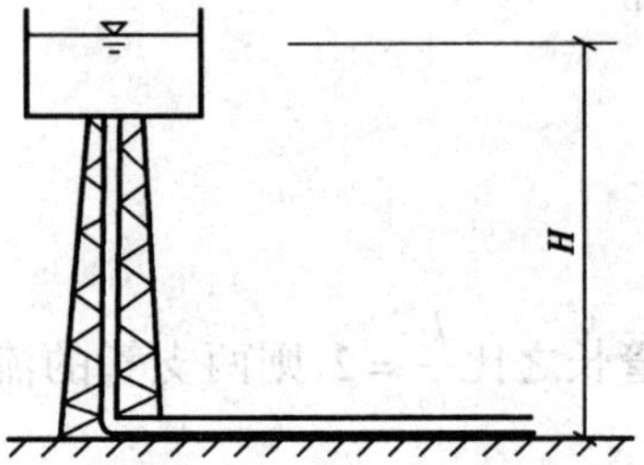

图 6.10

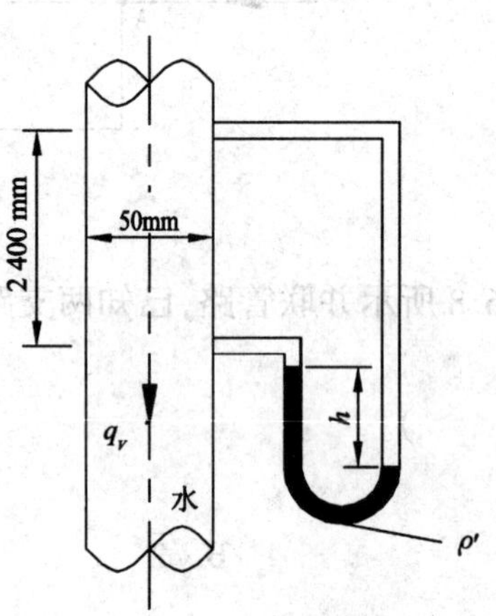

图 6.11

19. 图 6.12 所示水箱用开有锐缘孔口的隔板分成两部分并经两个圆柱形管嘴流出。已知注入水箱的流量为 q_V，孔口、管嘴的直径均为 d，流量系数分别为 $\mu_{孔口}$ 和 $\mu_{管嘴}$，则两管嘴的流量分别为(　　)。

A. $q_{V1}=\dfrac{\sqrt{1+\left(\dfrac{\mu_{管嘴}}{\mu_{孔口}}\right)^2}}{\sqrt{1+\left(\dfrac{\mu_{管嘴}}{\mu_{孔口}}\right)^2}+1}q_V,\quad q_{V2}=\dfrac{1}{\sqrt{1+\left(\dfrac{\mu_{管嘴}}{\mu_{孔口}}\right)^2}+1}q_V$

B. $q_{V1}=\dfrac{1}{\sqrt{1+\left(\dfrac{\mu_{管嘴}}{\mu_{孔口}}\right)^2}+1}q_V,\quad q_{V2}=\dfrac{\sqrt{1+\left(\dfrac{\mu_{管嘴}}{\mu_{孔口}}\right)^2}}{\sqrt{1+\left(\dfrac{\mu_{管嘴}}{\mu_{孔口}}\right)^2}+1}q_V$

C. $q_{V1}=\dfrac{\sqrt{1+\left(\dfrac{\mu_{孔口}}{\mu_{管嘴}}\right)^2}}{\sqrt{1+\left(\dfrac{\mu_{孔口}}{\mu_{管嘴}}\right)^2}+1}q_V,\quad q_{V2}=\dfrac{1}{\sqrt{1+\left(\dfrac{\mu_{孔口}}{\mu_{管嘴}}\right)^2}+1}q_V$

D. $q_{V1}=\dfrac{1}{\sqrt{1+\left(\dfrac{\mu_{孔口}}{\mu_{管嘴}}\right)^2}+1}q_V,\quad q_{V2}=\dfrac{\sqrt{1+\left(\dfrac{\mu_{孔口}}{\mu_{管嘴}}\right)^2}}{\sqrt{1+\left(\dfrac{\mu_{孔口}}{\mu_{管嘴}}\right)^2}+1}q_V$

20. 已知图 6.13 所示离心式水泵的吸水管和压水管管径均为 d，水泵进口的真空表读数

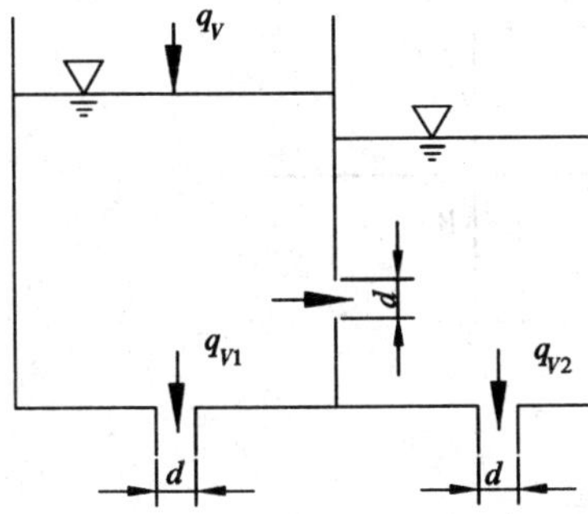

图6.12

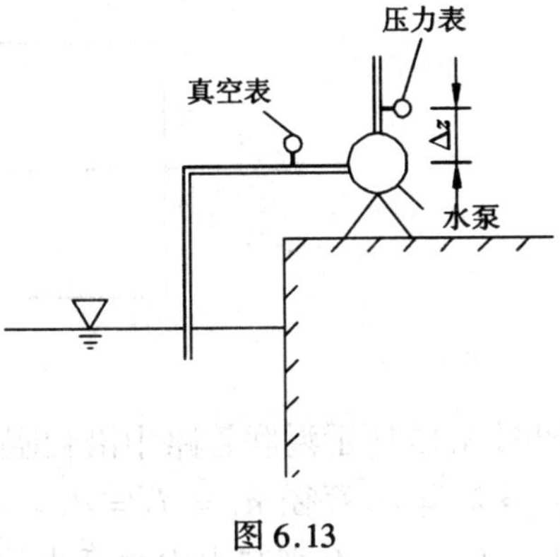

图6.13

为 p_v,压力表读数为 p,且两表高程差为 Δz,则该水泵的扬程 $H=$( )。

A.$\Delta z+\frac{p}{\rho g}-\frac{p_v}{\rho g}$　B.$\Delta z-\frac{p}{\rho g}+\frac{p_v}{\rho g}$　C.$\Delta z+\frac{p}{\rho g}+\frac{p_v}{\rho g}$　D.$\Delta z-\frac{p}{\rho g}-\frac{p_v}{\rho g}$

21. 比阻 S 与管径 d 和沿程阻力 λ 的关系为 $S=$( )。

A.$\frac{16\lambda}{g\pi^2 d^5}$　B.$\frac{8\lambda}{g\pi^2 d^5}$　C.$\frac{16\lambda}{g\pi^2 d^4}$　D.$\frac{8\lambda}{g\pi^2 d^4}$

22. 比阻 S 的单位为( )。

A.m^3/s　B.m^6/s^2　C.s/m^3　D.s^2/m^6

23. 在离心式水泵启动前,一般需向泵体和吸水管内充水,其目的是为了( )。

A.增加离心力　B.增加重力　C.提高叶轮转速　D.降低输入功率

24. 下列关于防止有压管路发生水击的措施中,不正确的是( )。

A.在管路上装设安全阀　B.在管路上设置调压塔

C.缩短关闭阀门时间　D.严禁水泵机组突然停机

25. 下列关于水击概念的说法中,不正确的是( )。

A.水击压强与管道内流动初速成反比

B.高速水流管道发生水击的危害性大于低速管道

C.直接水击压强大于间接水击压强

D.延缓关闭阀门时间可以防止水击发生

二、多项选择题

1. 图6.14所示并联管路的水力关系为( )。

A.$h_{fAB}=h_{f1}+h_{f2}+h_{f3}$　B.$h_{fAB}=h_{f1}=h_{f2}=h_{f3}$

C.$\frac{h_{f1}}{l_1}=\frac{h_{f2}}{l_2}=\frac{h_{f3}}{l_3}$　D.$q_V=q_{V1}+q_{V2}+q_{V3}$

E.$q_{V1}=q_{V2}=q_{V3}$

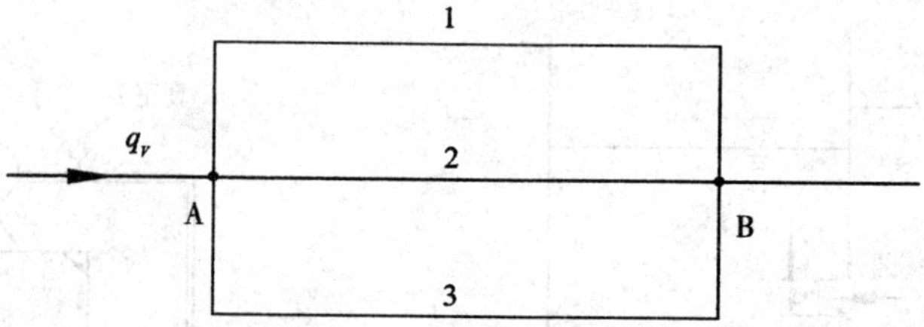

图 6.14

2. 已知图 6.15 所示混联管路中沿程阻力系数 $\lambda_1=\lambda_2=\lambda_3=\lambda_4=\lambda$，管径 $d_1=d_2=d_3=d_4=d$，管长 $l_1=l_2=l_3=l_4=l$，则其水力关系为(　　)。

A. $H=h_{f1}+h_{f2}+h_{f3}+h_{f4}$

B. $H=h_{f1}+h_{f2}+h_{f4}$

C. $H=h_{f1}+h_{f3}+h_{f4}$

D. $q_{V1}=q_{V2}+q_{V3}+q_{V4}$

E. $\dfrac{q_{V1}}{2}=q_{V2}=q_{V3}=\dfrac{q_{V4}}{2}$

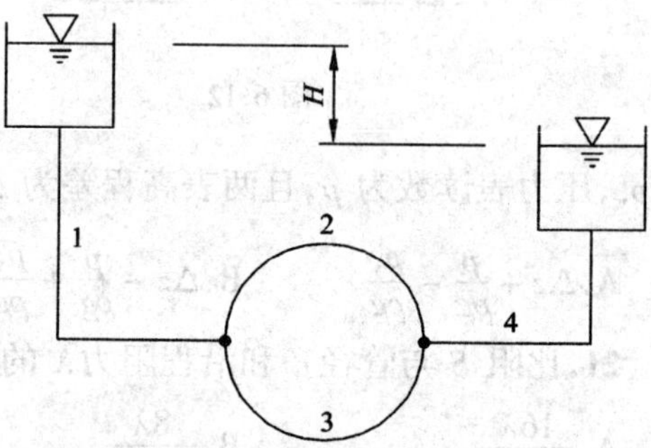

图 6.15

3. 图 6.16 所示两水池联合供水，若不计流速水头和局部水头损失，则有(　　)。

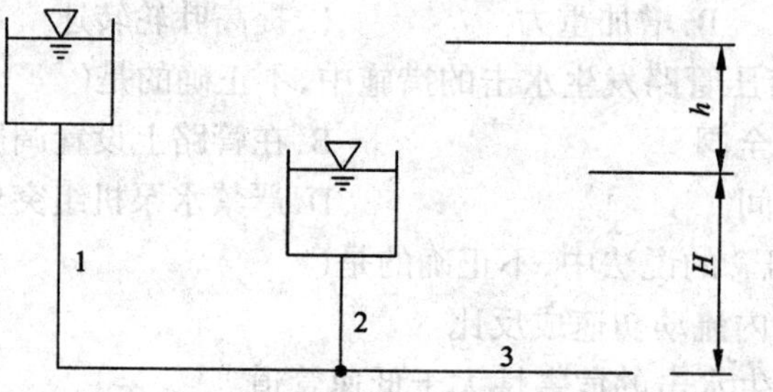

图 6.16

A. $h=h_{f1}+h_{f2}$　　B. $h=h_{f1}-h_{f2}$　　C. $H=h_{f2}+h_{f3}$　　D. $H+h=h_{f1}+h_{f3}$

E. $q_{V3}=q_{V1}+q_{V2}$

4. 下列关于长管水力计算的说法中，正确的有(　　)。

A. 串联管路的总水头损失等于各支路的水头损失之和

B. 串联管路的总流量等于各支路的流量之和

C. 并联管路两节点间的总水头损失等于各支路的水头损失

D. 并联管路各支路的水头损失相等

E. 并联管路两节点间的总流量等于各支路的流量之和

5.已知某长直铸铁输水管道($n=0.014$)的水力半径 $R=250$ mm,且流动 1 km 长度的水头损失为 2 m,则该管路的(　　)。

A.水力坡度 $J=0.2\%$　　B.测压管坡度 $J_p=0.2\%$

C.断面平均流速 $v=1.27$ m/s　　D.通过流量 $q_V=1.0\ m^3/s$

E.沿程阻力系数 $\lambda=0.024$

6.减轻有压管路中水击危害的措施一般有(　　)。

A.限制管内液流速度　　B.控制阀门关闭或开启时间

C.在管路上设置调压塔　　D.在管路上设置安全阀

E.采用弹性模量较小的管材

三、填充题

1.若孔口的收缩系数为 ε,流速系数为 φ,则孔口的流量系数 $\mu=$(　　　)。

2.若管嘴的流速系数为 φ_n,流量系数为 μ_n,则 $\frac{\varphi_n}{\mu_n}=$(　　)。

3.影响孔口流量系数的主要因素为(　　　　　　　　　　　)。

4.圆柱形管嘴的正常工作条件为(　　　　　　　　　　　)。

5.圆柱形管嘴($\mu_{管嘴}=0.82$)与同直径同水头下的孔口($\mu_{孔口}=0.62$)相比较,若 $q_{V管嘴}=3$ L/s,则 $q_{V孔口}=$(　　　)L/s。

6.水泵的安装高度主要受水泵进口的(　　　　　　)的限制。

7.水泵扬程是指(　　　　　　　　　　　)。

8.水泵工作点是(　　　　　　　　　　　)。

9.引起有压管路中流速突然变化(如阀门突然关闭)是产生水击现象的外因,而(　　　　　　　)则是产生水击现象的内因。

10.水击压强逐渐衰减的原因是(　　　　　　　　　　　)。

四、思考题

1.孔口出流有何特点?当水头一定时,孔口的位置、大小及形状对流量系数有何影响?

2.为什么孔口淹没出流时,其流速或流量的计算既与孔口位置无关,也无“大”孔口、“小”孔口之分?

3.管嘴出流有何特点?管嘴正常工作的条件是什么?

4.在小孔口上安装一段圆柱形管嘴后,流动阻力增加了,为什么反而流量增大?是否管嘴越长,流量越大?

5.如何理解圆柱形管嘴收缩断面出现真空相当于把管嘴的作用水头增大了 75%?

6.何谓长管?何谓短管?这种分法有何实际意义?

7.何谓串联管路?何谓并联管路?两者的水力计算特点有何不同?

8. 在两水箱的水位差 H 一定条件下，若在两水箱间分别串联或并联 n 根等径、等长、同管材的长直圆管，假设局部阻力可忽略不计，试问当 n 增加时，串联和并联的总流量之比 $\frac{q_{V串}}{q_{V并}}$ 是增大还是减小？

9. 对于图 6.17 所示作用水头 H_0 一定的串联管路 1、2、3，若在管段 2 的部位并联一条支管 4，则总流量 q_V 和支管流量 q_{V2} 较并联之前是增大还是减小？若再在支管 4 上加装一个阀门，则支管流量 q_{V2} 和 q_{V4} 较加装阀门之前是增大还是减小？

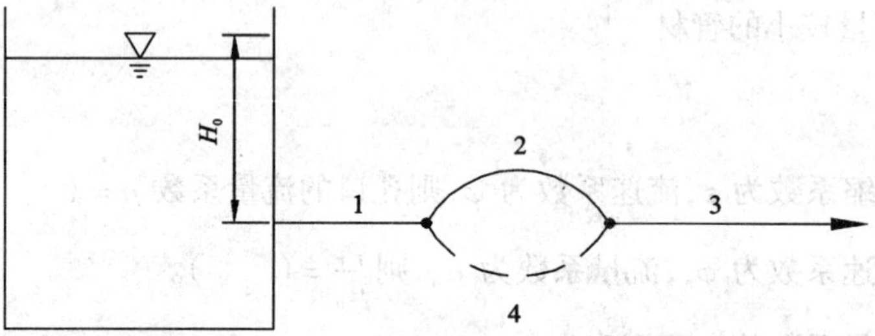

图 6.17

10. 如图 6.18 所示两串联长管，(a)与(b)之区别是粗、细管倒置。设两种情况下作用水头 H 相同，试分析：

(1)在不计水头损失时，哪种情况流量大？为什么？

(2)在只计沿程水头损失时，两种情况流量是否相等？为什么？

(3)当沿程水头损失和局部水头损失同时计及时，哪种情况流量大？为什么？

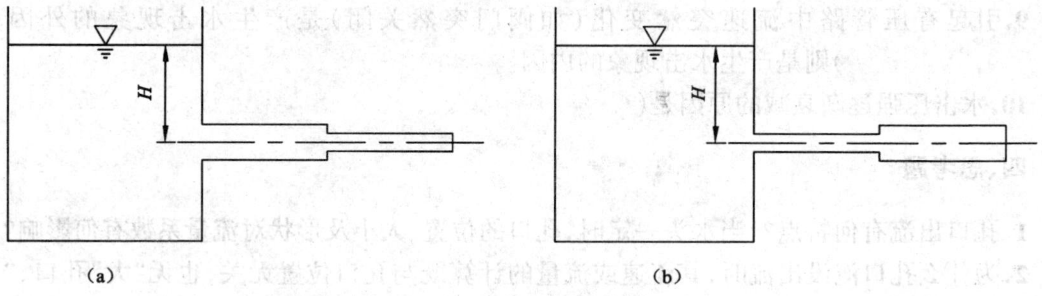

图 6.18

11. 实验室中有一连接高低水池的简单直管，若在靠近上游和下游处各装一个阀门，当二阀门全开时，全管的测压管水头线接近于直线。试问：

(1)若关小下游阀门，测压管水头线位置将怎样移动？

(2)若关小上游阀门，测压管水头线位置将怎样移动？

(3)实验开始时，为了排除管道和测压管中积存的气体，应当如何处理？

12. 为增大如图 6.19 所示水箱的泄流量，拟在出水管末端考虑两种措施：①接一铅垂管段；②接一水平管段。试问哪种措施可行？为什么？

13. 在图 6.20 所示的烟囱底部 1—1 断面处装设 U 形液体压差计，测出的相对压强通常为负值（即出现真空）。既然烟囱底部 1—1 断面的势能小于烟囱顶部 2—2 断面的势能，而两断面的动能又相等，试问是什么力量驱使烟气在烟囱中从下向上流动的？

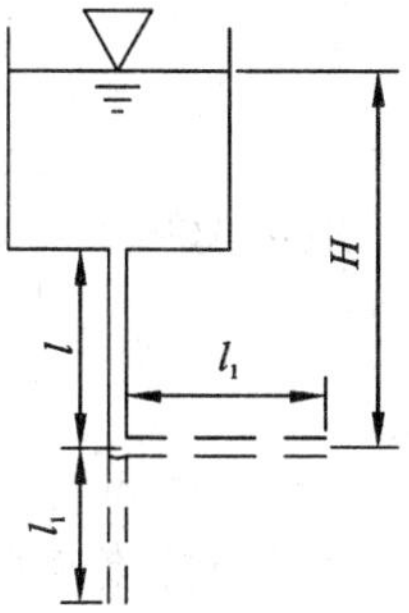

图 6.19

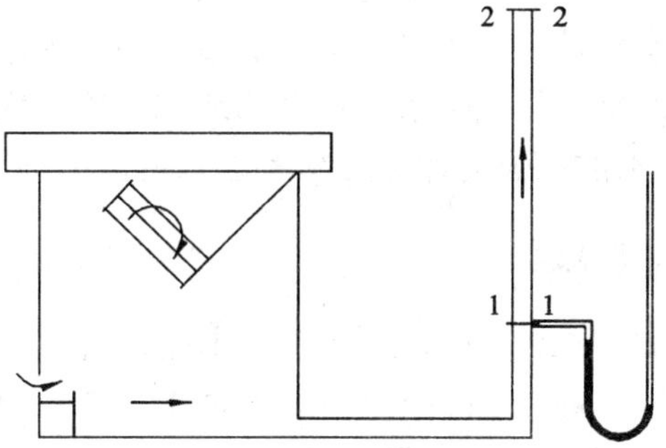

图 6.20

14. 何谓经济流速？输水管道的经济流速是如何确定的？

15. 在树状管网水力计算中，新建管网和旧管网扩建的主要区别是什么？两者的设计计算出发点有何不同？

16. 在树状管网水力计算中，旧管网扩建为什么必须以平均水力坡度最小的干线作为控制干线进行设计？

17. 哈代-克罗斯（Hardy-Cross）提出的逐步渐近法是计算环状管网的常用方法，但该方法存在收敛速度较慢的缺点。为提高该方法的收敛速度，应当如何改进？

18. 离心式水泵的工作原理是什么？为什么离心式水泵启动前一般要向泵内注水？

19. 何谓水泵的工作点？如何确定水泵的工作点？

20. 水泵或风机的串联和并联各具什么特点？

21. 何谓水击（亦称水锤）？产生水击的原因是什么？

22. 对于同一系统同一初始流速条件下的水击，柔性管道与刚性管道相比，何者引起的水击压强升高更显著？

五、判断改正题

1. 在作用水头和管（孔）径一定条件下，管嘴出流流量大于孔口出流的原因在于管嘴出流的流动阻力小于孔口出流。（　　）

2. 圆柱形管嘴正常工作的条件是：(1) 管嘴长度 $l<(3\sim4)d$；(2) 作用水头 $H_0>9$ m。（　　）

3. 离心式水泵的安装高度 H_s 主要取决于水泵的扬程 H。（　　）

4. 短管与长管之分主要取决于沿程水头损失和局部水头损失在总水头损失中所占的比

重。通常短管可忽略沿程水头损失，而长管则可忽略局部水头损失，甚至流速水头也可忽略不计。（　　）

5. 串联管路的总水头损失等于各支路的水头损失，且各支路的水头损失相等，而并联管路的总水头损失则等于各支路的水头损失之和。（　　）

6. 为保证供水的可靠性，城市供水、供气系统一般应设计成树状管网。（　　）

7. 对于环状管网中任意闭合的环路，其水头损失和流量均等于零。（　　）

8. 水泵是一种将电动机的机械能转换为液体动能的水力机械。（　　）

9. 水泵工作点是水泵特性曲线和管路特性曲线峰值的叠加。（　　）

10. 水击压强的计算必须考虑水的压缩性，但管道的变形一般可忽略不计。（　　）

六、计算题

1. 如图 6.21 所示，水从薄壁小孔口射出。已知 $H=1.2$ m，$x=1.25$ m，$y=0.35$ m，孔口直径 $d=7.5$ mm，5 min 内射出的水量 $V=40$ L，试求孔口的出流系数（包括流速系数 φ、流量系数 μ、收缩系数 ε 和局部阻力系数 ζ）。

2. 如图 6.22 所示，水箱液面距地面为 H，试问：

（1）在水箱侧壁何处开设小孔口，可使射流的水平射程最大？

（2）最大射程 x_{max} 为多少？

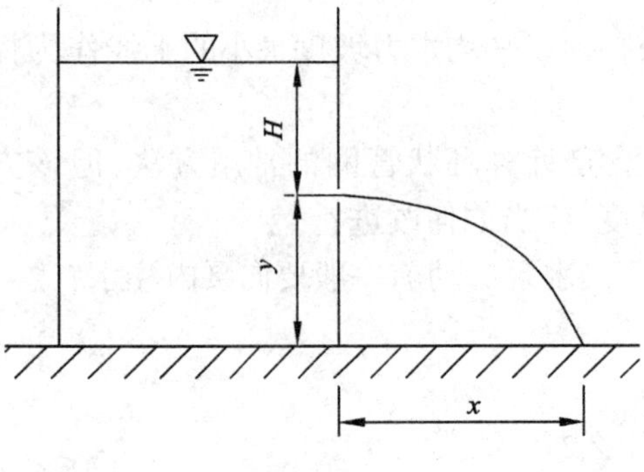

图 6.21

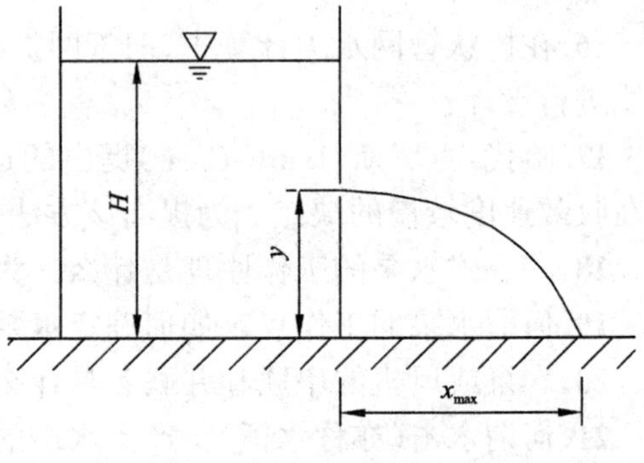

图 6.22

3. 如图 6.23 所示水箱用开有直径 $d_1=40$ mm 小孔口的隔板分为左右两室，并在右室底外接一直径 $d_2=30$ mm、长度 $l=10$ cm 的管嘴，若左室水深 $H_1=3$ m，试求在恒定出流时的右室水深 H_2 及孔口、管嘴的出流流量 q_{V1} 和 q_{V2}。

4. 如图 6.24 所示两水箱中间的隔板上有一直径 $d_0=80$ mm 的薄壁小孔口，两水箱底部分别外接一直径为 $d_1=60$ mm 和 $d_2=70$ mm 的管嘴。若将流量 $q_V=60$ L/s 的水连续注入左侧水箱，试求在恒定出流时：

（1）孔口及两管嘴的作用水头 H_0、H_1、H_2；

（2）孔口及管嘴的出流流量 q_{V0}、q_{V1}、q_{V2}。

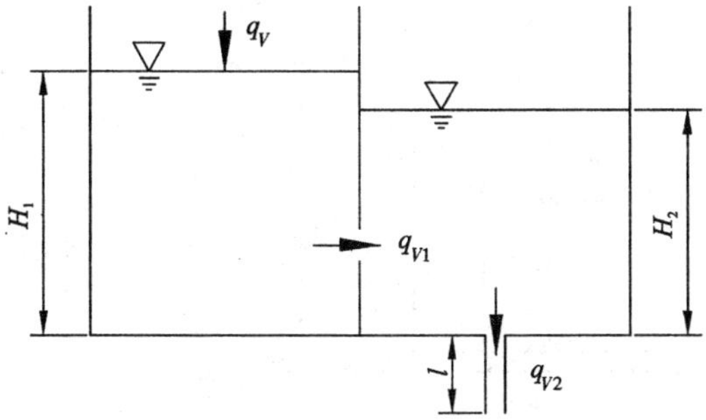

图 6.23

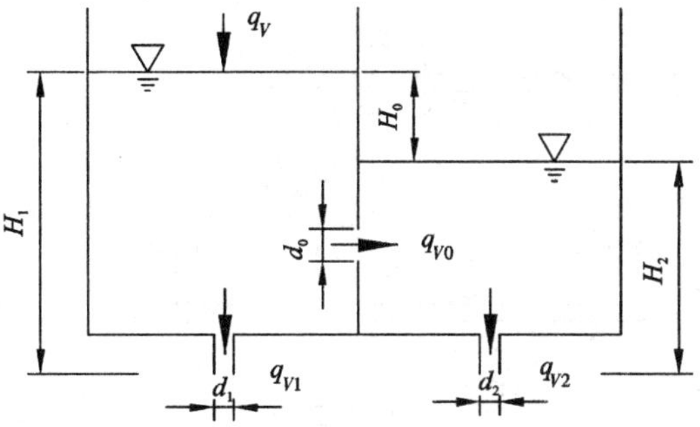

图 6.24

5. 如图 6.25 所示平底船的底面积 $A=8\ \mathrm{m}^2$，船舷高 $h=0.5$ m，自重 $G=9.8$ kN。由于驾驶不慎，船底触礁，凿有一直径 $d=100$ mm 的小孔，试问经过多少时间后船将沉没？

6. 如图 6.26 所示，直径 $D=60$ mm 的活塞受力 $F_P=3\ 000$ N 后，将密度 $\rho=920\ \mathrm{kg/m^3}$ 的油从直径 $d=20$ mm 的薄壁小孔口挤出，若孔口的流速系数、流量系数分别为 $\varphi=0.97$ 和 $\mu=0.62$，试求孔口出流流量 q_V 和作用在油缸上的力 F。

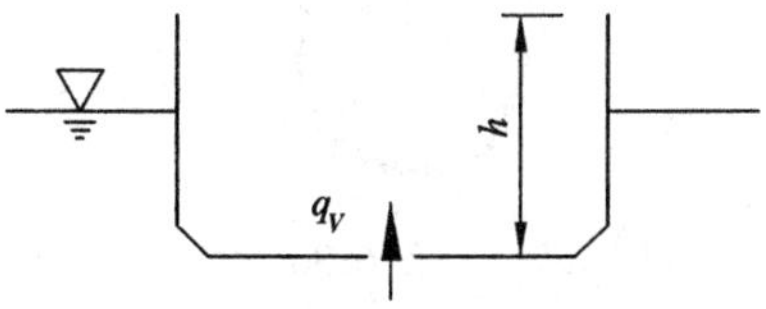

图 6.25

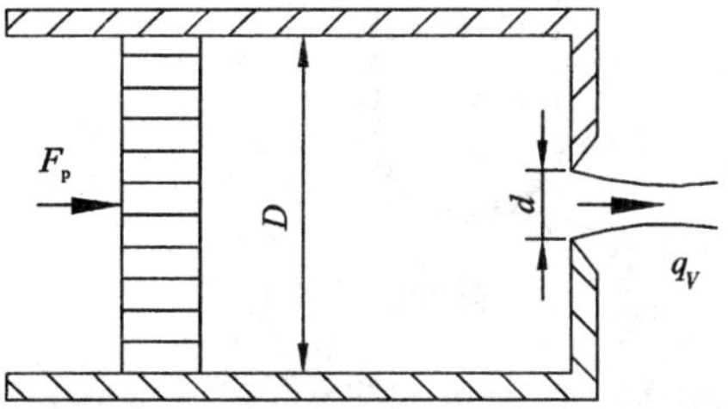

图 6.26

7. 如图 6.27 所示，密度 $\rho=900\ \mathrm{kg/m^3}$ 的液体由直径 $d=20$ mm 的薄壁小孔口射出，已知孔口前表压 $p=62$ kPa，射流对挡板的冲击力 $F=23.47$ N，射流流量 $q_V=2.29$ L/s，试求孔口的出流系数（包括流量系数、流速系数等）。

8. 如图 6.28 所示，气体消音器由 n 层孔板组成，孔板上的小孔口面积分别为 A_1、A_2……A_n，且各不相等，若 n 个孔口的流量系数均为 μ，起始相对压强为 p_1，尾部相对压强 $p_n=0$，气体密度为 ρ。

(1) 试推导气体消音器的流量计算公式；

(2) 试根据消音器流量公式，推导在保证流动相似条件下，消音器问题的相似准则方程。

9. 在图 6.29 所示的孔口流量计中，已知水管管径 $D=150$ mm，孔口直径 $d=100$ mm，通过流量 $q_V=30$ L/s，孔口流量计流量系数 $\mu=0.606$，试求压差计中水银柱高差 h_p。

10. 在图 6.30 所示的管嘴流量计中，已知水管管径 $D=150$ mm，管嘴直径 $d=100$ mm，压差计中水银柱高差 $h_p=20$ cm，管嘴流量计流量系数 $\mu_n=0.95$，试求通过流量 q_V。

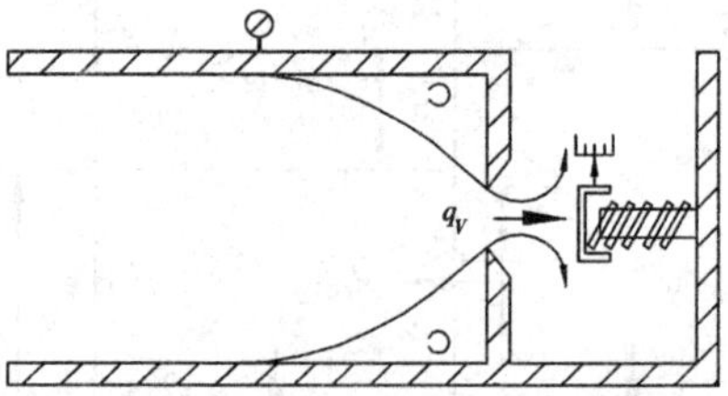

图 6.27

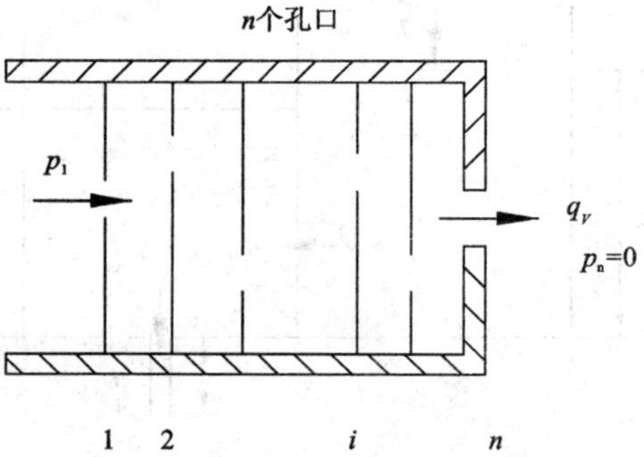

图 6.28

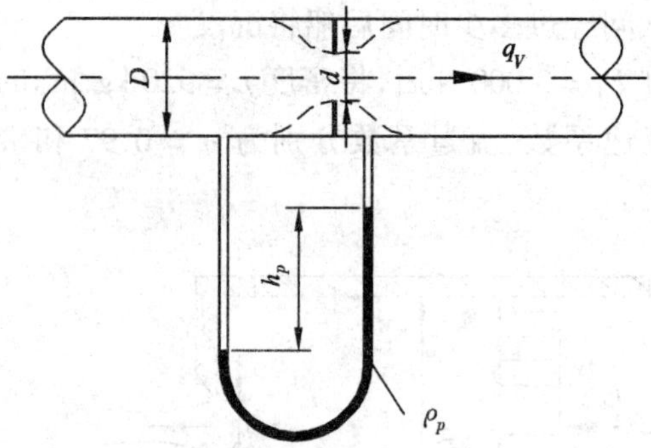

图 6.29

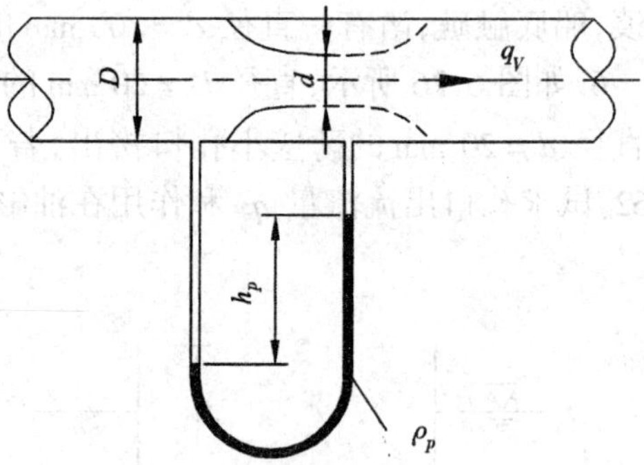

图 6.30

11. 如图 6.31 所示,采用直径 $d=350$ mm 的虹吸管将河水引入堤外水池供给灌溉。已知河堤内外水位差 $H=3$ m,虹吸管的吸水管段长 $l_1=15$ m,压水管段长 $l_2=20$ m,沿程阻力系数 $\lambda=0.04$,局部阻力系数:进口 $\zeta_1=5.7$,弯道 $\zeta_2=0.6$,虹吸管顶的安装高度 $h=4$ m,若虹吸管顶的允许真空度$[h_v]=7.5\ mH_2O$,试确定该虹吸管的输水量 q_V,并校核管顶的安装高度 h。

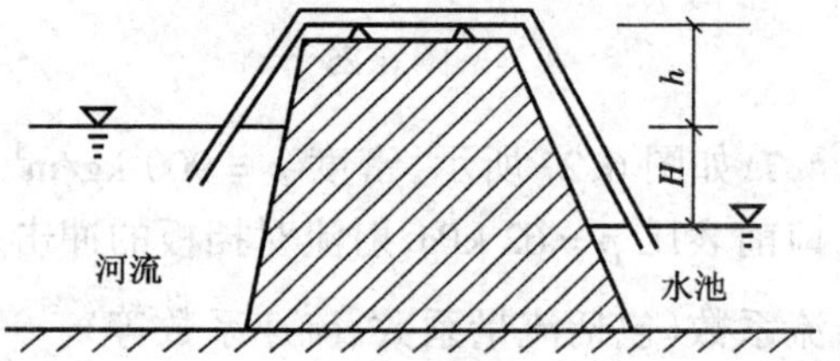

图 6.31

12. 如图 6.32 所示,水由容器甲沿直径 $d=25$ mm、长度 $l=10$ m 的管道输入容器乙。已知容器甲水面的相对压强 $p_0=196$ kPa,二容器水面距地面分别为 $H_1=1$ m,$H_2=5$ m,管道沿程阻力系数 $\lambda=0.025$,局部阻力系数:进口 $\zeta_1=0.5$,阀门 $\zeta_2=4.0$,弯道 $\zeta_3=0.3$,试求管道的通过流量 q_V。

13. 图 6.33 所示为输水管路中的水力测试实验装置,已知 $d=25$ mm,$l=750$ mm,$v=3.0$ m/s,$\lambda=0.020$,$\zeta=0.50$,试计算压差计的水银柱高差 h_p。

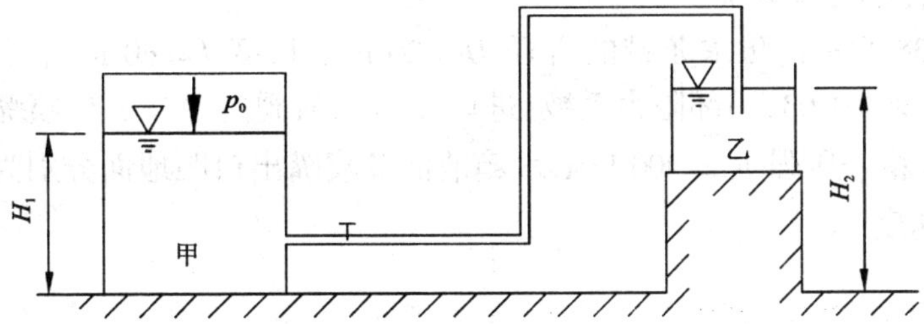

图 6.32

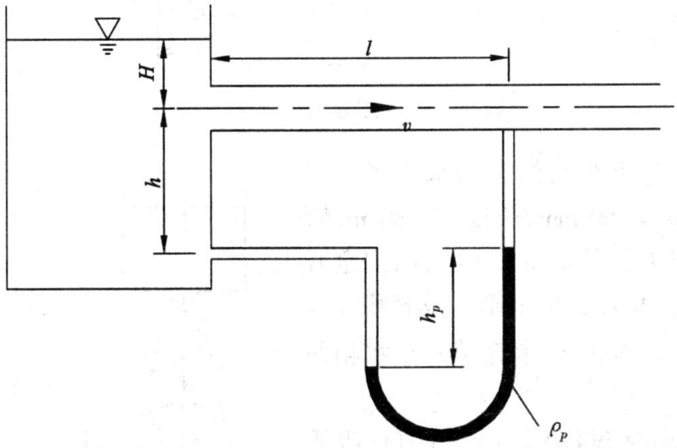

图 6.33

14. 如图 6.34 所示，用直径 $d=100$ mm、长度 $l=50$ m 的管道从水箱中引水。已知水箱的水位 $H=4$ m，管道局部阻力系数：进口 $\zeta_1=0.5$，阀门 $\zeta_2=2.5$，在相距 10 m 的管段装有一水银压差计，测得其水银柱高差 $h_p=40$ mm，试求：

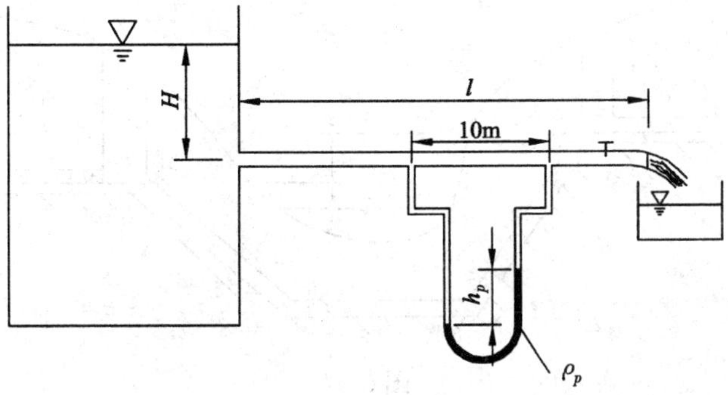

图 6.34

(1)管道的沿程水头损失 h_f；

(2)通过水管的流量 q_V；

(3)管道的沿程阻力系数 λ。

15.已知图 6.35 所示消防水龙带的直径 $D=20$ mm，长度 $l=20$ m，末端喷嘴直径 $d=10$ mm，沿程阻力系数 $\lambda=0.03$，局部阻力系数：进口 $\zeta_1=0.5$，阀门 $\zeta_2=3.5$，喷嘴 $\zeta_3=0.1$(相对于喷嘴出口速度)，水箱表压强 $p_0=400$ kPa，水箱液面及喷嘴出口距地面分别为 $H=3$ m 和 $h=1$ m，试求喷嘴出口速度 v_2。

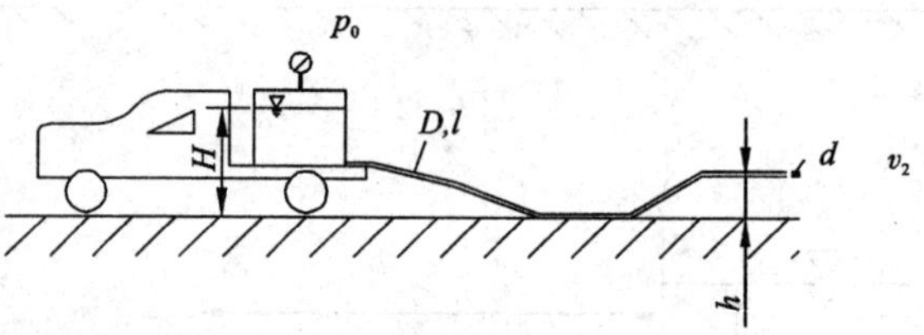

图 6.35

16.图 6.36 所示为火车站机车供水装置。已知供水管路的管径 $d=150$ mm，长度 $l=80$ m，管路中设有 2 个阀门和 4 个弯头($\lambda=0.03$，阀门全开 $\zeta_1=0.12$，弯头 $\zeta_2=0.48$)，机车水箱有效容积 $V=25\ m^2$，供水塔水头 $H=18$ m，试求充满机车水箱所需的最短时间 t。

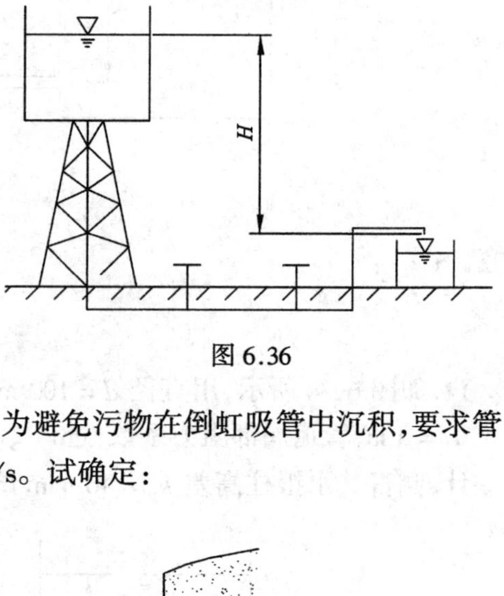

图 6.36

17.某城市排污渠穿过河流时采用倒虹吸管方案，如图 6.37 所示。已知污水流量 $q_V=100$ L/s，倒虹吸管长 $l=50$ m，沿程阻力系数 $\lambda=0.03$，局部阻力系数：进口 $\zeta_1=0.60$，弯道 $\zeta_2=0.50$。为避免污物在倒虹吸管中沉积，要求管中流速 $v>1.2$ m/s，倒虹吸管进、出口流速 $v_0=0.80$ m/s。试确定：

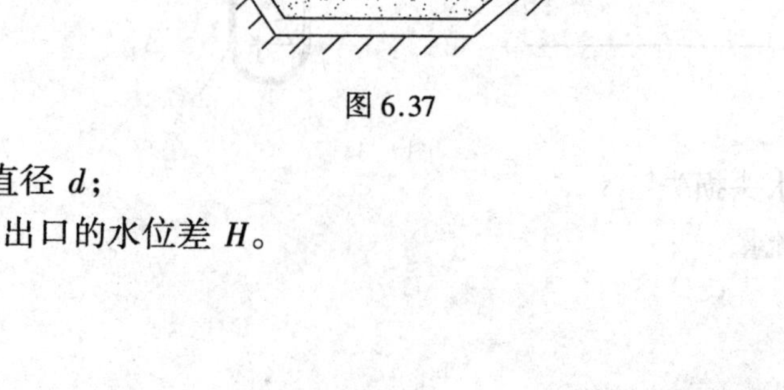

图 6.37

(1)倒虹吸管的直径 d；

(2)倒虹吸管进、出口的水位差 H。

18. 如图 6.38 所示自由泄流管道，已知管径 $d=300$ mm，各管段长分别为 $l_1=10$ m，$l_2=22$ m，$l_3=10$ m，水池液面与管道进、出口的高差分别为 $H_1=6$ m，$H_2=12$ m，管道的粗糙系数 $n=0.013$，局部阻力系数：进口 $\zeta_1=0.25$，弯道 $\zeta_2=0.20$，试求：

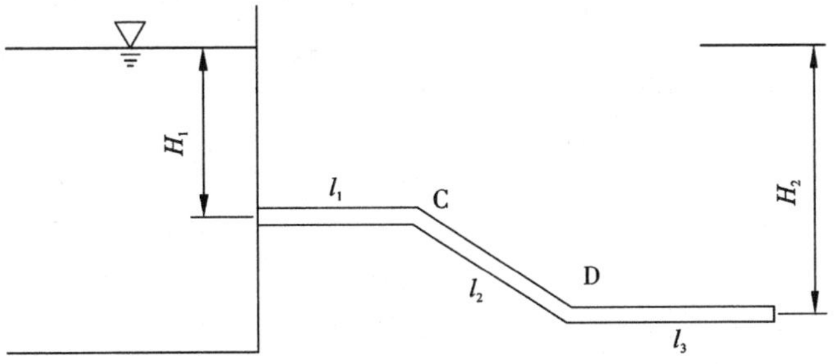

图 6.38

(1) 通过管道的流量 q_V；

(2) 管道转折点 C、D 前后的压强水头。

19. 若将上题改为过流面积相等而高宽比为 1∶2 的矩形断面管道，其他条件不变，试求管道的通过流量 q_V。

20. 图 6.39 所示为坝内虹吸溢洪道。已知虹吸管直径 $d=1\ 200$ mm，粗糙系数 $n=0.014$，吸水管和压水管长分别为 $l_1=2.5$ m，$l_2=10$ m，水库液面和最大真空断面相对于虹吸管出口高差分别为 $H=7$ m，$z_C=6$ m，若虹吸管的允许真空度 $[h_v]=8\ mH_2O$。

(1) 试求虹吸管的泄洪流量 q_V；

(2) 校核虹吸管的最大真空度 h_{vmax}。

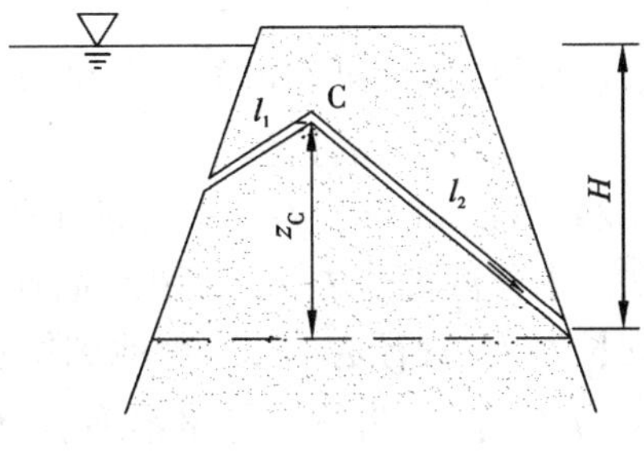

图 6.39

21. 如图 6.40 所示，用虹吸管连接两贮水池。已知 d、l_1、l_2、z_C，以及沿程阻力系数 λ，进口、弯道的局部阻力系数 ζ_e 和 ζ_b，虹吸管允许真空度 $[h_v]$，试求最大允许的两水池液面高差 H_{max}。

22. 图 6.41 所示为交通土建工程设计中穿越路基的有压圆形涵洞，已知涵长 $l=50$ m，上下游水位差 $H=3$ m，各项阻力系数：沿程 $\lambda=0.03$，进口 $\zeta_e=0.50$，转弯 $\zeta_b=0.65$，若要求涵洞通过流量 $q_V=3\ m^3/s$，试确定涵洞管径 d。

23. 图 6.42 所示为离心式水泵抽水装置。已知流量 $q_V=20$ L/s，几何给水高度 $H_g=18$ m，吸水管长度 $l_1=8$ m，管径 $d_1=150$ mm，压水管长度 $l_2=20$ m，管径 $d_2=100$ mm，管路阻力系数：沿程 $\lambda=0.042$，进口 $\zeta_e=5.0$，弯道 $\zeta_b=0.17$，水泵的安装高度 $H_s=5.45$ m，水泵进口的允许真空度 $[h_v]=7\ mH_2O$。

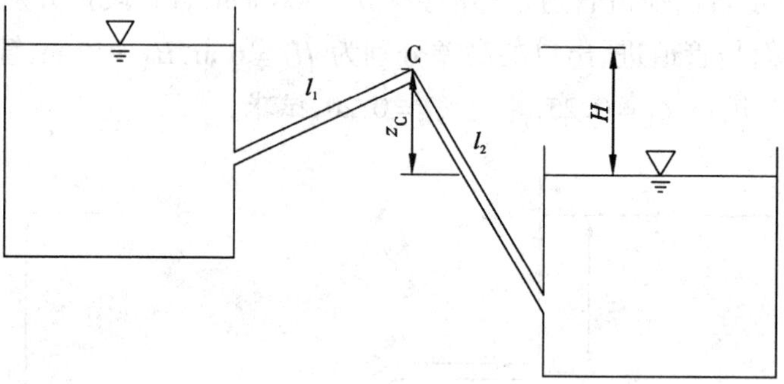

图 6.40

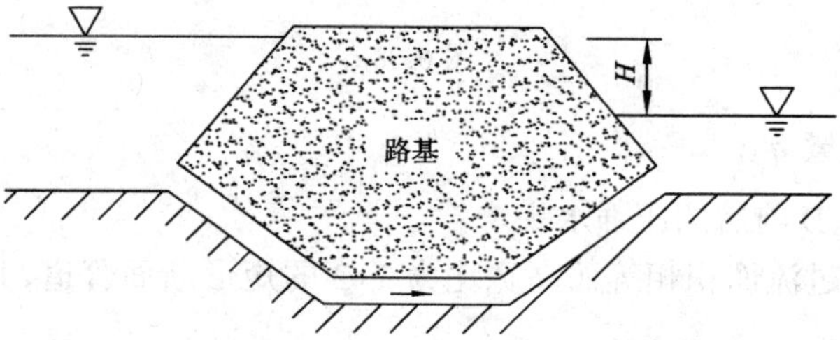

图 6.41

(1)试校核水泵进口的真空度 h_v;

(2)试求水泵的扬程 H。

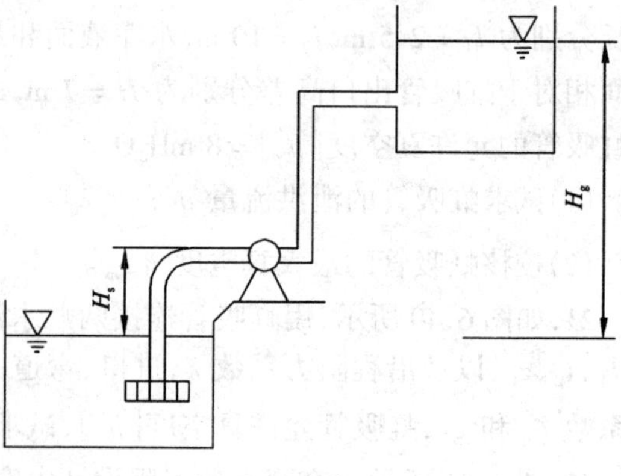

图 6.42

24.图 6.43 所示为二水池恒定供水系统。已知二水池液面高差为 H,甲水池到供水点 C 的管长为 l_1,管径为 d_1,乙水池到供水点 C 的管长为 l_2,管径为 d_2,管路沿程阻力系数为 λ,若按长管考虑,试分析:

(1)供水点 C 处的测压管水头$\frac{p_C}{\rho g}$为多少时,才无流量输送到乙水池?试求此时的供水流量 q_V;

(2)若$\frac{p_C}{\rho g} < H_2$,此时供水流量 q_V 将为多少?

(3)$\frac{p_C}{\rho g}$为多少时,$q_V = q_{V\max}$? 试求 $q_{V\max}$。

25.图 6.44 所示管路系统各支管的长度、直径和沿程阻力系数如下表:

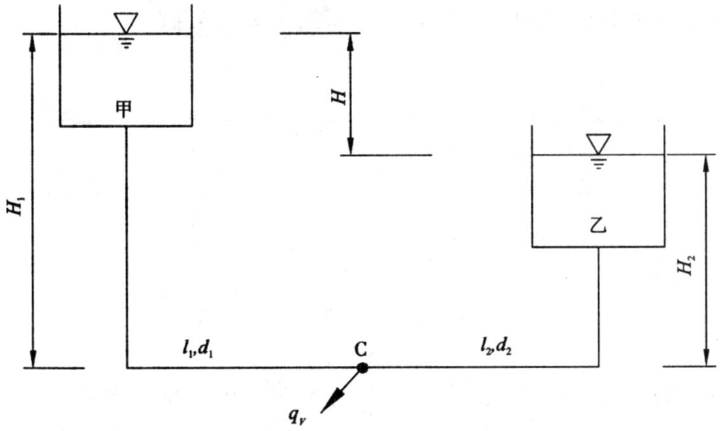

图 6.43

支路	管长 l(m)	直径 d(mm)	沿程阻力系数 λ
1	300	225	0.03
2	150	125	0.038
3	250	150	0.032
4	100	175	0.042

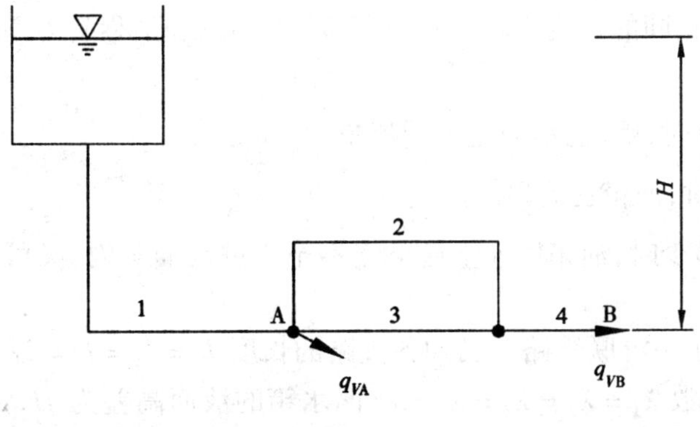

图 6.44

若管路系统节点流量 $q_{VA}=35$ L/s，末端流量 $q_{VB}=50$ L/s，试求：

(1)各支路的流量 $q_{Vi}(i=1,2,\cdots,4)$；

(2)供水塔液面相对于管路出口的高差 H；

(3)节点 A 处的压强水头 $p_A/\rho g$。

26. 图 6.45 所示为一并联管路，若$\frac{\lambda_1}{\lambda_2}=1$，$\frac{d_1}{d_2}=2$，$\frac{l_1}{l_2}=0.5$，试求$\frac{q_{V1}}{q_{V2}}$。

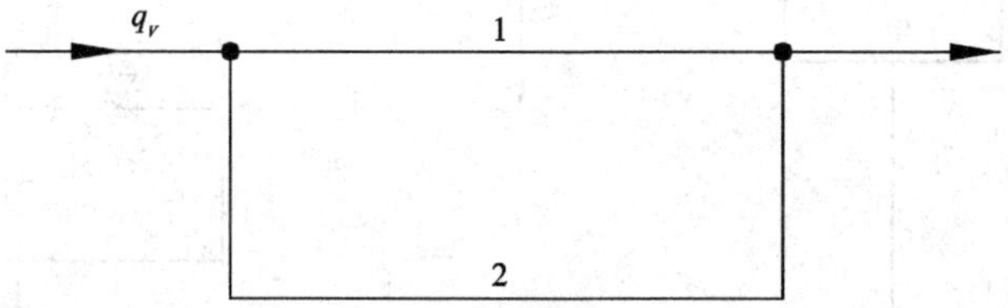

图 6.45

27. 图 6.46 所示为一并联管路，若$\frac{n_1}{n_2}=1$，$\frac{d_1}{d_2}=2$，$\frac{l_2}{l_1}=0.5$，试求$\frac{q_{V1}}{q_{V2}}$。

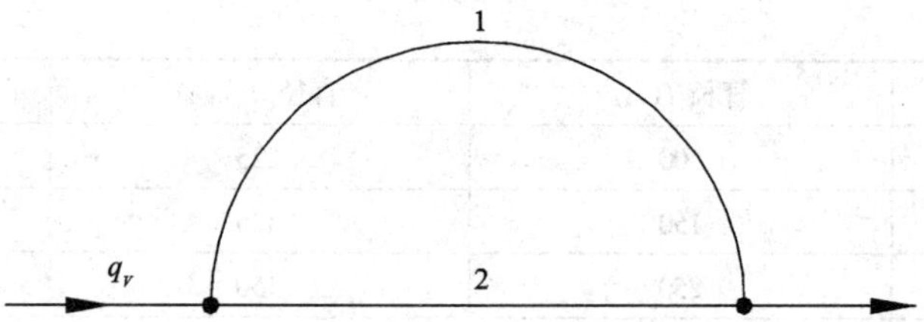

图 6.46

28. 如图 6.47 所示油泵从甲、乙两油箱中吸油。已知二油箱液面高差 $H=0.50$ m，节点 A 之前的两条管路具有相同的长度 $l=10$ m、直径 $d=50$ mm 和沿程阻力系数 $\lambda=0.03$，若油泵流量 $q_V=4$ L/s，试求：

(1)油泵开始吸油时，甲、乙油箱流出的流量 q_{V1} 和 q_{V2}；

(2)当 H 为多少时，油箱乙流出的流量 $q_{V2}=0$；

(3)当图示 z 为多少时，油箱甲泄空后空气不至于进入油泵内，又可保证油箱乙能完全泄空。

29. 如图 6.48 所示一混联管路。已知各支路的长度 $l_1=l_2=l_3=l_4=l$，管径 $d_1=d_2=d_3=d_4=d$，沿程阻力系数 $\lambda_1=\lambda_2=\lambda_3=\lambda_4=\lambda$，两水箱的液面高差为 H，试求各支路的流量 q_{Vi} $(i=1,2,\cdots,4)$。

30. 用两根不同直径的等长、同材管道并联将两水池相连接，若两水池液面高差为 H，大管径 D 是小管径 d 的 2 倍，试求两管内流量之比$\frac{q_{VD}}{q_{Vd}}$。

31. 液面高差为 H 的两水池拟用 n 根等径、等长、同材的长直管道连接，若采用并联和串联两种方案，试求两方案的管内：(1)流速之比$\frac{v_{并联}}{v_{串联}}$；(2)流量之比$\frac{q_{V并联}}{q_{V串联}}$。

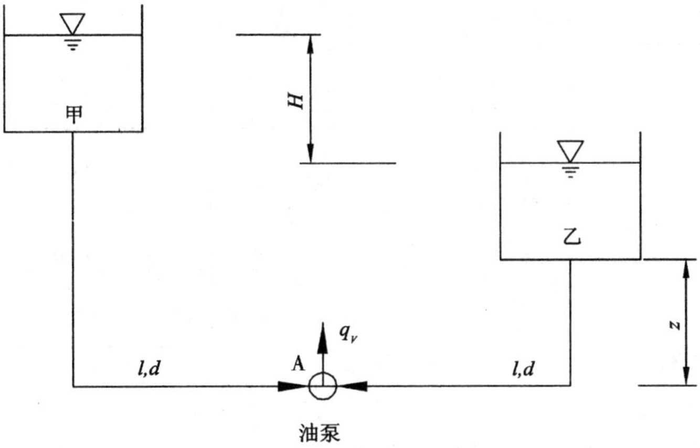

图 6.47

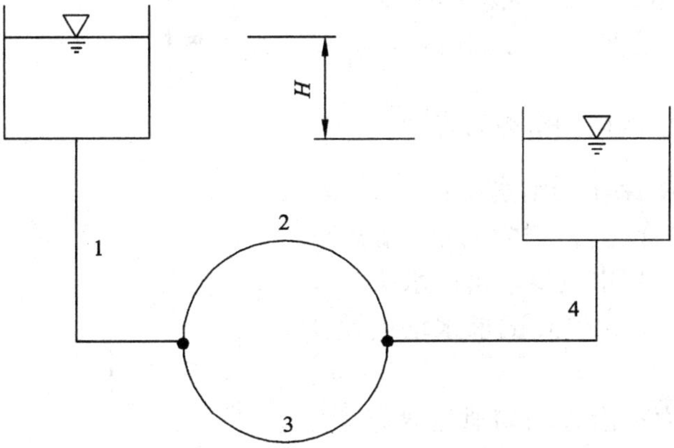

图 6.48

32. 如图 6.49 所示，液面高差 $H = 12.5$ m 的甲乙两水池拟用长直旧钢管混联连接。已知各支路的长度 $l_1 = l_2 = l_3 = 1\ 000$ m，管径 $d_1 = d_2 = d_3 = 400$ mm，粗糙系数 $n_1 = n_2 = n_3 = 0.012$，试求水池甲流入水池乙的流量 q_V。

33. 同材长管串联管路 AC、CB 与串联管路 AD、DB 并联，如图 6.50 所示。已知流入节点 A 的流量 $q_V = 15\ \text{cm}^3/\text{s}$，流体的运动黏度 $\nu = 0.013\ 1\ \text{cm}^2/\text{s}$，管长 $l_{AC} = l_{AD} = 1\ 000$ cm，$l_{CB} = l_{DB} = 500$ cm，管径 $d_{AC} = d_{AD} = 5$ mm，$d_{CB} = d_{DB} = 10$ mm，试求并联管路 AB 的沿程水头损失 h_f。

34. 设某串联管路由 n 根长度和直径分别为 l_1、d_1，l_2、d_2……l_n、d_n 的同材（沿程阻力系数相等）管道组成，若欲将其按水力等效简化原则等效成一根直径为 d、长度为 $l = \sum_{i=1}^{n} l_i$ 的同材管道，试求相应的等效管径 d。

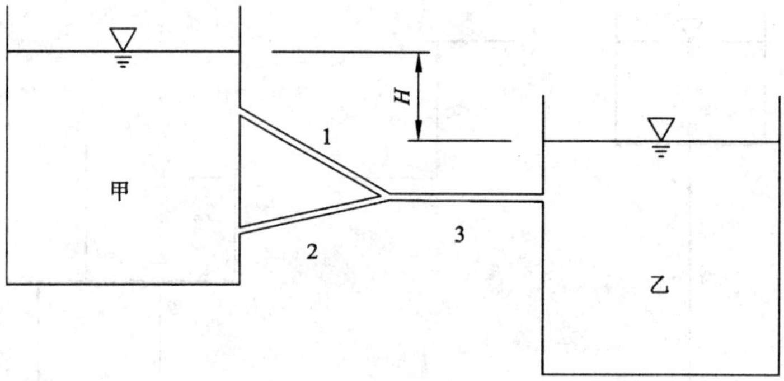

图 6.49

35. 设某并联管路由 n 根长度相等(均为 l)、直径和流量分别为 d_1、q_{V1},d_2、q_{V2}……d_n、q_{Vn} 的同材(粗糙系数相等)管道组成,若欲将其按水力等效简化原则等效成一根直径为 d、流量为 $q_V=\sum_{i=1}^{n}q_{Vi}$ 的同材管道,试求相应的等效管径 d。

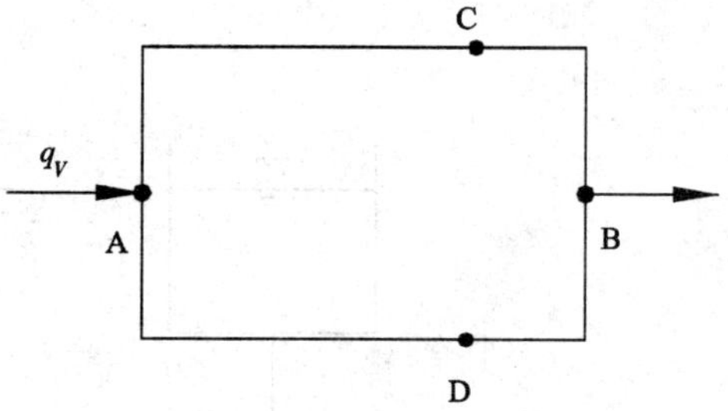

图 6.50

36. 如图 6.51 所示,某车间给水用直径 $d=75$ mm、长度 $l=140$ m 的管道自水塔引入。已知车间小时用水量为 36 $\mathrm{m^3}$,用水点要求自由水头 $h=12$ m,管道粗糙系数 $n=0.013$,试求水塔的高度 H。

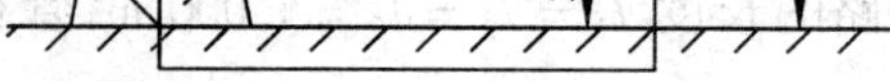

图 6.51

37. 图 6.52 所示为一沿程均匀泄流管路。已知在长度 l 段总泄流量为 q_{V1},管道末端流量为 q_{V2},若管道比阻 S 沿程不变,且水头损失可近似按均匀流计算,试证明均匀泄流段的水头损失

$$h_f=S\,l\left(q_{V_z}^2+q_{V1}q_{V_z}+\frac{1}{3}q_{V1}^2\right)$$

38. 在沿程均匀泄流管路的实际计算中,为简化起见,通常将沿线流量 q_{V1} 近似一分为二,作为集中流量转移到两个端点上。试证明由此计算沿程水头损失产生的相对误差

$$\frac{\Delta h_f}{h_f}=\frac{1}{12\left(\gamma^2+\gamma+\frac{1}{3}\right)}$$

式中 $\gamma=\dfrac{q_{V2}}{q_{V1}}$,并估算误差范围。

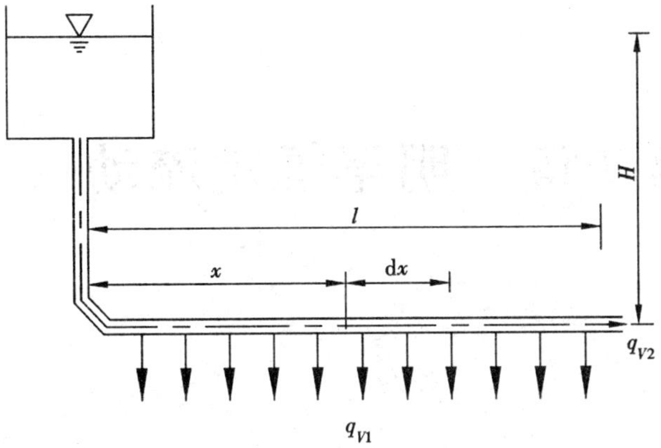

图 6.52

39. 用水泵将河水抽送到山上贮水池中以供隧道施工用水。已知几何给水高度 $H_g = 70$ m，设计抽水量 $q_V = 18.5\ m^3/h$，吸水管长 $l_1 = 10$ m，压水管长 $l_2 = 110$ m，均为管径 $d = 75$ mm 的钢管，其沿程阻力系数 $\lambda = 0.025$，若忽略局部水头损失，试求水泵的扬程 H 及电动机功率 N_x（水泵效率 $\eta = 55\%$）。

40. 已知输水钢管（$E = 2.06 \times 10^5$ MPa）的直径 $d = 100$ mm，管壁厚度 $\delta = 7$ mm，若水流速度 $v = 1.5$ m/s。

（1）试求阀门突然关闭时的水击压强值 $p_{h钢管}$；

（2）若将钢管改为铸铁管（$E = 8.73 \times 10^4$ MPa），其他条件不变，试求相应的水击压强 $p_{h铸铁管}$。

第 7 章　明渠恒定流动

一、单项选择题

1. 明渠中不可能出现的流动是(　　)。

A. 恒定均匀流　　B. 恒定非均匀流　　C. 非恒定均匀流　　D. 非恒定非均匀流

2. 明渠均匀流只可能在(　　)中产生。

A. 天然河道　　B. 平坡棱柱形长直渠道

C. 逆坡棱柱形长直渠道　　D. 顺坡棱柱形长直渠道

3. 对于有压管道均匀流，必有(　　)。

A. $i = J_p$　　B. $i = J$　　C. $J = J_p$　　D. $i = J_p = J$

4. 梯形断面渠道的正常水深 h_0 与(　　)有关。

A. q_V, b, m　　B. q_V, b, m, n　　C. q_V, b, m, i　　D. q_V, b, m, n, i

5. 水力最优断面是指(　　)的渠道断面。

A. 造价最低　　B. 糙率最小

C. 在 q_V、i、n 一定时，过流面积 A 最大　　D. 在 A、i、n 一定时，通过流量 q_V 最大

6. 水力最优矩形断面渠道的宽深比 $\beta_h =$ (　　)。

A. 1　　B. 2　　C. 3　　D. 4

7. 欲使水力最优梯形断面渠道的水深和底宽相等，则渠道的边坡系数 m 应为(　　)。

A. 1　　B. $\frac{3}{4}$　　C. $\frac{1}{2}$　　D. $\frac{1}{4}$

8. 水力最优梯形断面渠道的湿周 $\chi_h =$ (　　)。

A. $2(2\sqrt{1+m^2}-m)h$　　B. $(2\sqrt{1+m^2}-m)h$

C. $2(\sqrt{1+m^2}-m)h$　　D. $(\sqrt{1+m^2}-2m)h$

9. 水力最优梯形断面渠道的过流面积 $A_h =$ (　　)。

A. $2(2\sqrt{1+m^2}-m)h^2$　　B. $(2\sqrt{1+m^2}-m)h^2$

C. $2(\sqrt{1+m^2}-m)h^2$　　D. $(\sqrt{1+m^2}-2m)h^2$

10. 欲保证明渠均匀流原型和模型的流动相似，则其渠壁糙率比尺 λ_n 与相应的长度比尺

λ_l 和渠底坡度比尺 λ_i 之间的关系为 λ_n =（　　）。

A. $\lambda_l^{\frac{1}{2}}\lambda_i^{\frac{1}{2}}$　　B. $\lambda_l^{\frac{1}{2}}\lambda_i^{\frac{1}{6}}$　　C. $\lambda_l^{\frac{1}{6}}\lambda_i^{\frac{1}{2}}$　　D. $\lambda_l^{\frac{1}{6}}\lambda_i^{\frac{1}{6}}$

11. 图 7.1 所示为半圆弧底 U 形断面渠道，其水力最优断面的宽深比 β_h =（　　）。

A. 0.5　　B. 1.0

C. 1.5　　D. 2.0

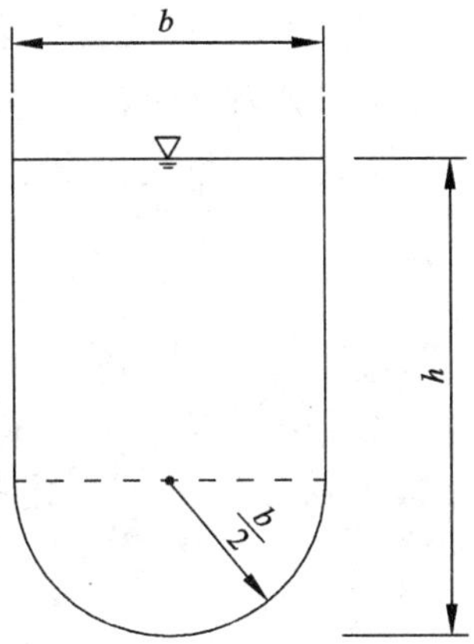

图 7.1

12. 对于明渠均匀流，必有（　　）。

A. $\frac{\partial v}{\partial s}=0,\quad \frac{\partial h}{\partial s}=0,\quad \frac{\partial p}{\partial h}=0$

B. $\frac{\partial v}{\partial s}=0,\quad \frac{\partial h}{\partial s}=0,\quad \frac{\partial A}{\partial h}=0$

C. $\frac{\partial v}{\partial s}=0,\quad \frac{\partial A}{\partial h}=0,\quad \frac{\partial p}{\partial h}=0$

D. $\frac{\partial v}{\partial s}=0,\quad \frac{\partial h}{\partial s}=0,\quad \frac{\partial p}{\partial h}=\rho g$

13. 对于平坡和逆坡棱柱形渠道，必有（　　）。

A. $\frac{\mathrm{d}e}{\mathrm{d}s}>0$　　B. $\frac{\mathrm{d}e}{\mathrm{d}s}=0$　　C. $\frac{\mathrm{d}e}{\mathrm{d}s}<0$　　D. $\frac{\mathrm{d}e}{\mathrm{d}s}=\frac{\mathrm{d}E}{\mathrm{d}s}<0$

14. 梯形断面渠道的临界水深 h_c 与（　　）有关。

A. q_V, b, m　　B. q_V, b, m, n　　C. q_V, b, m, i　　D. q_V, b, m, n, i

15. 临界水深是指在流量和断面形式一定条件下，（　　）时的水深。

A. $\frac{\mathrm{d}e}{\mathrm{d}s}=0$　　B. $\frac{\mathrm{d}E}{\mathrm{d}s}=0$　　C. $\frac{\mathrm{d}e}{\mathrm{d}h}=0$　　D. $\frac{\mathrm{d}e}{\mathrm{d}s}=\frac{\mathrm{d}E}{\mathrm{d}s}=0$

16. 矩形断面渠道最小断面比能 $e_{\min}$ 与相应的临界水深 h_c 之比 $\frac{e_{\min}}{h_c}$ =（　　）。

A. 2.0　　B. 1.5　　C. 1.0　　D. 0.5

17. 若明渠水流为急流，则必有（　　）。

A. $Fr>1$　　B. $\frac{h}{h_c}>1$　　C. $\frac{\mathrm{d}e}{\mathrm{d}h}>0$　　D. $\frac{v_c}{v}>1$

18. 若明渠水流为缓流，则必有（　　）。

A. $Fr<1$　　B. $\frac{h}{h_c}<1$　　C. $\frac{\mathrm{d}e}{\mathrm{d}h}<0$　　D. $\frac{v_c}{v}<1$

19. 对于顺坡（$i>0$）明渠恒定非均匀流，当水深 $h\to\infty$ 时，（　　）。

A. $\frac{\mathrm{d}h}{\mathrm{d}s}\to 1$　　B. $\frac{\mathrm{d}h}{\mathrm{d}s}\to+\infty$　　C. $\frac{\mathrm{d}e}{\mathrm{d}s}\to-\infty$　　D. $\frac{\mathrm{d}h}{\mathrm{d}s}\to i$

20. 水力最优梯形断面渠道的水力半径 R_h =（　　）。

A. h　　B. $\frac{1}{2}h$　　C. $\frac{1}{3}h$　　D. $\frac{1}{4}h$

21. 水力最优矩形断面渠道的水力半径 $R_h=$(　　)。

A. $\frac{1}{4}h$　　B. $\frac{1}{3}h$　　C. $\frac{1}{2}h$　　D. h

22. 有一棱柱形变糙率渠道(流量及其他条件均相同),已知 $n_1>n_2$,$0<i_1=i_2<i_c$,则变糙率断面处水深 $h=$(　　)。

A. h_{01}(上游渠段正常水深)　　B. h_{02}(下游渠段正常水深)

C. h_c(临界水深)　　D. $\frac{1}{3}(h_{01}+h_{02}+h_c)$

23. 在工程流体力学或水力学中,正常水深是指明渠(　　)。

A. 均匀流水深　　B. 非均匀流水深　　C. 临界水深　　D. 断面平均水深

24. 在 q_V、b、m、i 一定的长直棱柱形渠道中,若增大渠壁糙率 n,则其正常水深 h_0 将(　　)。

A. 增大　　B. 不变

C. 减小　　D. 可能增大,也可能减小

25. 在 q_V、b、m、i 一定的长直棱柱形渠道中,若增大渠壁糙率 n,则其临界水深 h_c 将(　　)。

A. 增大　　B. 不变

C. 减小　　D. 可能增大,也可能减小

二、多项选择题

1. 对于明渠均匀流,必有(　　)。

A. $\frac{de}{ds}>0$　　B. $\frac{de}{ds}=0$　　C. $\frac{de}{ds}<0$　　D. $\frac{dE}{ds}>0$

E. $\frac{dE}{ds}<0$

2. 对于明渠非均匀流,通常有(　　)。

A. $\frac{de}{ds}>0$　　B. $\frac{de}{ds}=0$　　C. $\frac{de}{ds}<0$　　D. $\frac{dE}{ds}>0$

E. $\frac{dE}{ds}<0$

3. 明渠水力最优断面是指(　　)的渠道断面。

A. 在 q_V、m、n、i 一定条件下,使渠道过流面积 $A=A_{min}$

B. 在 A、m、n、i 一定条件下,使渠道通过流量 $q_V=q_{Vmax}$

C. 在 q_V、A、n、i 一定条件下,使渠道边坡系数 $m=m_{min}$

D. 在 q_V、m、A、i 一定条件下,使渠道边壁粗糙系数 $n=n_{max}$

E.在 q_V、m、n、A 一定条件下,使渠道底坡 $i = i_{min}$

4.下列关于临界水深的说法中,正确的有(　　)。

A.临界水深是指在渠道断面形式和流量给定条件下,相应于断面比能 $e = e_{min}$时的水深

B.临界水深是指在渠道断面形式和断面比能一定条件下,相应于渠道通过流量 $q_V = q_{Vmax}$ 时的水深

C.临界水深是指在渠道断面形式和流量给定条件下,相应于水跃函数 $\theta(h) = \theta(h)_{min}$时的水深

D.临界水深是指跃前断面和跃后断面的平均水深

E.临界水深是指闸下收缩断面的水深

5.下列说法中,正确的有(　　)。

A.均匀流$\frac{de}{ds} = 0$　　B.临界流$\frac{de}{dh} = 0$　　C.理想液流$\frac{dE}{ds} = 0$　　D.急流 $Fr > 1$

E.缓流 $Fr < 1$

6.下列关于水面曲线界限情况分析的说法中,正确的有(　　)。

A.当 $h \to h_0$ 时,水面曲线与正常水深线渐近相切

B.当 $h \to h_c$ 时,水面曲线与临界水深线渐近相切

C.当 $h \to h_0$ 时,水面曲线与正常水深线呈正交趋势

D.当 $h \to h_c$ 时,水面曲线与临界水深线呈正交趋势

E.当 $h \to \infty$ 时,水面曲线趋近于水平直线

7.下列关于水面曲线的变化规律的说法中,正确的有(　　)。

A.1 区的水面曲线必为沿程增深曲线

B.2 区的水面曲线必为沿程降深曲线

C.3 区的水面曲线必为沿程增深曲线

D.急坡渠道 2 区的水面曲线必为沿程增深曲线

E.缓坡渠道 3 区的水面曲线必为沿程降深曲线

8.下列关于水面曲线的说法中,正确的有(　　)。

A.当水面曲线处于 1 区时,必有$\frac{de}{ds} > 0$

B.当水面曲线处于 3 区时,必有$\frac{de}{ds} < 0$

C.当水面曲线为 M_2 型时,必有$\frac{de}{ds} < 0$

D.当水面曲线为 S_2 型时,必有$\frac{de}{ds} > 0$

E.当水面曲线为 H_2、A_2 型时,必有$\frac{de}{ds} < 0$

9. 下列关于水面曲线连接的说法中，正确的有(　　)。

A.由急流向缓流过渡时产生水跃

B.由缓流向急流过渡时产生跌水

C.由急流向急流过渡时只影响下游，上游仍为均匀流

D.由缓流向缓流过渡时只影响上游，下游仍为均匀流

E.由急流向急流过渡时只影响上游，下游仍为均匀流；由缓流向缓流过渡时只影响下游，上游仍为均匀流

10. 下列关于水跃概念的说法中，正确的有(　　)。

A.水跃是明渠水流由急流向缓流过渡时产生的局部水力现象

B.水跃的跃前水深 h' 和跃后水深 h'' 是一对共轭水深

C.水跃的跃后水深 h'' 随跃前水深 h' 的增大而减小

D.水跃的跃前水深 h' 随跃后水深 h'' 的增大而增大

E.明渠水流发生水跃连接一般有临界水跃、淹没水跃和远驱水跃 3 种可能的形式

三、填充题

1. 谢齐系数比尺 λ_C 与沿程阻力系数比尺 λ_λ 的关系为 $\lambda_C=$(　　)。

2. 棱柱形渠道是指 $\dfrac{\partial A}{\partial s}=$(　　)的长直渠道。

3. 若某城市河道整治前后底坡 i、断面形状及尺寸(b、h、m)保持不变，河床粗擦系数 n 由整治前的 0.060 减小到 0.025，则整治后河道过流量为整治前的(　　)倍。

4. 明渠均匀流只可能发生在(　　)渠道中。

5. 明渠均匀流的渠道底坡线、水面线(亦即测压管水头线)和总水头线相互(　　)，渠道底坡 i、水面线坡度(亦即测压管水头线坡度)J_p 和水力坡度 J 三者(　　)。

6. 在明渠水流模型实验中，渠壁糙率比尺 λ_n 与相应的长度比尺 λ_l 的关系为 $\lambda_n=$(　　)。

7. 图 7.2 所示渠道水力最优断面的宽深比 $\beta_h=$(　　)，水力半径 $R_h=$(　　)。

8. 底宽 $b=6$ m、边坡系数 $m=1.5$ 的长直缓坡棱柱形渠道在跌坎处形成瀑布，已知跌坎顶水深 $h=1.2$ m，则渠道的通过流量 $q_V=$(　　)$\mathrm{m^3/s}$。

9. 已知某矩形断面渠道的最小断面比能 $e_{\min}=1.2$ m，则相应的临界水深 $h_c=$(　　)m。

10. 当明渠非均匀流水深 $h\to\infty$ 时，其水面线将趋于(　　)。

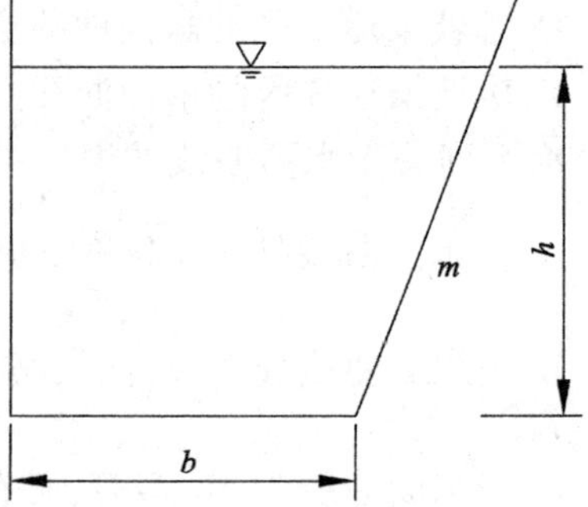

图 7.2

四、思考题

1. 何谓无压流？无压流和有压流在水力特征上有何

不同？

2. 明渠均匀流和有压管道均匀流在受力特点上有何区别？

3. 为什么平坡（$i=0$）和逆坡（$i<0$）渠道中不可能发生均匀流，而只有在顺坡（$i>0$）棱柱形渠道中才有可能产生均匀流？

4. 产生明渠均匀流的条件是什么？

5. 明渠均匀流的水力特征是什么？

6. 对于明渠均匀流，其总水头线坡度（水力坡度）J、测压管水头线坡度（水面坡度）J_P 和渠道底坡 i 彼此相等，即 $J=J_p=i$。对于有压管道均匀流，是否也必有 $J=J_p=i$？为什么？

7. 在渠道设计中，为什么必须正确选择糙率？若选择不当（过大或过小）将会产生什么后果？

8. 为减小冲刷，欲将产生均匀流的渠道流速减小，但若要求流量保持不变，试问有哪些可能的方法可达此目的？

9. 正常水深（即明渠均匀流水深）与哪些因素有关？若增大渠壁糙率，正常水深将如何变化？

10. 何谓明渠水力最优断面？水力最优断面有何特点？它是否一定也是技术经济最优断面？

11. "水力最优断面的水力半径 R 为水深 h 的一半"的结论是根据湿周上糙率一致的条件推出的，它是否也适用于湿周上糙率不一致的渠道？

12. 为什么无压圆管均匀流的最大平均流速 v_{max} 和最大流量 $q_{V\max}$ 不是发生在同一水深处？

13. 为什么无压圆管均匀流的最大流量 $q_{V\max}$ 不是发生在满流时？

14. 何谓渠道的允许流速？渠道的允许流速概念在渠道设计中有何实际意义？

15. 复式断面渠道分成主槽和边滩的传统计算洪水流量的方法有何缺点？

16. 何谓明渠非均匀流？产生明渠非均匀流的原因是什么？

17. 明渠非均匀流与明渠均匀流相比，有何不同的水力特征？

18. 何谓断面比能（断面单位能量）？断面比能 e 与单位重量流体的总机械能 E 有何区别？在研究明渠非均匀流时，引入断面比能概念有何意义？

19. 如果明渠水流的断面比能 e 沿程不变，水流是否为均匀流？如果断面比能 e 沿程增加，其水力坡度 J 和渠道底坡 i 是否相等？为什么？

20. "断面比能 e 沿程可增、可减、也可不变"与"水流总机械能 E 沿程总是减小"的结论是否相矛盾？为什么？

21. 对于明渠急变流，断面比能 $e=z+\dfrac{p}{\rho g}+\dfrac{\alpha v^2}{2g}=h+\dfrac{\alpha q_V^2}{2gA^2}$ 是否成立？为什么？

22. 在流量 q_V、渠道底宽 b 和边坡系数 m 一定条件下，断面比能 e 随水深 h 的变化规律如何？

23. 平坡和逆坡渠道的断面比能有无可能沿程增加？为什么？

24.何谓临界水深？临界水深与相应的正常水深的影响因素是否相同？

25.何谓临界坡度？它与渠道的实际坡度有无关系？引入临界坡度概念有何实际意义？

26.下面关于临界水深的几种说法对否？为什么？

(1)临界水深是指在渠道断面形式和流量给定条件下，相应于渠道断面比能 $e=e_{\min}$ 时的水深；

(2)临界水深是指在断面比能和断面形式一定条件下，相应于渠道流量 $q_V=q_{V\max}$ 时的水深；

(3)临界水深是指在渠道断面形式和流量给定条件下，相应于水跃函数 $\theta(h)=\theta(h)_{\min}$ 时的水深。

27.急坡渠道和缓坡渠道上的正常水深与临界水深的相对位置如何？

28.对于底坡一定的渠道，其坡度分类(急坡、缓坡、临界坡)是否永远不变？为什么？

29.缓流和急流各具什么特点？判断急流、缓流、临界流有哪些方法？这些判别方法是否等价？

30.弗劳德数 Fr 的物理意义是什么？为什么可以用它来判别水流状态？如何判别？

31.图 7.3 所示的 3 个微波传播图形各代表什么状态的水流？为什么？

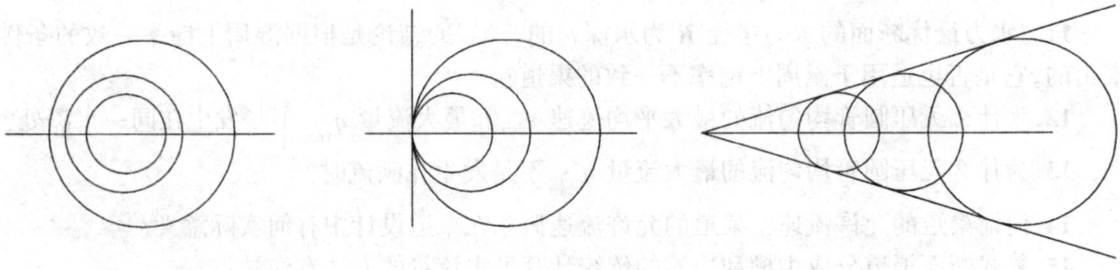

图 7.3

32.为什么缓流遇到障碍物时水面必然跌落，而急流遇到障碍物时水面却必然上壅？

33.同一渠道上有两个渠段，若仅下列参数不同(其他参数均相同)，问在流量一定条件下，两渠段的临界水深 h_c、正常水深 h_0 是否分别相等？为什么？

(1)粗糙系数 $n_1>n_2$；

(2)底宽 $b_1>b_2$；

(3)底坡 $i_1>i_2$。

34.缓流和急流的概念与渐变流和急变流的概念有何区别？与层流和紊(湍)流的概念有何区别？它们是否存在着对应关系？

35.缓流、急流、临界流与缓坡、急坡、临界坡是否存在一一对应关系？为什么？

36.何谓水跃？水跃现象有何特点？

37.如何理解水跃方程 $\dfrac{\beta q_V^2}{gA_1}+y_1A_1=\dfrac{\beta q_V^2}{gA_2}+y_2A_2$ 为跃前、跃后两过流断面上的力的平衡方

程?

38. 引起水跃能量损失的主要原因是什么?

39. 在实际工程中,通常利用水跃进行消能,这里所说的“消能”是指消的动能还是势能?

40. 为什么说跃前水深和跃后水深是一对共轭水深?在流量和渠道断面形式一定条件下,跃前(后)水深随跃后(前)水深的变化规律如何?

41. 有人说,“水面曲线为1型时,$\frac{\mathrm{d}e}{\mathrm{d}s}>0$,而水面曲线为3型时,$\frac{\mathrm{d}e}{\mathrm{d}s}<0$”,这种说法对否?为什么?如果水面曲线为2型呢?

42. 实际液体恒定渐变流流经棱柱形渠道的水面曲线有12种,理想液体恒定渐变流流经棱柱形渠道的水面曲线也有12种吗?为什么?

43. 何谓控制断面?它在分析水面曲线时有何作用?如何寻找急流和缓流的控制断面?

44. 在进行野外水文勘测时,为什么人们常常对河流变坡处、跌坎(瀑布)处和卡口处的水深感兴趣?

45. 如何确定水跃发生的位置?

五、判断改正题

1. 在渠道的过流面积 A、渠底坡度 i 和渠壁粗糙系数 n 一定条件下,渠道的通过能力 q_V 随着湿周 χ 的增加而增加。(　　)

2. 明渠水力最优断面是指在渠道的通过能力 q_V、渠底坡度 i 和渠壁粗糙系数 n 一定条件下,渠道的过流面积 $A=A_{max}$ 的断面。(　　)

3. 无压圆管流动的最大流量出现在满流时,而最大流速则出现在满流前。(　　)

4. 在流量 q_V 和渠道断面形式一定条件下,断面单位能量 e 随着水深 h 的增加而增加。(　　)

5. 明渠均匀流的断面单位能量 e 随着流程 s 的增加而增加。(　　)

6. 水跃是急流越过障碍产生的局部水流现象。(　　)

7. 在流量 q_V 和渠道断面形式一定条件下,跃前水深 h' 随着跃后水深 h'' 的增加而增加。(　　)

8. 急流越过障碍时水面必然形成跌落,而缓流越过障碍时水面必然上升。(　　)

9. 当水深 $h\to\infty$ 时,$\frac{\mathrm{d}h}{\mathrm{d}s}\to i$,即水面趋于与渠道底坡平行。(　　)

10. 明渠均匀流,$\frac{\mathrm{d}e}{\mathrm{d}s}=0$;明渠非均匀流,$\frac{\mathrm{d}e}{\mathrm{d}s}=i$。(　　)

六、计算题

1. 有一梯形断面的大型长直输水土渠,已知渠底宽度 $b=10.0$ m,边坡系数 $m=1.5$,渠底

坡度 $i=0.000\,3$,渠壁粗糙系数 $n=0.025$,试求水深 $h=2.65$ m 时的渠道通过流量 q_V。

2. 某长直灌溉渠道经过密实砂壤土地段,断面为边坡系数 $m=1.5$ 的梯形,渠底宽度 $b=7.0$ m,渠壁粗糙系数 $n=0.025$,根据地形采用渠底坡度 $i=0.000\,3$,若渠道超高取 0.25 m,试确定通过设计流量 $q_V=9.68\ \text{m}^3/\text{s}$ 时的断面深度 h(提示:渠道断面深度等于正常水深加渠道超高)。

3. 已知某梯形断面长直渠道的底宽 $b=2.4$ m,边坡系数 $m=1.5$,渠壁粗糙系数 $n=0.025$,通过流量 $q_V=6.55\ \text{m}^3/\text{s}$,渠中断面平均流速 $v=1.3$ m/s,试求渠道水深 h 及底坡 i。

4. 有一梯形断面长直渠道,已知渠底宽度 $b=10.0$ m,边坡系数 $m=1.5$,渠底坡度 $i=0.000\,3$,通过流量 $q_V=23.0\ \text{m}^3/\text{s}$,渠道水深 $b=1.5$ m,试求渠壁粗糙系数 n。

5. 试按水力最优条件设计一梯形断面路基排水沟的断面尺寸。已知设计流量 $q_V=1.5\ \text{m}^3/\text{s}$,沟底坡度按地形条件取 $i=0.004$,渠壁护面要求用小片石干砌施工,粗糙系数 $n=0.020$,渠道边坡系数 $m=1.5$。

6. 试按水力最优条件决定某梯形断面排洪沟的断面尺寸及沟底坡度。已知排洪沟的边坡系数 $m=1.0$,粗糙系数 $n=0.025$,设计流量 $q_V=5.0\ \text{m}^3/\text{s}$,考虑渠道的抗冲能力,取断面平均流速 $v=1.4$ m/s。

7. 试设计某长直运河的底宽 b 及底坡 i。已知设计流量 $q_V=30.0\ \text{m}^3/\text{s}$,边坡系数 $m=1.0$,粗糙系数 $n=0.025$,由于航运要求,取断面平均流速 $v=0.80$ m/s,水深 $h_0=2.0$ m。

8. 根据图 7.4 所示,试证明当过流面积 A、渠壁粗糙系数 n 和渠底坡度 i 一定时,水力最优梯形断面的形状是正六边形的一半。

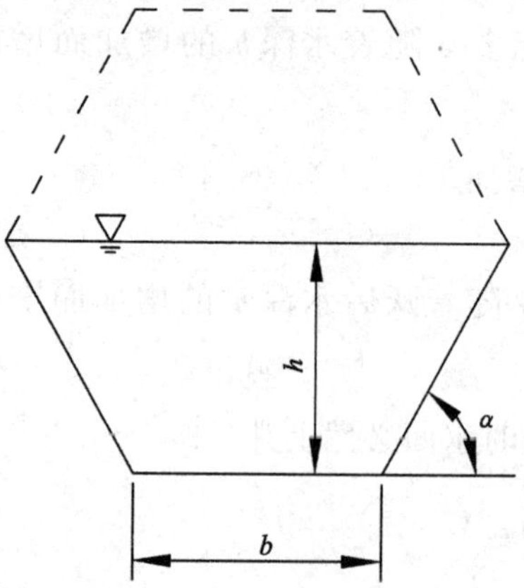

图 7.4

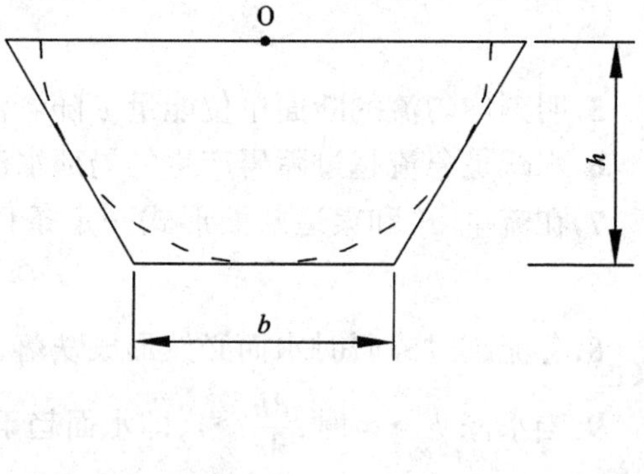

图 7.5

9. 根据图 7.5 所示,试证明在明渠均匀流中,水力最优梯形断面实际上是半圆的外切多边形断面。

10. 试按不冲流速 $v' = 0.80$ m/s 设计梯形断面长直渠道的水深 h_0 及底坡 i。已知渠底宽度 $b = 1.5$ m，边坡系数 $m = 1.0$，渠壁粗糙系数 $n = 0.030$，通过流量 $q_V = 1.0\ \mathrm{m^3/s}$。

11. 试从谢齐公式 $v = C\sqrt{Ri}$ 和曼宁公式 $C = \dfrac{1}{n}R^{\frac{1}{6}}$ 出发，推证明渠流动问题的粗糙系数比尺 λ_n 与长度比尺 λ_l 的 $\dfrac{1}{6}$ 次方成正比。

12. 若明渠流动问题的模型实验取粗糙系数比尺 $\lambda_n = 1$、长度比尺 $\lambda_l = 100$，为保证其流动相似，则坡度比尺 λ_i 应为多少？

13. 试证明无压圆管流动的水流充满度 $\alpha = \dfrac{h}{d} = 0.95$ 时的输水性能最优（即过流能力最大）。

14. 试证明无压圆管流动的水流充满度 $\alpha = \dfrac{h}{d} = 0.81$ 时的过流速度最大。

15. 已知市政排污钢筋混凝土圆形管道的管径 $d = 1\ 000$ mm，管壁粗糙系数 $n = 0.014$，管道坡度 $i = 0.001$，试求最大设计充满度 $\alpha = \dfrac{h}{d} = 0.80$ 时的流速 v 及流量 q_V。

16. 已知通过坡度 $i = 0.005$ 的长直钢筋混凝土圆形污水管道（$n = 0.014$）的污水流量 $q_V = 200$ L/s，试决定污水管道的管径 d。

17. 试问管径 $d = 500$ mm 的长直 HDPE 圆形排水管（$n = 0.014$）在最大设计充满度下需要多大的管底坡度 i 才能通过 $q_V = 300$ L/s 的流量？

18. 试证明平坡（$i = 0$）和逆坡（$i < 0$）棱柱形渠道的断面单位能量 e 不可能沿程增加，而顺坡（$i > 0$）棱柱形渠道的断面单位能量 e 沿程则可增、可减、也可不变。

19. 在平底棱柱形渠道中，有一高度为 h_p 的突起物，试证明缓流越过突起物时水面必然跌落（图 7.6(a)），而急流越过突起物时则水面必然上壅（图 7.6(b)）。

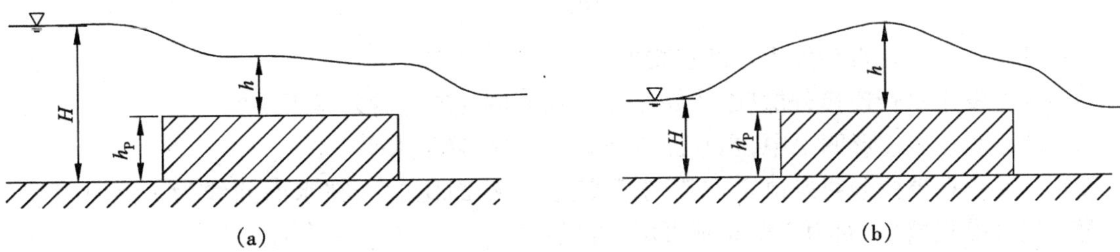

图 7.6

20. 一矩形断面棱柱形渠道，已知渠底宽度 $b = 3$ m，通过流量 $q_V = 8\ \mathrm{m^3/s}$，试求相应的最小断面比能 $e_{\min}$。

21. 一矩形断面长直棱柱形渠道的底宽 $b = 1$ m，底坡 $i = 0.000\ 4$，渠壁粗糙系数 $n =$

0.014，渠内正常水深 $h_0=0.6$ m，试用临界水深法、弗劳德数法、临界坡度法、波速法判别渠道水流的流动状态。

22. 有一梯形断面棱柱形渠道，已知渠底宽度 $b=3.0$ m，边坡系数 $m=2.0$，通过流量 $q_V=8$ m^3/s，若某渠段水深 0.8 m$<h<1.0$ m，试问该渠段水流是急流还是缓流？

23. 某过流断面近似为矩形的山区河流，在一跌坎处形成瀑布（跌水），水文勘测人员根据洪痕测得跌坎顶上山洪水深 $h=1.2$ m（可近似认为 $h_c=1.25h$）、断面宽度 $b=13$ m，试估算山洪流量 q_V。

24. 在平坡矩形断面渠道中有一水跃发生，试问当跃前断面的 $Fr=\sqrt{3}$ 时，跃后水深 h'' 为跃前水深 h' 的几倍？

25. 有一矩形断面变坡棱柱形渠道如图 7.7 所示，底宽 $b=2.0$ m，当通过流量 $q_V=10.0$ m^3/s 时，上、下游渠道正常水深分别为 $h_{01}=0.9$ m 和 $h_{02}=1.8$ m。

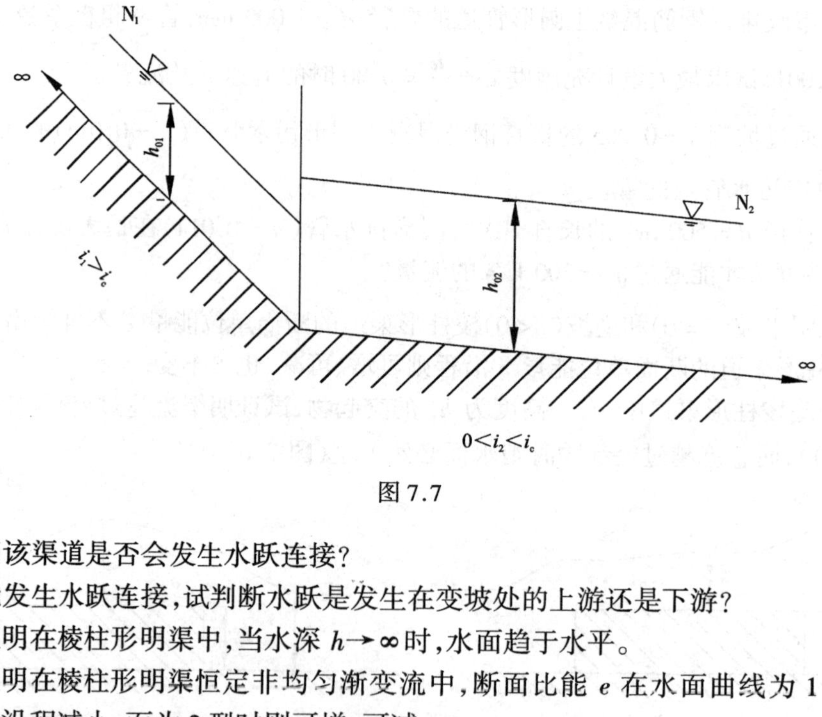

图 7.7

(1)试问该渠道是否会发生水跃连接？

(2)若能发生水跃连接，试判断水跃是发生在变坡处的上游还是下游？

26. 试证明在棱柱形明渠中，当水深 $h\to\infty$ 时，水面趋于水平。

27. 试证明在棱柱形明渠恒定非均匀渐变流中，断面比能 e 在水面曲线为 1 型时沿程增加，为 3 型时沿程减小，而为 2 型时则可增、可减。

28. 有一矩形断面变坡棱柱形渠道，如图 7.8 所示，已知底宽 $b_1=b_2=6.0$ m，渠壁粗糙系数 $n_1=n_2=0.020$，底坡 $i_1=0.001$，$i_2=0.006\,5$，上游渠段临界水深 $h_{c1}=1.37$ m。

(1)求该渠道的通过能力 q_V；

(2)求下游渠段的临界水深 h_{c2}；

(3)判断各渠段水流是急流还是缓流；

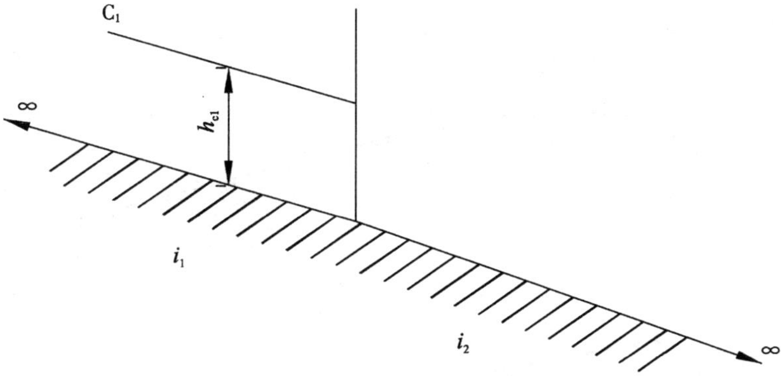

图 7.8

(4)求变坡断面处的水深 h,并完成上下游水面曲线的连接。

29.如图 7.9 所示,一矩形断面棱柱形急坡渠道自水库引水,已知渠宽 $b=5.0$ m,渠道进口处渠底高程为 102.5 m,水库水面高程为 105.3 m,试求:

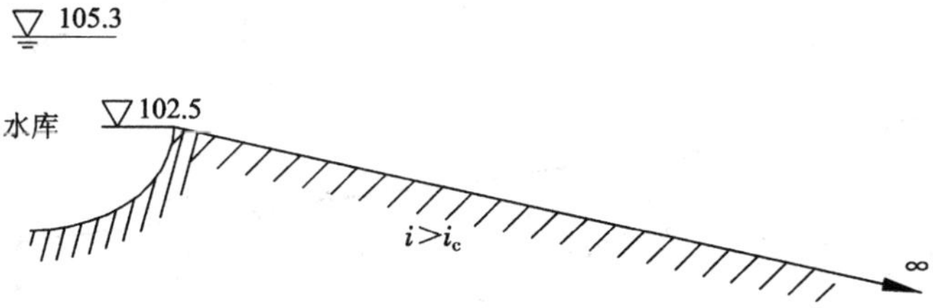

图 7.9

(1)渠道进口处的水深 h;

(2)渠道的流量 q_V。

30.试定性分析图 7.10 所列棱柱形渠道中水面曲线连接的可能形式(其中(a)、(b)、(c)、(e)为变坡情况,(d)为变糙情况)。

31.图 7.11 表示一矩形断面排水渠道,渠壁粗糙系数 $n=0.025$,渠底坡度 $i=0.000\,2$,渠宽 $b=2.0$ m,渠末为跌坎。若通过流量 $q_V=2.0\ \text{m}^3/\text{s}$ 时渠中正常水深 $h_0=2.26$ m,试近似按一段计算渠中水深为 1.2 m 处至渠末的距离 l。

32.如图 7.12 所示,用矩形断面渠道向低处排水,渠末为跌坎。已知渠壁粗糙系数 $n=0.014$,渠底坡度 $i=0.000\,4$,渠宽 $b=1.0$ m,渠中正常水深 $h_0=0.5$ m,试求:

(1)渠中通过流量 q_V;

(2)渠末出口断面水深 h;

(3)绘制渠中水面曲线示意图。

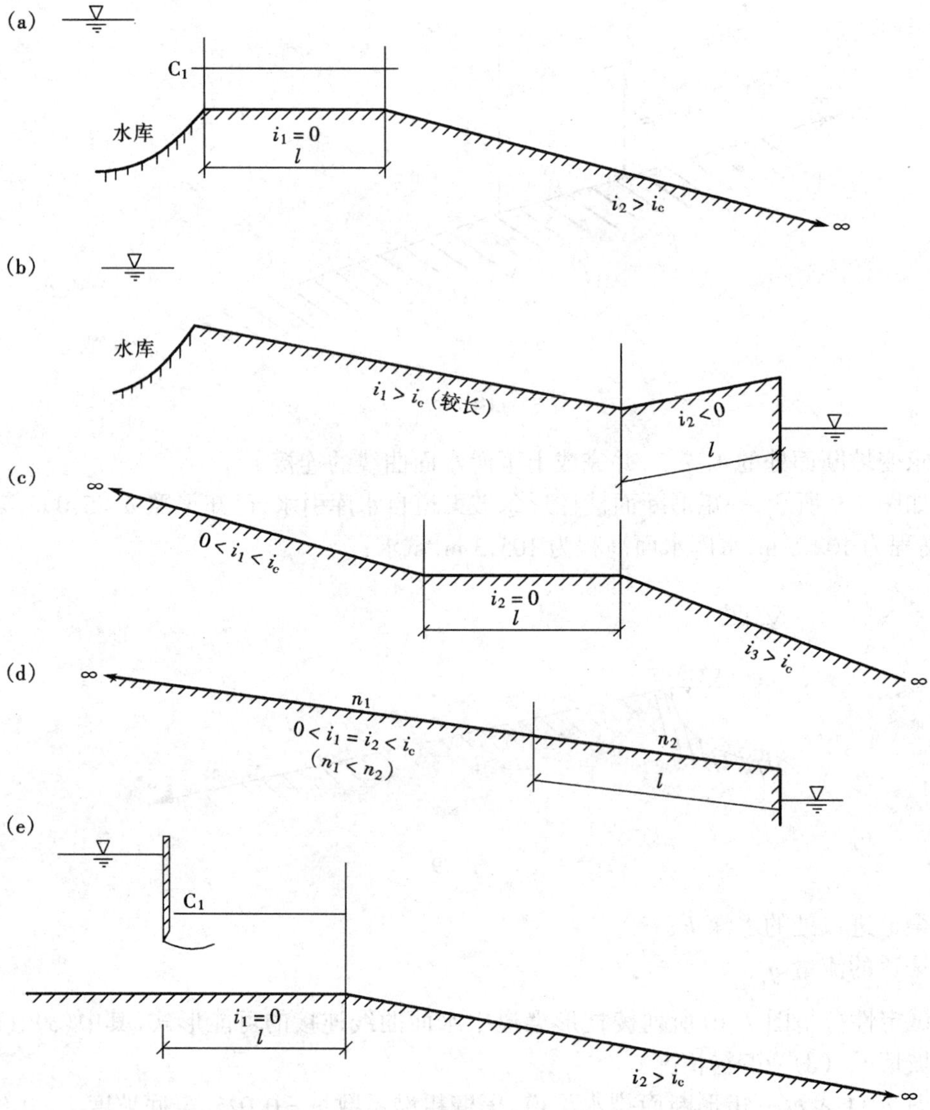

图 7.10

33. 试推证平坡($i=0$)宽浅型矩形断面($b \gg h$)渠道恒定非均匀渐变流水面曲线的长度公式为

$$l=\frac{3\alpha}{4gn^2}(h_2^{\frac{4}{3}}-h_1^{\frac{4}{3}})-\frac{3b^2}{13gn^2q_V^2}(h_2^{\frac{13}{3}}-h_1^{\frac{13}{3}})$$

式中：q_V 为流量；g 为重力加速度；b 为渠宽；n 为渠壁粗糙系数；α 为动能修正系数；h_1、h_2 分别为上、下游计算断面水深。

34. 若取消 33 题“宽浅型”限制条件，试推导其平坡矩形断面渠道恒定非均匀渐变流水面

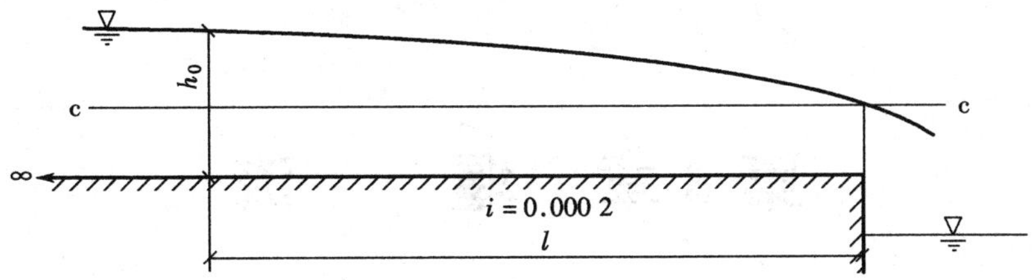

图 7.11

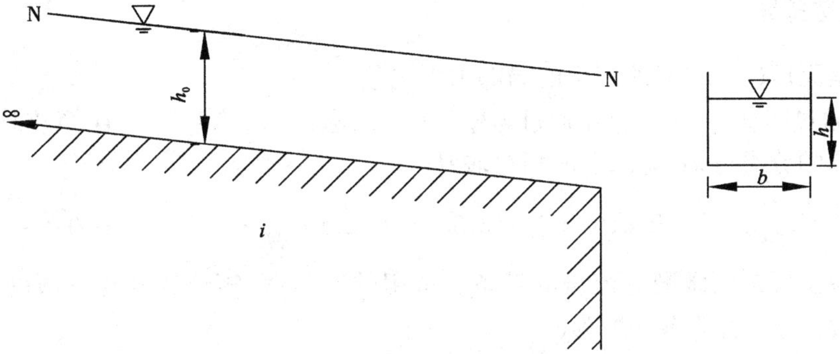

图 7.12

曲线的长度公式。

35.试证明梯形断面渠道中临界水深 h_c 与断面比能 e、边坡系数 m 及渠底宽度 b 的关系为

$$h_c = \frac{4\,m\,e - 3b + \sqrt{16m^2 e^2 + 16m\,e\,b + 9b^2}}{10m}$$

第 8 章 堰　　流

一、单项选择题

1. 堰流是无压(　　)时所产生的局部水力现象。

A. 缓流通过障壁　　B. 急流通过障壁　　C. 缓流越过障壁　　D. 急流越过障壁

2. 根据堰的分类可知,宽顶堰的相对堰厚(　　)。

A. $\frac{\delta}{H}<0.67$　　B. $0.67<\frac{\delta}{H}<2.5$　　C. $2.5<\frac{\delta}{H}<10$　　D. $0<\frac{\delta}{H}<10$

3. 薄壁堰主要是用做测量流量的设备。常用的三角堰、矩形堰和梯形堰的流量(分别用 $q_{V\mathrm{s}}$、$q_{V\mathrm{j}}$ 和 $q_{V\mathrm{t}}$ 表示)三者关系一般为(　　)。

A. $q_{V\mathrm{s}}<q_{V\mathrm{t}}<q_{V\mathrm{j}}$　　B. $q_{V\mathrm{s}}<q_{V\mathrm{j}}<q_{V\mathrm{t}}$　　C. $q_{V\mathrm{j}}<q_{V\mathrm{s}}<q_{V\mathrm{t}}$　　D. $q_{V\mathrm{t}}<q_{V\mathrm{s}}<q_{V\mathrm{j}}$

4. 利用薄壁堰作为量水设备时,测量水头 H 的位置必须在堰板上游(　　)H 处或更远处。

A. 0.5　　B. 1.0　　C. 2.0　　D. 3.0

5. 用三角堰($q_V=1.4H^{25}$)量测 $q_V=0.015\ \mathrm{m^3/s}$ 的流量,如果读取堰上水头时有 1 mm 的误差,则计算流量的相对误差$\frac{\mathrm{d}q_V}{q_V}$=(　　)。

A. 15.3%　　B. 1.53%　　C. 0.153%　　D. 0.0153%

6. 一般说来,宽顶堰侧收缩系数 ε 与(　　)有关。

A. 相对堰高$\frac{h_\mathrm{p}}{H}$　　B. 相对堰宽$\frac{b}{B}$

C. 墩头形状　　D. 相对堰高、相对堰宽、墩头形状

7. 自由式宽顶堰的堰顶水深 h_1 与堰顶临界水深 h_c 之比为(　　)。

A. $\frac{h_1}{h_\mathrm{c}}<1$　　B. $\frac{h_1}{h_\mathrm{c}}=1$　　C. $\frac{h_1}{h_\mathrm{c}}>1$　　D. $\frac{h_1}{h_\mathrm{c}}\geqslant 1$

8. 宽顶堰淹没溢流的必要充分条件是下游水深高出堰顶 $h_\mathrm{s}=h-h'_\mathrm{p}$(　　)。

A. $\leqslant 0$　　B. $\geqslant 0$

C. $\geqslant 1.3H_0$　　D. $\geqslant 0.8H_0$(H_0 为堰顶作用水头)

9.宽顶堰的流量系数 m 与(　　)有关。

A.堰的进口形式　　B.$\frac{h_p}{H}$

C.$\frac{b}{B}, \frac{h_p}{H}$　　D.堰的进口形式,相对堰高$\frac{h_P}{H}$

10.宽顶堰的淹没系数 σ 随淹没度$\frac{h_s}{H_0}$的增大而(　　)。

A.减小　　B.增大　　C.先减小后增大　　D.先增大后减小

11.计及与不计及行近流速 v_0 的堰流流量系数之比$\frac{m_0}{m}$=(　　)。

A.$\left(1+\frac{\alpha_0 v_0^2}{2gH}\right)^{0.5}$　　B.$1+\frac{\alpha_0 v_0^2}{2gH}$　　C.$\left(1+\frac{\alpha_0 v_0^2}{2gH}\right)^{1.5}$　　D.$\left(1+\frac{\alpha_0 v_0^2}{2gH}\right)^{2}$

12.根据理论研究,宽顶堰流量系数 m 值最大不超过(　　)。

A.0.365　　B.0.385　　C.0.405　　D.0.425

13.宽顶堰流量系数比尺 λ_m=(　　)。

A.λ_l(长度比尺)　　B.λ_v(流速比尺)　　C.λ_{q_V}(流量比尺)　　D.1

14.有一堰顶厚度 $\delta=16$ m 的宽顶堰,堰前水头 $H=2$ m,若上下游水位及堰高、堰宽均不变,将堰顶厚度 δ 减至 8 m,则堰的过流能力将(　　)。

A.减小　　B.不变　　C.增大　　D.不确定

15.对于堰前水头 H、堰高 h_p 一定的无侧收缩宽顶堰,当堰宽 b 增大 20% 时,其流量 q_V 将增大(　　)。

A.5%　　B.10%　　C.15%　　D.20%

16.小桥淹没过流的必要充分条件是桥下游水深(　　)。

A.$h>0$　　B.$h\geqslant 0.8h_c$　　C.$h\geqslant h_c$　　D.$h\geqslant 1.3h_c$

17.自由式小桥过流的桥下水深(　　)。

A.$h_1=\psi h_c$　　B.$h_1>h_c$　　C.$h_1=H_0$　　D.$h_1=h$

18.淹没式小桥过流的桥下水深(　　)。

A.$h_1=\psi h_c$　　B.$h_1>h_c$　　C.$h_1=H_0$　　D.$h_1=h$

19.小桥孔径水力设计的原则为(　　)。

A.桥下流速 $v\leqslant v'$　　B.桥前壅水水深 $H\leqslant H'$

C.选标准孔径 $B=b$　　D.A、B、C

20.在小桥涵洞孔径的水力设计中,应综合考虑(　　)等因素。

A.桥下铺砌允许流速 v'、桥前允许壅水水深 H'、标准孔径 B

B.桥下铺砌允许流速 v'、桥前允许壅水水深 H'、桥涵进口形式(ε,φ)

C.桥下铺砌允许流速 v'、标准孔径 B、桥涵进口形式(ε,φ)

D.桥前允许壅水水深 H'、标准孔径 B、桥涵进口形式(ε,φ)

二、多项选择题

1. 影响堰流性质的因素一般有(　　)。

A.相对堰厚$\frac{\delta}{H}$　　B.相对堰高$\frac{h_p}{H}$　　C.相对堰宽$\frac{b}{B}$　　D.淹没度$\frac{h_s}{H}$

E.堰面形状

2. 下列关于堰的分类说法中,正确的有(　　)。

A.锐缘堰$\frac{\delta}{H}<0$　　B.薄壁堰 $0<\frac{\delta}{H}<0.67$

C.实用堰 $0.67<\frac{\delta}{H}<2.5$　　D.宽顶堰 $2.5<\frac{\delta}{H}<10$

E.驼峰堰 $10<\frac{\delta}{H}<25$

3. 工程中,具有宽顶堰水力性质的有(　　)。

A.闸门全开时的过闸水流　　B.小桥桥孔过流

C.无压短涵洞过流　　D.施工围堰过流　　E.潜水坝过流

4. 宽顶堰淹没溢流的充分必要条件是 $h_s=h-h'_p$ (　　)。

A. >0　　B. <0　　C. $\geqslant 0.8H_0$

D. $\geqslant 1.3H_0$　　E. $\geqslant 1.3h_c$(这里 h_c 为堰顶临界水深)

5. 小桥淹没过流的充分必要条件是桥下游水深(　　)。

A. $h>0$　　B. $h\geqslant 0.8h_c$　　C. $h\geqslant h_c$　　D. $h\geqslant 1.3h_c$

E. $h\geqslant 0.8H_0$

三、填充题

1. 根据堰的分类可知,堰顶厚度 $\delta=5$ m,堰前水头 $H=1.5$ m 的堰属于(　　)。

2. 堰流问题的能量损失主要是(　　)。

3. 堰流的共同特征是:水流趋近于堰顶时,流股断面(　　),流速(　　),动能(　　),而势能(　　),水面呈明显(　　)。

4. 利用薄壁堰作为量水设备时,测量水头 H 位置必须在堰板上游(　　)H 处或更远处。

5. 根据理论研究,宽顶堰的流量系数 m 最大不超过(　　)。

6. 在小桥孔径的水力设计中,应遵循安全和经济两个原则,其中安全原则是指(　　),经济原则是指(　　)。

7. 在小桥涵洞孔径的水力设计中,应综合考虑(　　)等 3 个因素。

8. 在小桥孔径的水力设计中,选择标准孔径的目的是(　　)。

9. 为了把堰、闸下游引起冲刷的水流能量在较短的区段内消除,一般采用的工程措施是

( )。

10. 消力池水力计算的基本内容是决定( )。

四、思考题

1. 何谓堰流？堰流与闸孔出流有何区别？

2. 薄壁堰与实用堰的溢流特点有何不同？如何利用发生水跃的水面连接理论分析它们的淹没条件？

3. 为什么用做量水设备的薄壁堰不宜在淹没条件下工作？

4. 宽顶堰自由溢流和淹没溢流时各具什么特点？

5. 仅用能量方程和连续性方程能否解决宽顶堰流问题？为什么？

6. 为什么宽顶堰进口处必然形成水面跌落？

7. 实验证明，最大流量假设或最小断面比能原理都不能充分反映宽顶堰的实际情况，为什么？

8. 在相同水头作用下，为什么实用堰的过流能力比宽顶堰大？

9. 影响宽顶堰临界淹没度$\left(\dfrac{h_s}{H}\right)_{cr}$的主要因素有哪些？如何用理论方法分析宽顶堰的淹没标准？

10. 为什么宽顶堰顶水面线不符合明渠渐变流水面曲线变化规律？

11. 从堰流基本公式 $q_V = mb\sqrt{2g}H_0^{1.5} = m_0 b\sqrt{2g}H^{1.5}$可知，流量系数 $m \neq m_0$，试问原型和模型流动相似的堰流流量系数比尺 λ_m 和λ_{m_0}是否相等？为什么？

12. 小桥涵洞的过流现象与宽顶堰溢流相似的原因是什么？

13. 小桥涵洞孔径水力设计的原则是什么？

14. 从桥下允许流速 v'或桥前允许壅水水深H'出发设计小桥涵洞孔径，两者结果是否惟一？能否同时从 $v = v'$和$H = H'$进行小桥涵洞孔径设计？为什么？

15. 为什么铁路、公路过流涵洞孔径的水力设计一般应从 $H = H'$出发进行设计？

16. 水工建筑物下游水流具有什么特点？为什么要采取工程措施进行消能？消能是消动能还是消势能？

17. 何谓消力池？在工程实际中，形成消力池的基本方式有哪些？

18. 消力池水力计算的基本内容是什么？如何计算？

19. 消力池的水跃淹没系数(即安全系数)σ是根据什么原则确定的？是否σ越大越好？

20. 消力池长度若小于水跃长度，消力池中将出现何种水流现象？此时能否达到消能的预期目的？

21. 消力池护坦深度和消力池长度的设计流量是否一定是水工建筑物通过的最大流量？为什么？

22. 在设计铁路、公路陡坡涵洞时，可采取哪些消能措施？

五、判断改正题

1.堰流是无压流流经障壁产生的局部水流现象。(　　)

2.从无侧收缩自由式宽顶堰的流量公式 $q_V = mb\sqrt{2g}\left\{H + \frac{\alpha_0 q_V^2}{2g[(H+h_p)b]^2}\right\}^{1.5}$ 可知,在堰前水头 H 和堰高 h_p 一定条件下,无侧收缩自由式宽顶堰的过流能力 q_V 与堰宽 b 呈非线性关系。(　　)

3.自由式宽顶堰堰顶水流近似为水平流动,其水深 $h_1 < 1.3h_c$。(　　)

4.自由式小桥过流的桥下水深近似等于桥下游水深,即 $h_1 \approx h$;而淹没式小桥过流的桥下水深 $h_1 = \psi h_c > 0.8H_0$。(　　)

5.根据堰的分类可知,堰顶厚度 $\delta = 5$ m,堰前水头 $H = 1.8$ m 的堰属于实用断面堰。(　　)

6.从堰流基本公式 $q_V = mb\sqrt{2g}H_0^{1.5} = m_0 b\sqrt{2g}H^{1.5}$ 可知,流量系数 $m \neq m_0$,故原型和模型流动相似的堰流流量系数比尺 $\lambda_m \neq \lambda_{m_0}$。(　　)

7.宽顶堰溢流的流量系数最大值 $m_{max} = 0.36$。(　　)

8.小桥孔径水力设计中,选标准孔径的目的是为了保证桥下不受冲刷和桥前不被淹没。(　　)

9.消力池的长度必须足以保证水跃不越出池外,即消力池长度必须大于水跃长度。一般来说,水跃长度随流量的增加而减小,因此,消力池长度的设计流量应为水工建筑物通过的最小流量。(　　)

10.对于山区和丘陵地区的铁(公)路陡坡涵洞,由于进出口涵底高程相差较大,设计时应采取减小势能的消能措施。(　　)

六、计算题

1.为了量测 $q_V = 0.30\ \text{m}^3/\text{s}$ 的流量,若堰高 $h_p = 0.5$ m,水头 H 限制在 0.2 m 以下,试设计矩形薄壁堰的堰宽 b。

2.现用三角堰($q_V = 0.316\sqrt{2g}H^{2.5}$)量测 $q_V = 0.015\ \text{m}^3/\text{s}$ 的流量,若在读取堰上水头时有 1 mm 的误差,试求计算流量的相对误差 $\frac{dq_V}{q_V}$。

3.若欲测流量的变化幅度为 3 倍,试求用直角三角堰或完全堰测流时水头变化的幅度。设完全堰的流量系数 m_0 为常数。

4.有一堰顶厚度 $\delta = 20$ m 的堰,堰前水头 $H = 2$ m,下游水位高出堰顶 $h_s = 1$ m。若堰上、下游水位及堰高和堰宽均不变,问当堰顶厚度 δ 分别减小至 10 m 及 4 m 时,堰的过流能力有无变化？为什么？

5. 对于堰前水头 H、堰高 h_p 一定的无侧收缩自由式宽顶堰溢流，当堰宽 b 增大 10%，其流量将增大多少？

6. 试证明对于堰上水头 H 一定的宽顶堰溢流(图 8.1)：(1)当为理想流体时，堰顶水深 $h_1 = h_c$ 时通过能力最大，相应的流量系数 $m = m_{max} = 0.385$；(2)当为实际流体时，堰顶水深 $h_1 = \frac{h_c}{\varphi^{\frac{2}{3}}}$ 时通过能力最大，其中 φ 为宽顶堰进口的流速系数。

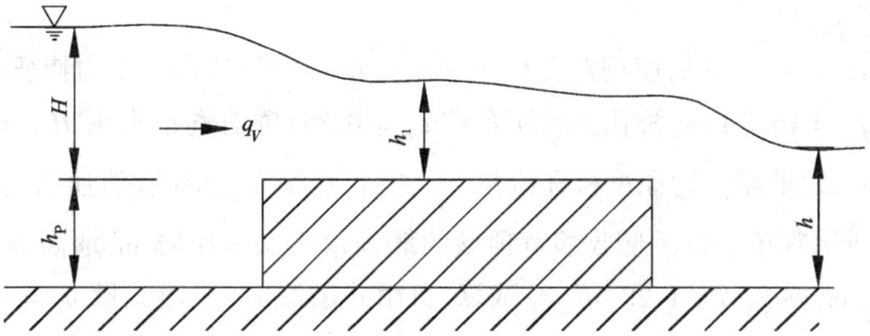

图 8.1

7. 某人工瀑布的供水系统采用自由式无侧收缩圆角进口宽顶堰溢流，已知堰宽 $b = 10$ m，堰高 $h_p = 0.45$ m，堰上水头 $H = 0.05$ m，试求供水流量 q_V。

8. 已知直角进口无侧收缩宽顶堰的堰宽 $b = 4.0$ m，堰高 $h_p = h'_p = 0.60$ m，堰上水头 $H = 1.20$ m，试求当下游水深 h 分别为 0.80 m 和 1.70 m 时的过堰流量 q_V。

9. 欲在宽度 $b = 2.0$ m 的混凝土矩形断面直角进口溢洪道上进行水文测验。若溢洪道进口可视为宽顶堰，其上游渠底标高 $z_0 = 0$，溢洪道底标高 $z_1 = 0.40$ m，上、下游水面标高分别为 $z_2 = 0.60$ m 和 $z_3 = 0.50$ m，试求流经该溢洪道的流量 q_V。

10. 试从堰流基本公式 $q_V = mb\sqrt{2g}H_0^{1.5}$ 出发，推导堰流问题的相似准则方程。

11. 试证明自由式小桥孔径 $b = \frac{gq_V}{\varepsilon\alpha\psi^3 v'^3}$，此式说明增大桥下允许流速 v' 可大大缩小桥梁孔径。

12. 试证明自由式小桥过流的流量系数 $m = \frac{2\alpha\varphi^3\psi^3}{(1+2\alpha\varphi^2\psi^3)^{1.5}}$。

13. 试设计小桥孔径 B。已知河道断面为矩形，设计流量 $q_V = 15\ m^3/s$，采用碎石单层铺砌加固河床，其允许流速 $v' = 3.5$ m/s，桥前允许壅水水深 $H' = 2.0$ m，桥下游水深 $h = 1.3$ m，选定小桥进口形式后知 $\varepsilon = \varphi = 0.90$，$\psi = 1.0$。

14. 若上题中下游水深 $h = 1.6$ m，重新进行小桥孔径设计。

15. 某铁路上有一孔径 $B = 8$ m 的喇叭形进口小桥，已知桥下游水深 $h = 1.5$ m，桥前允许

壅水水深 $H'=2.6$ m,河床加固后的允许流速 $v'=5.3$ m/s,$\varepsilon=\varphi=0.90$,$\psi=0.80$,试验算该桥在可能最大流量 $q_V=40\ \mathrm{m^3/s}$ 时的抗洪能力。

16. 试从 $H=H'$ 出发设计一矩形断面小桥孔径 B。已知设计流量 $q_V=30\ \mathrm{m^3/s}$,桥前允许壅水水深 $H'=1.2$ m,桥下铺砌允许流速 $v'=3.5$ m/s,桥下游水深 $h=1.0$ m,选定小桥进口形式后知,$\varepsilon=0.85$,$\varphi=0.90$,$\psi=0.80$。

17. 一八字形翼墙进口公路盖板箱涵(矩形断面涵洞),已知 $\varepsilon=0.90$,$\varphi=0.95$,$\psi=0.80$,设计流量 $q_V=9\ \mathrm{m^3/s}$,下游水深 $h=1.60$ m,涵前允许壅水水深 $H'=1.80$ m,试计算涵洞孔径 b(暂不考虑标准孔径)。

18. 用长度比尺 $\lambda_l=20$ 的模型对孔径 $B=16$ m 的小桥过流进行水力特征实验研究。现已测得模型流量 $q_{V\mathrm{m}}=16.7$ L/s,桥孔侧收缩系数 $\varepsilon_\mathrm{m}=0.85$,桥前壅水水头 $H_{0\mathrm{m}}=6.5$ cm,桥下游水深 $h_\mathrm{m}=5.3$ cm,试求相应的原型桥孔流量 $q_{V\mathrm{p}}$、桥孔水深 $h_{1\mathrm{p}}$ 和桥孔流速系数 φ_p。

19. 图 8.2 所示直角进口无侧收缩宽顶堰的堰顶水头 $H=0.85$ m,堰高 $h_\mathrm{p}=0.50$ m,堰下游水深 $h=1.12$ m,堰宽 $b=1.28$ m。经试算,自由式溢流时,过堰流量 $q_V=1.67\ \mathrm{m^3/s}$。试求水流作用在堰进口迎水面上的总压力 F。假定堰顶水深 $h_1=\left(\dfrac{2}{3}-\dfrac{0.385-m}{0.95-m}\right)H_0$,式中 m 为宽顶堰流量系数,H_0 为堰顶作用水头。

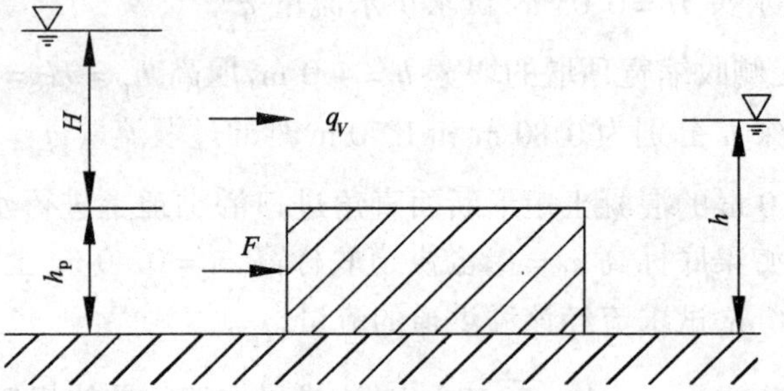

图 8.2

20. 试分别按桥下游水深 h 为 1.3 m 和 1.5 m 设计一钢筋混凝土小桥的孔径 b(暂不考虑标准孔径)。该桥欲设一直径 $d=1\ 000$ mm 的圆形中墩,桥下河床断面为边坡系数 $m=1.5$ 的梯形,设计流量 $q_V=35\ \mathrm{m^3/s}$,桥下铺砌的允许流速 $v'=3.0$ m/s,桥前允许壅水水深 $H'=2.10$ m,选定小桥进口形式后知 $\varepsilon=\varphi=0.90$,$\psi=1.0$。

21. 图 8.3 所示实用断面堰的堰顶水头 $H=2.96$ m,堰高 $h_\mathrm{p}=10$ m,流量系数 $m=0.49$,下游水深 $h=4.0$ m,消力池出口流速系数 $\varphi=0.95$,试判明实用断面堰下游水流的衔接形式,并计算消力池护坦降深 h_d 和消力池长度 l。

22. 若将上题消力池改成消力坎,如图 8.4 所示,可将消力坎看成是矩形实用断面堰,取流量系数 $m=0.42$,试计算消力坎高度 h_D 和消力坎安置位置距收缩断面的长度 l。

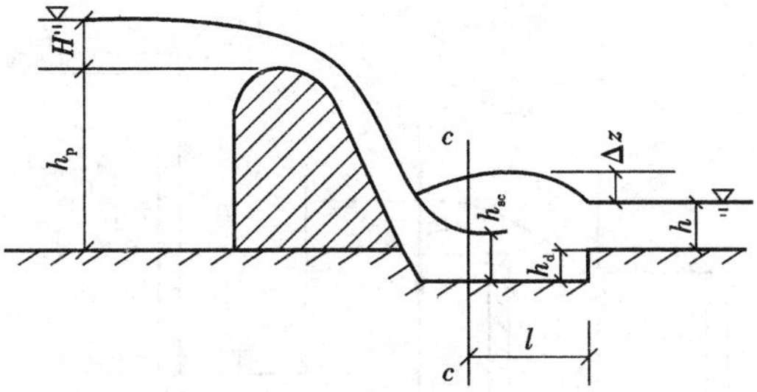

图 8.3

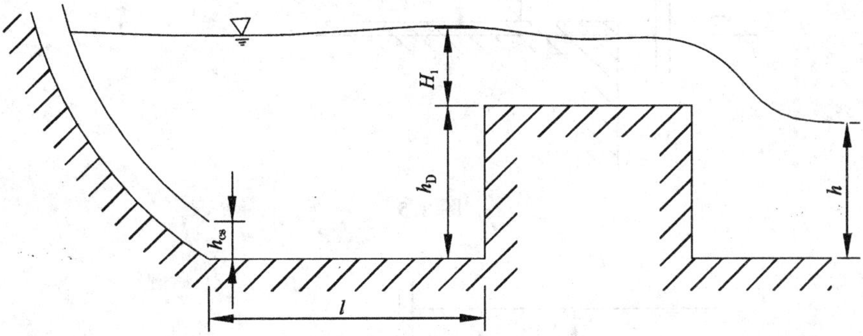

图 8.4

23.已知图 8.5 所示管路的管径 $d=200$ mm,从 A 点起算的管长 $l=12$ m,沿程阻力系数 $\lambda=0.02$,局部阻力系数:阀门 $\zeta_1=0.15$,弯道 $\zeta_2=0.20$,A 点距下游水池液面高度 $h=10$ m,通过流量 $q_V=80$ L/s。为使 A 点的真空度不超过 6 mH_2O,在管路出口设置一装有宽度 $b=0.5$ m 的矩形薄壁堰板(流量系数 $m=0.41$)的水箱,试求堰顶高程 z。

24.试证明图 8.6 所示矩形平底渠槽闸孔自由出流可用不等式

$$\frac{h}{h_{sc}}\left(\frac{h}{h_{sc}}+1\right)\leqslant 4\varphi^2\left(\frac{H_0}{h_{sc}}-1\right)$$

判别。式中 $H_0=H+\frac{\alpha_0 v_0^2}{2g}$为闸前作用水头;$H$ 为闸前水头;v_0 为闸前行近流速;φ 为闸下出流的流速系数;h 为闸孔下游渠槽水深;h_{sc}为闸下收缩断面水深。

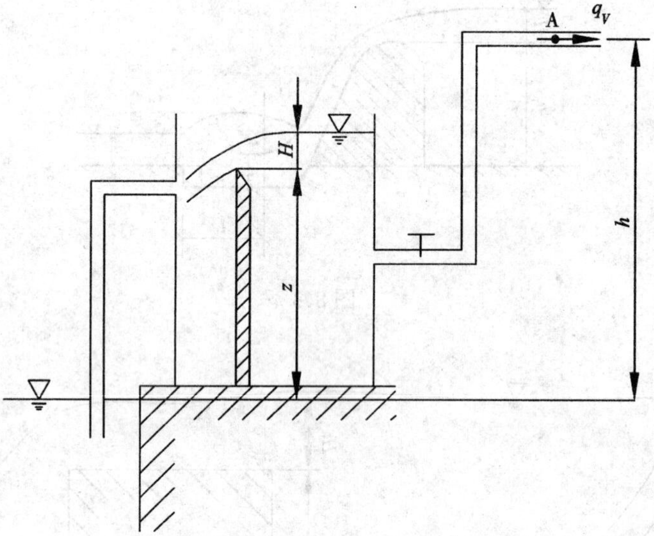

图 8.5

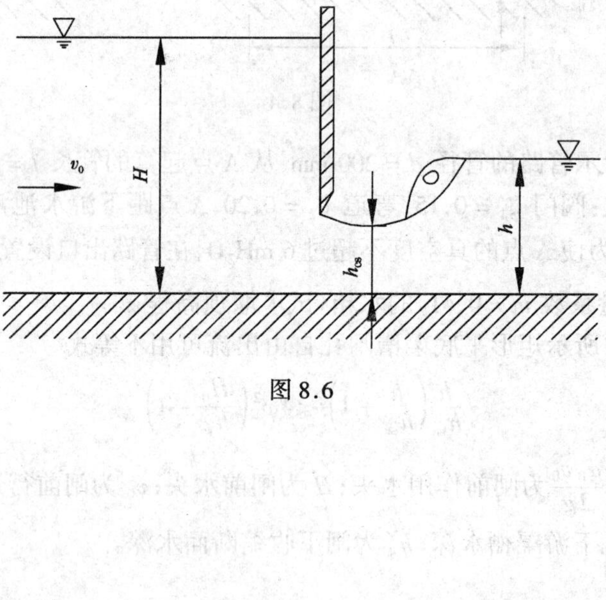

图 8.6

第 9 章　渗　　流

一、单项选择题

1.流体在(　　)中的流动称为渗流。

A.多孔介质　　B.地下河道　　C.集水廊道　　D.盲沟

2.渗流力学主要研究(　　)在多孔介质中的运动规律。

A.汽态水　　B.毛细水　　C.重力水　　D.薄膜水

3.达西渗流定律的适用条件为雷诺数 $Re=\dfrac{\rho vd}{\mu}$=(　　)。

A.2 300　　B.575　　C.100　　D.10

4.渗流系数 k 与(　　)有关。

A.土壤性质　　B.流体性质

C.土壤性质、流体性质　　D.土壤性质、流体性质、流动状态

5.渗流系数比尺 λ_k=(　　)。

A.1　　λ_l(长度比尺)　　C.λ_v(流速比尺)　　D.λ_{q_V}(流量比尺)

6.与地面水流相比,地下水流中不存在的流动状态为(　　)。

A.恒定流　　B.均匀流　　C.层流　　D.急流

7.集水廊道的产水量 q_V 与(　　)成正比。

A.H(含水层水头)　　B.h(廊道水深)　　C.R(影响半径)　　D.k(渗流系数)

8.下列选项中,不正确的为(　　)。

A.集水廊道 $q_V=\dfrac{kb(H^2-h^2)}{L}$　　B.潜水完全井 $q_V=\dfrac{\pi k(H^2-h^2)}{\ln\dfrac{R}{r_0}}$

C.自流完全井 $q_V=\dfrac{2\pi k\,t(H-h)}{\ln\dfrac{R}{r_0}}$　　D.大口井 $q_V=\dfrac{\pi k(H^3-h^3)}{\ln\dfrac{R}{r_0}}$

9.产水量 q_V 与含水层水头 H 的平方成正比的井为(　　)。

A.潜水完全井　　B.承压完全井　　C.自流完全井　　D.大口井

10.下列关于渗流模型概念的说法中,不正确的是(　　)。

A.渗流模型认为渗流是充满整个多孔介质区域的连续水流
B.渗流模型的实质在于把实际并不充满全部空间的液体运动看成是连续空间内的连续介质运动
C.通过渗流模型的流量必须和实际渗流的流量相等
D.渗流模型的阻力可以与实际渗流不等,但对于某一确定的过流断面,由渗流模型所得出的动水压力,应当和实际渗流的动水压力相等

二、多项选择题

1.水在土壤中存在的形式主要有(　　)。
A.汽态水　　B.毛细水　　C.吸附水　　D.薄膜水
E.重力水
2.下列关于地下水存在形式的说法中,正确的有(　　)。
A.汽态水是以水蒸气形式存在于土壤空隙中的水
B.毛细水是受表面张力而移动的水
C.吸附水是受分子力作用而挟持于土壤中的水
D.薄膜水是受表面张力作用而挟持于土壤中的水
E.重力水是指重力作用下在土壤空隙中运动的水
3.潜水完全井的产水量 q_V 与(　　)成正比。
A.渗流系数 k　　B.含水层水头 H　　C.水位降深 S　　D.井内水深 h
E.影响半径 R
4.承压完全井的产水量 q_V 与(　　)成正比。
A.渗流系数 k　　B.含水层厚度 t　　C.水位降深 S　　D.井的半径 r_0
E.影响半径 R
5.产水(渗流)量 q_V 与含水层水头 H 成正比的工程渗流有(　　)。
A.潜水完全井　　B.承压完全井　　C.大口井　　D.集水廊道
E.土坝
6.用渗流模型取代实际渗流,必须遵循的原则是(　　)。
A.通过渗流模型的流量必须和实际渗流的流量相等
B.渗流模型的阻力应当和实际渗流的阻力相等,即两者的水头损失应当相等
C.对于某一确定的过流断面,由渗流模型所得出的动水压力应当和实际渗流的动水压力相等
D.对于某一确定的过流断面,由渗流模型所得出的流速应当和实际渗流的流速相等
E.渗流模型的渗流系数必须与实际渗流的渗流系数相等
7.与地面水流一样,渗流一般也可分为(　　)。
A.恒定渗流与非恒定渗流　　B.均匀渗流与非均匀渗流

C.渐变渗流与急变渗流　　D.有压渗流与无压渗流

E.平面渗流和空间渗流

8.根据土壤的透水性质在整个渗流区域内的变化情况,可将土壤分成(　　)。

A.均质土壤　　B.非均质土壤　　C.各向同性土壤　　D.各向异性土壤

E.不透水土壤

三、填充题

1.渗流系数 k 的物理意义是(　　　　　　　　　　)。

2.确定渗流系数 k 的常用方法有(　　　　　　　　　　)。

3.若某均匀渗流区域中A点的流速 $u_A=0.04$ cm/s,则该渗流区域过A点的断面平均流速 $v=$(　　　　)cm/s。

4.如图9.1所示长度为 l、边长为 a 的正方形管,连通水面差为 H 的两贮水容器,若管中填充均质、各向同性的细砂(渗流系数为 k_1)和粗砂(渗流系数 k_2),则两种填充方式的渗流流量之比 $\frac{q_{V并}}{q_{V串}}=$(　　　　)。

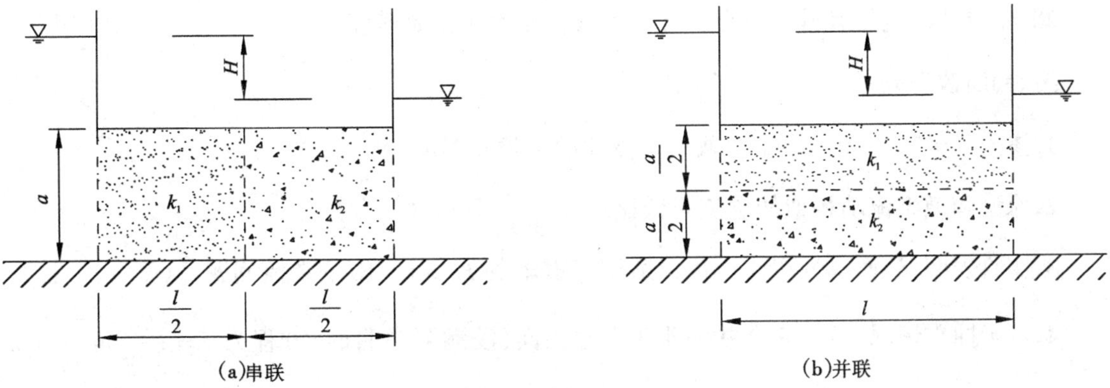

图9.1

5.潜水完全井的浸润漏斗曲面方程 $z=f(r)=$(　　　　　　)。

6.自流完全井的浸润漏斗曲面方程 $z=f(r)=$(　　　　　　)。

四、思考题

1.何谓渗流?研究渗流在实际工程中有何意义?

2.何谓渗流模型?它与实际渗流有何区别?

3.何谓渗流流速?它与实际流速有何联系和区别?

4.渗流系数 k 的物理意义是什么?它与哪些因素有关?

5.在实际工程中,一般如何确定渗流系数 k 值?

6.渗流均匀流与明渠均匀流有何区别？

7.均匀渗流的特点是什么？为什么说均匀渗流也为均匀渗流流速场？

8.在渗流计算中，达西渗流定律与裘皮幼公式有何区别？它们的适用条件是什么？

9.何谓浸润曲线(面)？浸润曲线(面)是流线(面)吗？

10.为什么说在渗流问题中临界水深失去了意义？

11.渗流能否发生水跃？为什么？

12.为什么棱柱形明渠恒定渐变流有5种底坡和12条水面曲线，而无压恒定渐变渗流只有3种底坡和4条水面曲线(浸润曲线)？

13.包括渗流在内的层流的水头损失是否一定与流速的一次方成正比？

14.何谓集水廊道的影响范围？在实际工程中，一般如何确定影响范围？

15.何谓井的影响半径？引入这一概念有何实际意义？一般来讲，井的影响半径不易精确确定，试问它对井的产水量计算会产生太大误差吗？

16.井的产水量计算公式的推导过程存在什么不足？

17.抽水井和灌水井的流量公式推导有何异同？

18.何谓流网？流网具有哪些性质？

19.水电比拟法绘制流网的原理是什么？如何绘制？

20.非线性渗流具有哪些特点？非线性渗流是否一定是紊流？

五、判断改正题

1.渗流系数 k 值的大小主要取决于流体的种类及温度。(　　)

2.原型和模型流动相似的渗流系数比尺 $\lambda_k=\dfrac{k_p}{k_m}=1$。(　　)

3.实验表明，达西线性渗流定律仅适用于雷诺数 $Re>1\sim10$ 的渗流问题。(　　)

4.对于抽水情况，潜水完全井的测压管水头面(浸润漏斗曲面)方程为 $z=\dfrac{q_V}{2\pi tk}\ln\dfrac{r}{r_0}+h$，而自流完全井的测压管水头面方程则为 $z=\sqrt{\dfrac{q_V}{\pi k}\ln\dfrac{r}{r_0}+h^2}$。(　　)

5.对于灌水情况，潜水完全井的测压管水头面(浸润漏斗曲面)方程为 $z=\dfrac{q_V}{2\pi tk}\ln\dfrac{r}{r_0}-h$，而自流完全井的测压管水头面方程则为 $z=\sqrt{\dfrac{q_V}{\pi k}\ln\dfrac{r}{r_0}-h^2}$。(　　)

6.从集水廊道的浸润曲面方程 $z=\sqrt{h^2-\dfrac{q_V}{kb}x}$ 可知，在流量 q_V、廊道长度 b 和廊道水深 h 一定条件下，浸润曲面随着距离 x 的增加而降低。(　　)

7.在产水量 q_V 和井半径 r_0 一定条件下，自流完全井的水位降深 S 随井的影响半径 R、渗

流系数 k 以及含水层厚度 t 的增加而增加。( )

8. 抽水情况下的潜水完全井井群的测压管水头面(浸润漏斗面)方程为 $z=\sqrt{\frac{\Sigma q_V}{\pi k}\ln\frac{R}{(r_1r_2\cdots r_n)^n}-H^2}$,而自流完全井井群的测压管水头面方程则为 $z=\frac{\Sigma q_V}{2\pi kt}\ln\frac{R}{(r_1r_2\cdots r_n)^n}-H$。( )

六、计算题

1. 图9.2表示一圆柱形滤水器,其直径 $d=1\ 500$ mm,滤料渗流系数 $k=0.01$ cm/s,滤层高 $h=1.2$ m,试求含水层水头 $H=0.6$ m时的渗流流量 q_V。

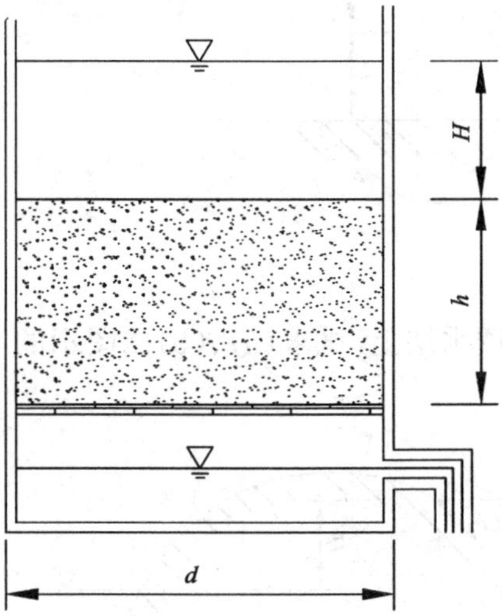

图9.2

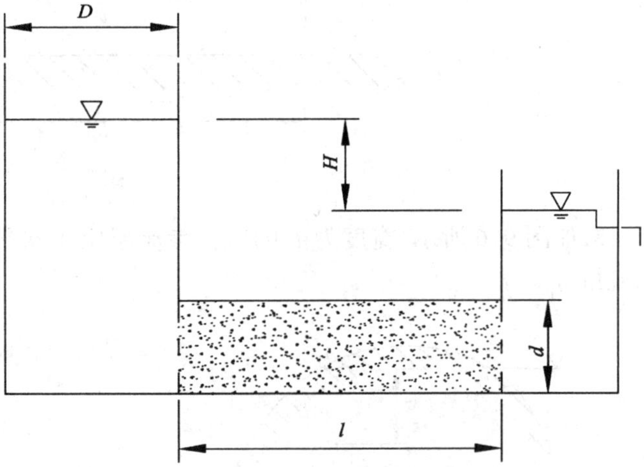

图9.3

2. 采用图9.3所示,装置变水头法测定渗流系数 k。设出流水位不变,水从直径 $D=200$ mm的圆柱形容器无补给供给。已知装填土样的圆筒直径 $d=120$ mm,实验段长度 $l=400$ mm,初始水头 $H=600$ mm,经10 min后,供水容器中水位下降140 mm。

3. 如图9.4所示,上、下游两水箱用一管径 $d=100$ mm的装填两种土壤($k_1=0.001$ cm/s,$k_2=0.003$ cm/s)的水管连接,若两水箱的水位差 $H=1.2$ m,试求相应

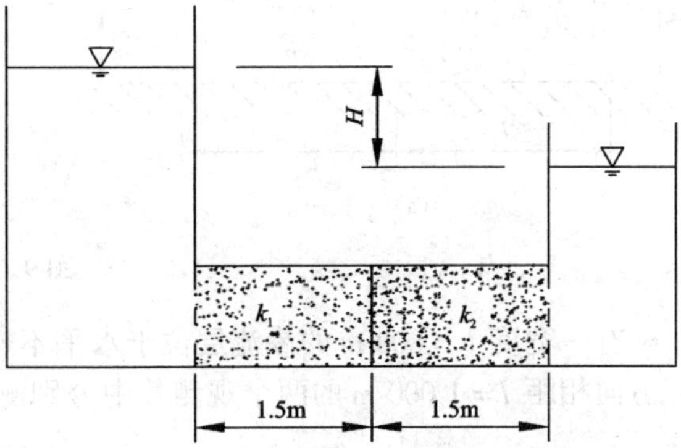

图9.4

的渗流量 q_V。

4. 图 9.5 表示两水库之间有一透水层，上层为细砂（$k_1=0.001\ \text{cm/s}$），下层为中砂（$k_2=0.01\ \text{cm/s}$），层厚 $h=2\ \text{m}$，宽度 $b=500\ \text{m}$，长度 $l=2\ 000\ \text{m}$，试求两水库水位差 $H=30\ \text{m}$ 时的渗流流量 q_V。

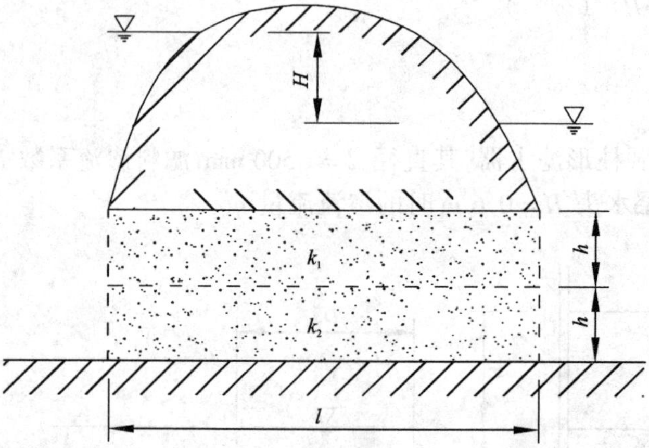

图 9.5

5. 如图 9.6 所示，宽度为 b 的组合渗流层位于水平不透水层上，试求(a)、(b)二图示的渗流流量 q_V。

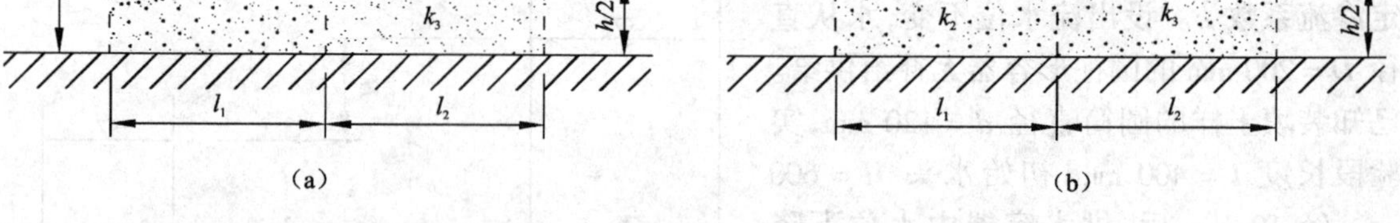

图 9.6

6. 有一宽度 $b=800\ \text{m}$ 的渗流层位于水平不透水层上，其渗流系数 $k=0.03\ \text{cm/s}$，若在沿渗流方向相距 $l=1\ 000\ \text{m}$ 的两个观测井中分别测得水深为 $h_1=8\ \text{m}$ 和 $h_2=6\ \text{m}$，试求渗流流量 q_V。

7. 某铁路路堑为了降低地下水位，在路堑侧边修建了长度 $l=100\ \text{m}$ 的集水廊道以排泄地下水。已知含水层水头 $H=6$ m,廊道水深 $h=0.3$ m,影响范围 $L=135$ m,廊道单侧渗流流量 $q_V=0.297\ m^3/h$,试求含水层渗流系数 k。

8. 某工地以潜水为给水水源,钻探测知含水层为砂夹卵石层,含水层水头 $H=6$ m,渗流系数 $k=0.12$ cm/s,现凿一半径 $r_0=150$ mm 的完全井,若影响半径 $R=300$ m,试求井中水位降深 $S=3$ m时的产水量 q_V。

9. 某大型地下工程降水方案设计做现场抽水实验以测定渗流系数 k 和影响半径 R。如图 9.7 所示,在含水层水头 $H=10$ m、厚度 $t=5$ m 的岩层中凿一半径 $r_0=150$ mm 的自流完全井,在离井中心 20 m 处钻一观测孔,当抽水至稳定时,抽水量 $q_V=15$ L/s,井中水位降深 $S=3.6$ m,观测孔的水位降深 $S_1=1.0$ m。试求渗流系数 k 和影响半径 R。

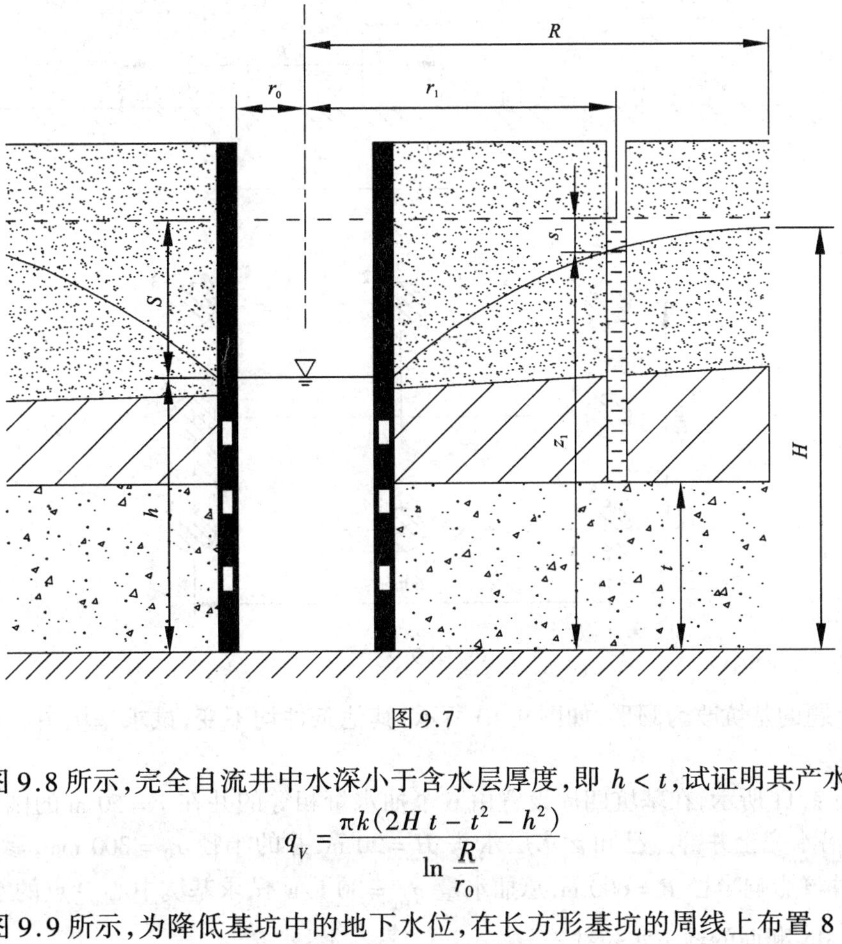

图 9.7

10. 如图 9.8 所示,完全自流井中水深小于含水层厚度,即 $h<t$,试证明其产水量公式为

$$q_V=\frac{\pi k(2Ht-t^2-h^2)}{\ln\dfrac{R}{r_0}}$$

11. 如图 9.9 所示,为降低基坑中的地下水位,在长方形基坑的周线上布置 8 个完全潜水井群。已知各井的半径 $r_0=100$ mm,抽水量相等,总抽水量 $q_{V0}=100$ L/s,含水层水头 $H=10$ m,渗流系数 $k=0.10$ cm/s,井群影响半径 $R=500$ m,试求基坑中心 O 点的水位降深 S。

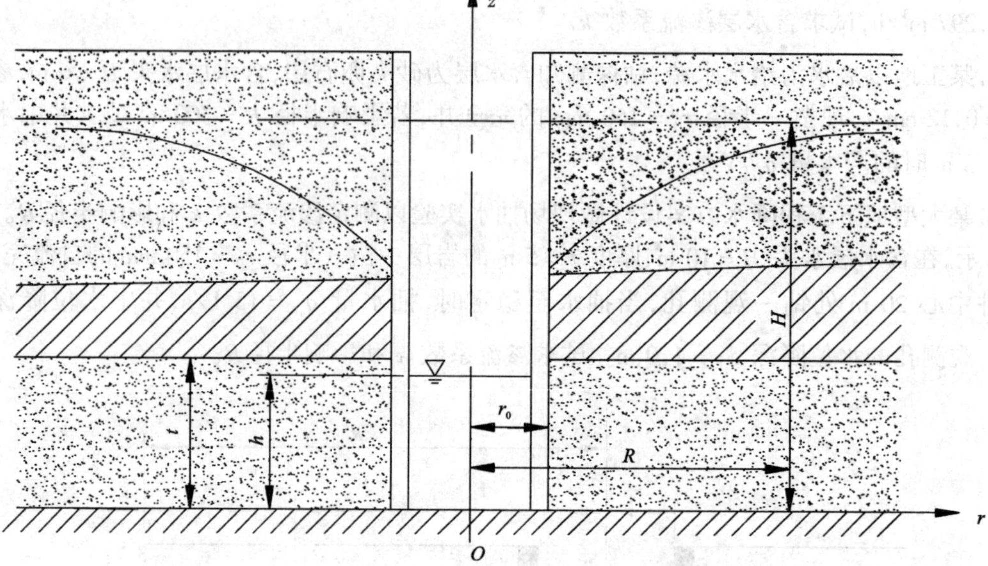

图 9.8

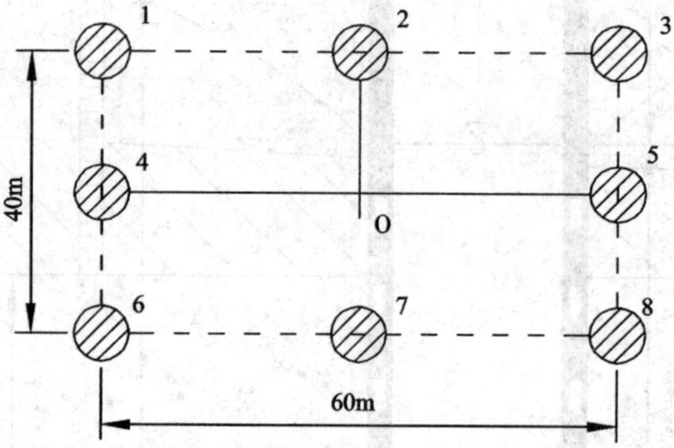

图 9.9

12. 如上题的基坑改为圆形，如图 9.10 所示，其他条件均不变，试求基坑中心 O 点的水位降深 S。

13. 如图 9.11 所示，在基坑四周设置由 6 个抽水量相等的井在 $r = 50$ m 的圆周上呈正六角形分布的潜水完全井群。已知含水层水头 $H = 20$ m，井的半径 $r_0 = 300$ mm，渗流系数 $k = 0.04$ cm/s，井群影响半径 $R = 600$ m，总抽水量 $q_{V0} = 30$ L/s，试求基坑中心 O 点的水位降深 S，并绘制图示 MN 断面的地下水位线。

14. 试推证图 9.12 所示潜水渗水井的渗流量公式

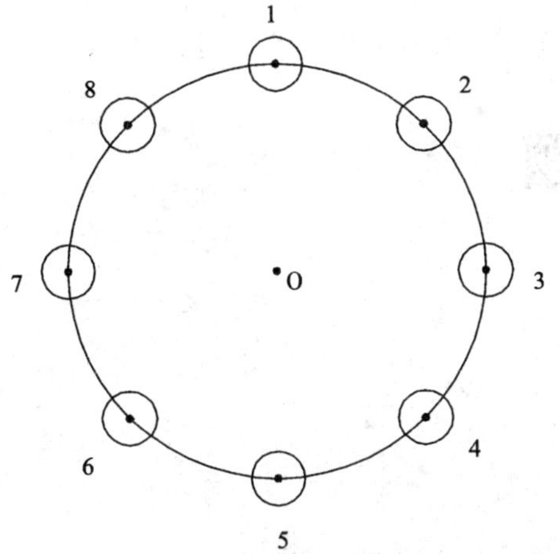

图 9.10

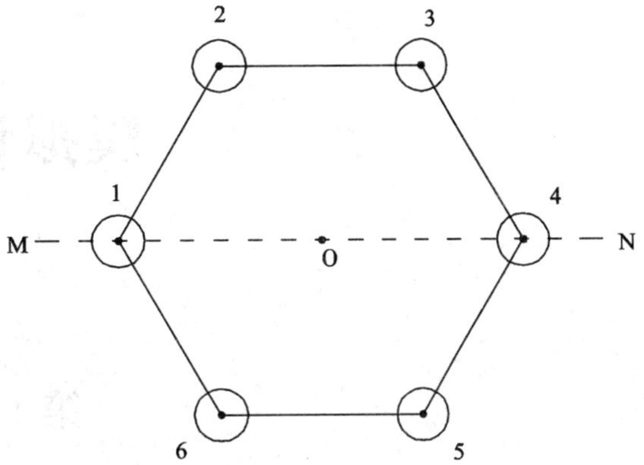

图 9.11

$$q_V=\frac{\pi k(h^2-H^2)}{\ln\dfrac{R}{r_0}}$$

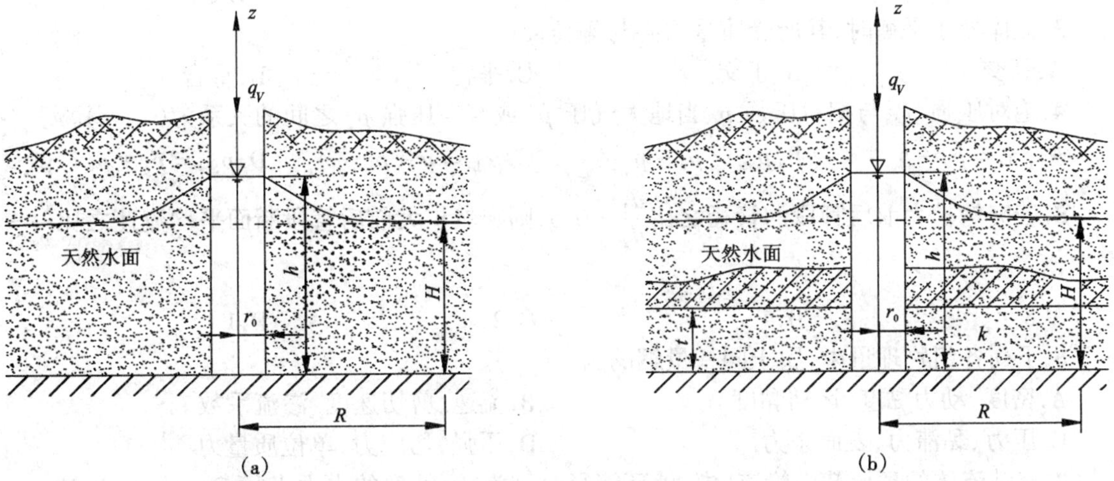

图 9.12

和承压渗水井的渗流量公式

$$q_V=\frac{2\pi k\,t(h-H)}{\ln\dfrac{R}{r_0}}$$

模拟试题

第1套

一、单项选择题(在4个备选答案中,只有1个是正确的;每小题1分,共15分)

1.理想流体是指忽略(　　)的流体。

A.黏度　　B.黏度变化　　C.密度　　D.密度变化

2.在工程流体力学或水力学中,单位质量力是指作用在单位(　　)流体上的质量力。

A.面积　　B.体积　　C.重量　　D.质量

3.流体处于平衡时,其所受质量力必与等压面(　　)。

A.斜交　　B.正交　　C.平行　　D.重合

4.绝对压强 p_{abs} 与相对压强 p、当地大气压 p_a 或真空压强 p_v 之间的关系为(　　)。

A.$p_{abs}=p_a+p$　　B.$p_{abs}=p_a-p$　　C.$p_{abs}=p-p_a$　　D.$p_{abs}=p_a+p_v$

5.若突然扩大前后管段的管径之比$\dfrac{d_1}{d_2}=0.5$,则突然扩大前后管段断面平均流速之比$\dfrac{v_1}{v_2}=$(　　)。

A.8　　B.4　　C.2　　D.1

6.下列各组物理量中,属于同一量纲的为(　　)。

A.密度、动力黏度、运动黏度　　B.流速、剪切速度、渗流系数

C.压力、黏滞力、表面张力　　D.压强、切应力、单位质量力

7.充满流体的环形截面管道(内、外环管径分别为 D 和 d)的水力半径 $R=$(　　)。

A.$D-d$　　B.$\dfrac{1}{2}(D-d)$　　C.$\dfrac{1}{3}(D-d)$　　D.$\dfrac{1}{4}(D-d)$

8.当流动处于紊流光滑区时,直径 $d=$(　　)mm 的镀锌钢管($\Delta_1=0.25$ mm)的沿程阻力系数与直径为300 mm的铸铁管($\Delta_2=0.30$ mm)的相同?

A.150　　B.200　　C.250　　D.300

9.欲使水力最优梯形断面渠道的水深和底宽相等,则渠道的边坡系数为(　　)。

A.1　　B.$\dfrac{3}{4}$　　C.$\dfrac{1}{2}$　　D.$\dfrac{1}{4}$

10.根据堰的分类可知,当相对堰厚(　　)时属于宽顶堰。

A.$\frac{\delta}{H}<0.67$　B.$0.67<\frac{\delta}{H}<2.5$　C.$2.5<\frac{\delta}{H}<10$　D.$0<\frac{\delta}{H}<10$

11.已知有压管路中突然扩大前后管段的管径之比$\frac{d_1}{d_2}=0.5$,则相应的雷诺数之比$\frac{Re_1}{Re_2}=$(　　)。

A.2　B.1　C.$\frac{1}{2}$　D.$\frac{1}{4}$

12.当孔口、管嘴出流的作用水头 H 和管(孔)径 d 分别相等时,则必有(　　)。

A. $Q_{孔口}>Q_{管嘴}, v_{孔口}>v_{管嘴}$　B. $Q_{孔口}<Q_{管嘴}, v_{孔口}>v_{管嘴}$

C. $Q_{孔口}>Q_{管嘴}, v_{孔口}<v_{管嘴}$　D. $Q_{孔口}<Q_{管嘴}, v_{孔口}<v_{管嘴}$

13.下列各组合式中,为无量纲量的有(　　)。

A.$\frac{\rho v d}{\mu}$　B.$\frac{\sqrt{gh}}{v^2}$　C.$\frac{\rho g d}{v}$　D.$\frac{\rho g}{p}$

14.渗流力学研究(　　)的运动规律。

A.气态水　B.毛细水　C.薄膜水　D.重力水

15.据尼古拉兹试验成果知,不正确的是(　　)。

A.层流区,$\lambda=f(Re)$,$h_f\propto v$　B.紊流光滑区,$\lambda=f(Re)$,$h_f\propto v^{1.75}$

C.紊流过渡区,$\lambda=f(Re)$,$h_f\propto v^{1.85}$　D.紊流粗糙区,$\lambda=f(\Delta/d)$,$h_f\propto v^{2.0}$

二、多项选择题(在5个备选答案中,有1~5个是正确的;每小题2分,共10分)

16.下列关于流体切应力的说法中,正确的有(　　)。

A.静止流体,$\tau=0$　B.相对平衡流体,$\tau=0$

C.理想流体,$\tau=0$　D.层流运动流体,$\tau=\mu\frac{\mathrm{d}u}{\mathrm{d}y}$

E.紊流运动流体,$\tau=\mu\frac{\mathrm{d}u}{\mathrm{d}y}+\rho l^2\left(\frac{\mathrm{d}u}{\mathrm{d}y}\right)^2$

17.下列关于水流流向的说法中,不正确的有(　　)。

A.水一定是从高处向低处流

B.水一定是从流速大处向流速小处流

C.水一定是从压强大处向压强小处流

D.水一定是从测压管水头高处向测压管水头低处流

E.水一定是从机械能大处向机械能小处流

18.若同一流体流经两根长度相同、但管材不同的等径长直管道,当雷诺数相等时,它们的水头损失在(　　)是相同的。

A.层流区　B.层、紊过渡区　C.紊流光滑区　D.紊流过渡区

E.紊流粗糙区

19. 在平坡和逆坡棱柱形渠道中，必有(　　)。

A. $\frac{\mathrm{d}e}{\mathrm{d}s}<0$　　B. $\frac{\mathrm{d}e}{\mathrm{d}s}=0$　　C. $\frac{\mathrm{d}e}{\mathrm{d}s}>0$　　D. $\frac{\mathrm{d}e}{\mathrm{d}s}=\frac{\mathrm{d}E}{\mathrm{d}s}<0$

E. $\frac{\mathrm{d}E}{\mathrm{d}s}<0$

20. 下列关于长管水力计算的结论中，正确的有(　　)。

A. 并联管路的总水头损失等于各支路的水头损失

B. 并联管路各支路的水头损失相等

C. 并联管路的总流量等于各支路的流量之和

D. 串联管路的总水头损失等于各支路的水头损失之和

E. 串联管路的总流量等于各支路的流量之和

三、简答题(5分)

21. 如何利用雷诺实验装置测定液体的运动黏度 ν？

四、判断改正题(每小题2分，共10分)

22. 流体的黏度随着温度的增加而增大。(　　)

23. 水跃是缓流过渡到急流产生的局部水力现象。(　　)

24. 堰流是无压急流流过障壁产生的局部水力现象。(　　)

25. 串联管路的总水头损失等于各支路的水头损失，且各支路的水头损失相等。(　　)

26. 紊流的沿程水头损失与流速 v 的2次方成正比。(　　)

五、计算分析综合题(共60分)

27. 题27图所示直径为 D 的球处于平衡状态，若球重可忽略不计，试导出 D 与 ρ_1、ρ_2、h_1、h_2 的关系式。(7分)

28. 如题28图所示，流量为 q_V、断面平均流速为 v 的射流，水平射向直立光滑的平板后分为两股。一股沿平板直泻而下，流量为 q_{V1}，另一股从平板顶部以倾角 α 射出，流量为 q_{V2}。若不计重力和水头损失，试证明作用在平板上的射流冲击力为

$$F=\rho q_V v\left[\frac{\sqrt{1-\left(\frac{q_{V1}}{q_{V2}}\right)^2}}{1+\frac{q_{V1}}{q_{V2}}}\right]$$

式中：ρ 为水的密度。(10分)

29. 题29图所示一吸水装置，已知 h_1、h_2、h_3，若甲、乙两水箱的水位均保持不变，且不计流动的水头损失，试问喉道断面面积 A_1 与喷嘴出口断面面积 A_2 之间应满足什么条件才能开

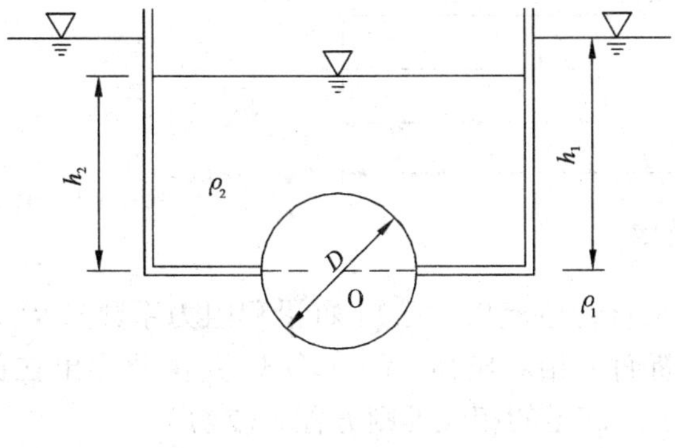

题 27 图

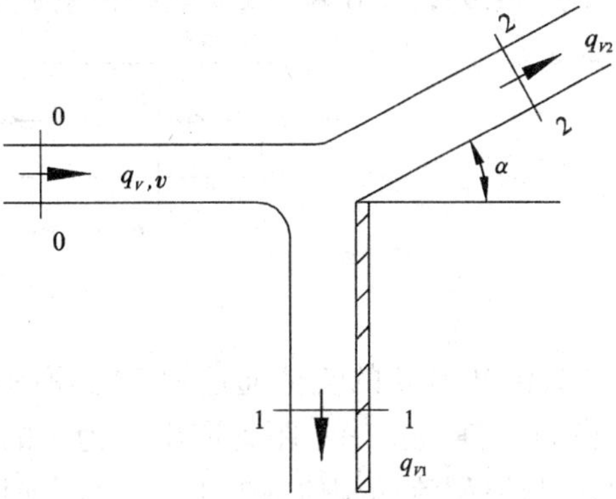

题 28 图

始将水从水箱甲中吸入喉道？(10 分)

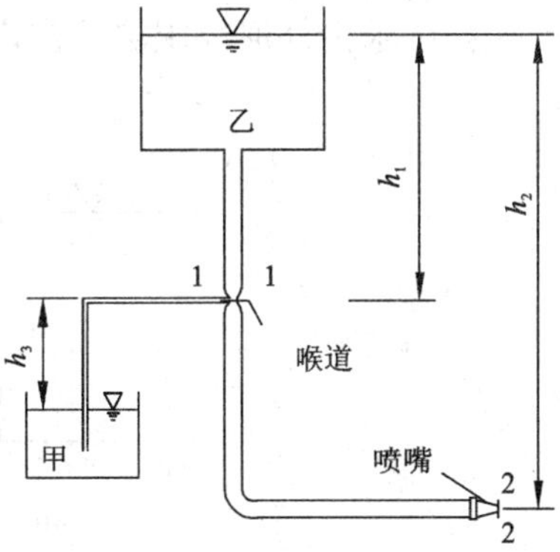

题 29 图

30. 某长直变坡矩形断面棱柱形渠道连接如题 30 图所示，远离变坡断面渠段形成均匀流。已知设计流量 $q_V = 30\ \mathrm{m^3/s}$，粗糙系数 $n_1 = n_2 = 0.020$，渠道底宽 $b_1 = b_2 = b$，渠底坡度 $i_1 = 0.001$，$i_2 = 0.010$。(10 分)

(1)试按水力最优概念设计上游远离变坡断面渠段的断面尺寸(h_{01}、b_1)；

(2)试求各渠段的临界水深(h_{c1}、h_{c2})；

(3)试判断各渠段水流是急坡还是缓坡？

(4)试判断各渠段水流是急流还是缓流？

(5)试求变坡断面处的水深 h，并进行上、下游渠段

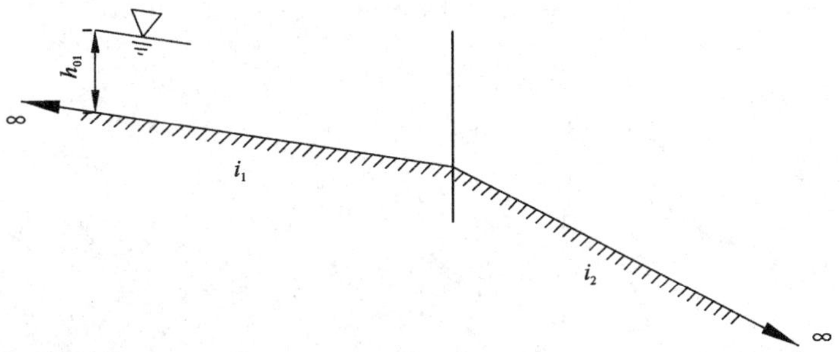

题 30 图

水面曲线的连接。

31. 试设计一矩形断面小桥孔径 B。已知设计流量 $q_V = 12\ \mathrm{m^3/s}$，桥下游水深 $h = 1.0\ \mathrm{m}$，桥下铺砌的允许流速 $v' = 3.5\ \mathrm{m/s}$，桥前允许壅水水深 $H' = 1.2\ \mathrm{m}$，选定小桥进口形式后知 $\varepsilon =$

0.85, $\varphi=0.95$, $\psi=0.80$,取动能修正系数 $\alpha=1.0$。(10 分)

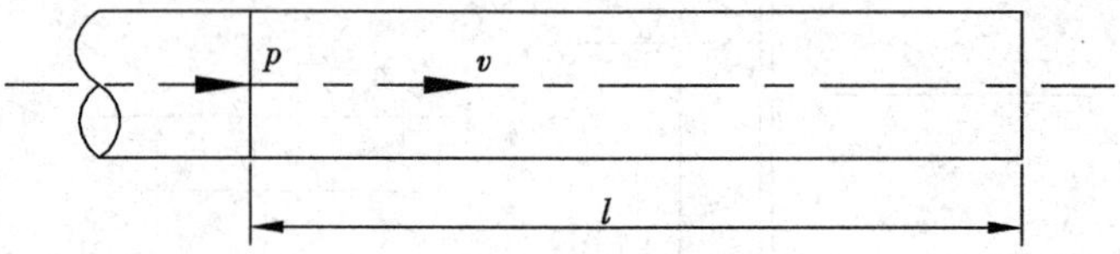

题 32 图

32.密度为 d 的流体通过题 32 图所示等径长直管道流出。已知 λ(沿程阻力系数)、R(管径)和 v(流速),试确定距管道出口为 l 的过流断面上相对压强 p 的计算式,并由此导出在保证原型与模型流动相似情况下,相对压强比尺 λ_p 应满足的相似准则方程。(7 分)

33.题 33 图所示矩形断面土堤将内外两河分开。已知土堤宽度(顺河方向)$l=20$ m,土堤长度(横河方向)$b=100$ m,外河水深 $h_1=5.0$ m,内河水深 $h_2=1.0$ m,土堤的渗流系数 $k=5\times10^{-3}$ m/s,试求由外河经土堤流向内河的渗流量 q_V。(6 分)

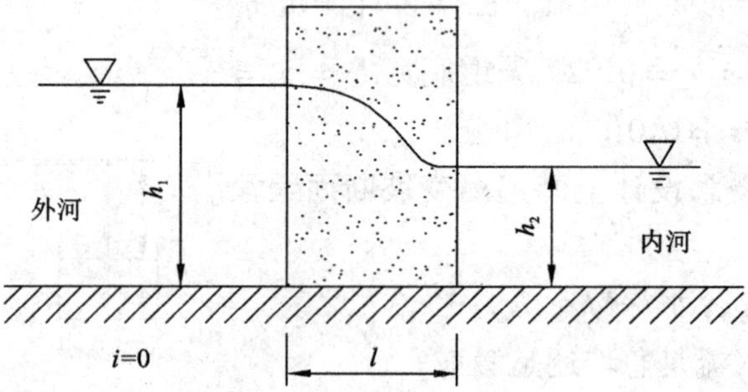

题 33 图

第2套

一、单项选择题(在4个备选答案中,只有1个是正确的;每小题1分,共15分)

1. 严格地讲,紊流总是(　　)。

A.恒定流　B.非恒定流　C.均匀流　D.非均匀流

2. 离心式水泵的吸水管内的(　　)小于零。

A.绝对压强　B.相对压强　C.真空压强　D.流速

3. 在工程流体力学或水力学中,描述流体运动的方法一般采用(　　)。

A.欧拉法　B.拉格朗日法　C.瑞利法　D.雷诺法

4. 某模型实验按重力相似准则设计,模型几何比尺 $\lambda_l = 100$,若测得模型中某点的流速 $v_m = 0.5$ m/s,则原型中对应点的流速 $v_p =$ (　　)m/s。

A.15　B.10　C.5　D.0.5

5. 土建工程施工中的新拌砼、新拌水泥砂浆属于(　　)。

A.静止流体　B.理想流体　C.牛顿流体　D.非牛顿流体

6. 完全潜水井的产水量与(　　)成正比。

A.井的半径　B.影响半径　C.含水层厚度　D.渗流系数

7. 并联长管各支路的(　　)相等。

A.流速　B.流量　C.水头损失　D.压强

8. 密度 ρ、动力黏度 μ、管径 d 和断面平均流速 v 的无量纲组合为(　　)。

A.$\frac{\rho v d}{\mu}$　B.$\frac{\rho d}{\mu v}$　C.$\frac{v d}{\rho \mu}$　D.$\frac{\rho \mu d}{v}$

9. 相对压强的起量点为(　　)。

A.绝对真空　B.当地大气压　C.标准大气压　D.液面压强

10. 在恒定总流的动量方程 $\sum \boldsymbol{F} = \rho q_V (\beta_2 \boldsymbol{v}_2 - \beta_1 \boldsymbol{v}_1)$ 中,$\sum \boldsymbol{F}$ 不应包括(　　)。

A.惯性力　B.重力　C.压力　D.黏滞力

11. 已知某矩形断面渠道的临界水深 $h_c = 0.90$ m,则相应的最小断面比能 $e_{min} =$ (　　)m。

A.0.90　B.1.35　C.1.80　D.2.25

12. 对于正坡($i > 0$)明渠非均匀流,当水深 $h \to \infty$ 时,(　　)。

A.$\frac{dh}{ds} \to 0$　B.$\frac{dh}{ds} \to +\infty$　C.$\frac{dh}{ds} \to -\infty$　D.$\frac{dh}{ds} \to i$

13. 某堰顶厚度 $\delta = 5$ m,堰前水头 $H = 1.8$ m,根据堰的分类可知,该堰属于(　　)。

A.薄壁堰　B.实用堰　C.驼峰堰　D.宽顶堰

14. 淹没式小桥过流的充分必要条件是桥下游水深(　　)。

A.$h > 0$　B.$h \geqslant 0.8h_c$　C.$h \geqslant 1.3h_c$　D.$h \geqslant 1.3H_0$

15.已知某突然扩大前后管段的管径之比$\frac{d_1}{d_2}=0.5$,则突然扩大前后管段的(　　)。

A.流速之比$\frac{v_1}{v_2}=1$,流量之比$\frac{q_{V1}}{q_{V2}}=2$,雷诺数之比$\frac{Re_1}{Re_2}=4$

B.流速之比$\frac{v_1}{v_2}=2$,流量之比$\frac{q_{V1}}{q_{V2}}=1$,雷诺数之比$\frac{Re_1}{Re_2}=4$

C.流速之比$\frac{v_1}{v_2}=4$,流量之比$\frac{q_{V1}}{q_{V2}}=1$,雷诺数之比$\frac{Re_1}{Re_2}=2$

D.流速之比$\frac{v_1}{v_2}=4$,流量之比$\frac{q_{V1}}{q_{V2}}=2$,雷诺数之比$\frac{Re_1}{Re_2}=1$

二、多项选择题(在5个备选答案中,有2~5个是正确的;每小题2分,共10分)

16.下列命题中,正确的有(　　)。

A.平衡流体中,质量力与等压面正交　B.均匀流中,流线为相互平行的直线

C.渐变流过流断面上 $z+\frac{p}{\rho g}\approx C$　D.有压管道均匀流中,$J_p=J$

E.明渠均匀流中,$i=J_p=J$

17.下列各组合式中,为无量纲量的有(　　)。

A.$\frac{vd}{\nu}$　B.$\frac{v}{\sqrt{gh}}$　C.$\frac{F}{ma}$　D.$\frac{F}{mv^2}$

E.$\frac{\tau}{\rho v^2}$

18.压力体一般由(　　)组成。

A.研究的曲面　B.液面或其延长面　C.自由液面或其延长面

D.由研究的曲面向液面或其延长面所作的铅垂柱面

E.由研究的曲面向自由液面或其延长面所作的铅垂柱面

19.1个工程大气压=(　　)。

A.98 kPa　B.10 mH_2O　C.760 mmHg　D.101.3 kPa

E.1.0 kgf/cm^2

20.据尼古拉兹试验成果知,(　　)。

A.层流区,$\lambda=f(Re)$,$h_f\propto v$　B.层紊过渡区,$\lambda=f(Re)$

C.紊流光滑区,$\lambda=f(Re)$,$h_f\propto v^{1.75}$　D.紊流过渡区,$\lambda=f(Re,\Delta/d)$

E.紊流粗糙区,$\lambda=f(\Delta/d)$,$h_f\propto v^2$

三、简答题(15分)

21.如何用模型实验决定小桥过流的流量系数 m_0(要求阐明模型的设计、可用什么仪器测

量有关数据、实验结果如何推广到原型等)?

四、判断改正题(每小题 2 分,共 10 分)

22. 量纲表征各物理量的大小,而单位则表征各物理量大小的类别。(　　)

23. 流线一般不能相交,且只能是一条光滑曲线。(　　)

24. 绝对压强可正可负,而相对压强和真空压强恒为正值。(　　)

25. 圆柱形管嘴($\varepsilon_n = 1, \varphi_n = \mu_n = 0.82$)与相同直径和相同水头下的孔口($\varepsilon = 0.64, \varphi = 0.97, \mu = 0.62$)相比较,当管嘴流量 $q_{Vn} = 3$ L/s 时,孔口流量 $q_V = 1.92$ L/s。(　　)

26. 水泵是将机械能转化为流体能量的一种机械,水泵的扬程是指管路系统供给泵单位重量流体的能量。

五、计算分析综合题(共 50 分)

27. 已知运动黏度 $\nu = 0.2\ \text{cm}^2/\text{s}$ 的液体在圆管中流动的平均流速 $v = 1.5$ m/s,流动 $l = 100$ m 管长的水头损失 $h_f = 40$ cm,试求管流沿程阻力系数 λ 与雷诺数 Re 的关系。(5 分)

28. 题 28 图所示为绕铰链 O 转动的自动开启式矩形平板闸门。已知闸门倾角为 α,宽度为 b,闸门两侧水深分别为 H 和 h,设转轴 O 至闸门下端的距离为 y,试证明,为避免闸门自动开启,应使

$$y > \frac{H^3 - h^3}{3(H^2 - h^2)\sin\alpha} \qquad (10分)$$

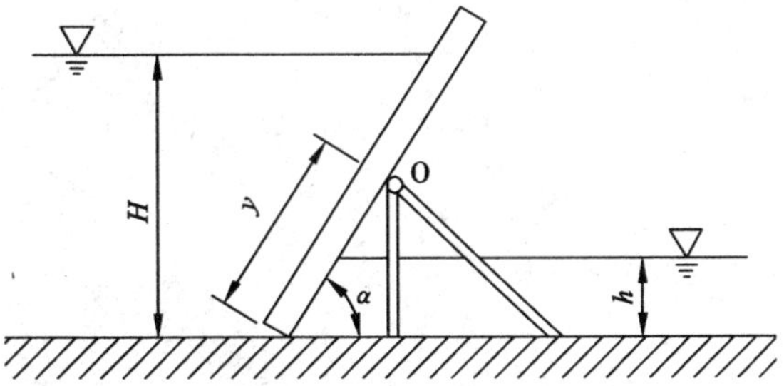

题 28 图

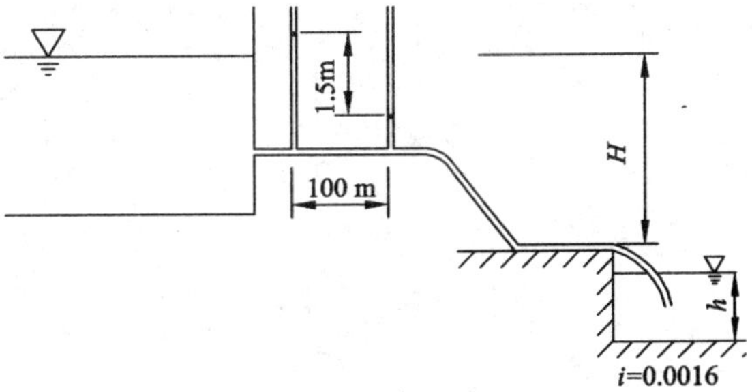

题 29 图

29. 如题 29 图所示,用长管由水池引水至下游长直棱柱形水力最优矩形断面渠道。已知上游管道长度 $l = 1\ 000$ m,直径 $d = 600$ mm,沿程阻力系数 $\lambda = 0.02$,100 m 管长上测得水头损失为 1.5 m;下游渠道底坡 $i = 0.001\ 6$,渠壁粗糙系数 $n = 0.02$。试求水池液面相对于管道出口的高度 H 和渠道的断面尺寸。(14 分)

30. 已知直角三角堰溢流流量 q_V 与堰上水头 H 和重力加速度 g 有关,试用量纲分析法确定 $q_V = f(H, g)$ 的关系式。(5 分)

31. 为降低铁路路基带状地下水位,沿路基修建一长度 $l = 100$ m 的集水廊道,已知含水层

水头 $H=3$ m，土壤渗流系数 $k=0.208$ m/h，廊道水深 $h=1.5$ m，若廊道集水影响范围 $L=80$ m，试求廊道两侧的渗水量 q_V。(6分)

32.某山区河流跌坎前河段底坡 $i=0.005$，过流断面近似为底宽 $b=2.5$ m、边坡系数 $m=1.0$ 的梯形。水文勘测时根据洪痕测得山洪暴发时的河流水面曲线如题32图所示，跌坎处水深 $h=1.2$ m。试根据水面曲线形状和实测数据：(1)判断山洪暴发时跌坎前河段水流状态(急流或缓流)；(2)估算山洪流量 q_V。(10分)

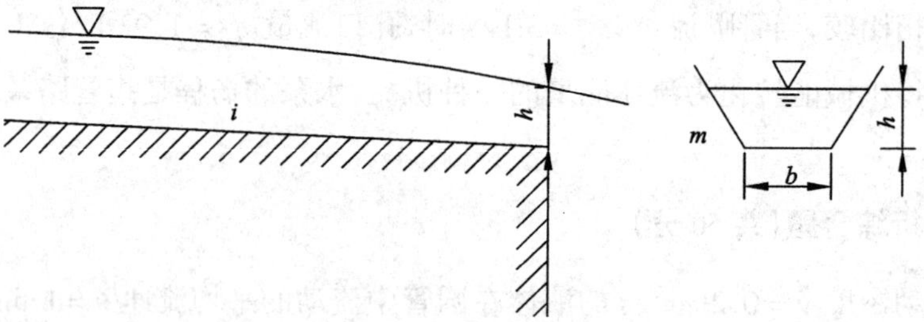

题32图

第3套

一、单项选择题(在4个备选答案中,只有1个是正确的;每小题1分,共15分)

1. 若盛满液体的圆柱形容器的顶部及底部用铁环箍紧,则顶箍与底箍所受径向张力之比为(　　)。

A. $\frac{1}{4}$　　B. $\frac{1}{2}$　　C. 1　　D. 2

2. 下列各组力中,属于质量力的是(　　)。

A. 重力、惯性力　　B. 压力、黏滞力　　C. 压力、表面张力　　D. 重力、压力

3. 下列各组流体中,属于牛顿流体的为(　　)。

A. 水、汽油、泥浆　　B. 水、汽油、酒精

C. 水、血浆、泥浆　　D. 新拌建筑砂浆、纸浆、牙膏

4. 已知流速场 $u_x = x, u_y = -y(y \geqslant 0)$,则该流动的流线方程、迹线方程分别为(　　)。

A. $xy = C$ 和 $x^2 + y^2 = C$　　B. $xy = C$ 和 $x^2 - y^2 = C$

C. $xy = C$ 和 $xy = C$　　D. $xy = C$ 和 $\frac{x}{y} = C$

5. 已知某变径管道直径由 $d_1 = 200$ mm 变到 $d_2 = 100$ mm,若流速 $v_1 = 1.5$ m/s,则 $v_2 =$ (　　)m/s。

A. 3　　B. 6　　C. 9　　D. 12

6. 流速 v、水深 h 和重力加速度 g 组成的无量纲量为(　　)。

A. $\frac{gv}{h}$　　B. $\frac{vh}{g}$　　C. $\frac{v}{gh}$　　D. $\frac{v}{\sqrt{gh}}$

7. 在进行市政给水管道模型实验时,若长度比尺 $\lambda_l = 8$,则模型水管的流量应为原型水管流量的(　　)。

A. $\frac{1}{2}$　　B. $\frac{1}{4}$　　C. $\frac{1}{8}$　　D. $\frac{1}{16}$

8. 圆管层流运动的断面流速呈(　　)分布。

A. 线性　　B. 抛物面　　C. 双曲面　　D. 对数曲面

9. 半径 $r = 2$ m 的半圆形明渠满流时的水力半径 $R =$ (　　)m。

A. 1　　B. 2　　C. 4　　D. 8

10. 明渠水力最优断面是指(　　)的渠道断面。

A. 技术经济最优　　B. 渠壁粗糙系数 n 最小

C. 在 q_V、m、n、i 一定条件下,过流面积 $A = A_{max}$

D. 在 A、m、n、i 一定条件下,通过流量 $q_V = q_{V\max}$

11.根据堰的分类可知,相对堰厚(　　)为宽顶堰。

A. $\frac{\delta}{H}<0.67$　　B. $0.67<\frac{\delta}{H}<2.5$　　C. $2.5<\frac{\delta}{H}<10$　　D. $\frac{\delta}{H}>10$

12.临界水深 h_c 是指在流量和断面形式一定条件下,(　　)时的水深。

A. $\frac{\mathrm{d}e}{\mathrm{d}s}=0$　　B. $\frac{\mathrm{d}E}{\mathrm{d}s}=0$　　C. $\frac{\mathrm{d}e}{\mathrm{d}h}=\frac{\mathrm{d}E}{\mathrm{d}h}=0$　　D. $\frac{\mathrm{d}e}{\mathrm{d}h}=0$

13.平衡流体的切应力 $\tau=$(　　)。

A. 0　　B. $\mu\frac{\mathrm{d}u}{\mathrm{d}y}$　　C. $\rho l^2\left(\frac{\mathrm{d}u}{\mathrm{d}y}\right)^2$　　D. $\mu\frac{\mathrm{d}u}{\mathrm{d}y}+\rho l^2\left(\frac{\mathrm{d}u}{\mathrm{d}y}\right)^2$

14.圆柱形外管嘴正常工作的条件是(　　)。

A.管嘴长度 $l=(3\sim4)d$,作用水头 $H_0>9$ m

B.管嘴长度 $l=(3\sim4)d$,作用水头 $H_0<9$ m

C.管嘴长度 $l<(3\sim4)d$,作用水头 $H_0>9$ m

D.管嘴长度 $l>(3\sim4)d$,作用水头 $H_0<9$ m

15.完全潜水井的产水量 q_V 与(　　)成正比。

A.渗流系数 k　　B.井的半径 r_0　　C.含水层厚度 H　　D.影响半径 R

二、多项选择题(在 5 个备选答案中,有 2~5 个是正确的;每小题 2 分,共 10 分)

16.下列关于水流流向的说法中,不正确的有(　　)。

A.水一定是从高处向低处流

B.水一定是从流速大处向流速小处流

C.水一定是从压强大处向压强小处流

D.水一定是从测压管高处向测压管低处流

E.水一定是从总水头高处向总水头低处流

17.已知不可压缩流动的流速分布为 $u_x=f(y,z)$, $u_y=0$, $u_z=0$,则该流动属于(　　)。

A.恒定流、均匀流　　B.一元流、非均匀流　　C.二元流、无旋流　　D.非恒定流、非均匀流

E.二元流、有旋流

18.已知突然扩大管段前后管径之比 $\frac{d_1}{d_2}=0.5$,则其局部水头损失 $h_j=$(　　)。

A. $\frac{(1.5v_1)^2}{2g}$　　B. $\frac{(0.75v_1)^2}{2g}$　　C. $\frac{(0.75v_2)^2}{2g}$　　D. $\frac{(1.5v_2)^2}{2g}$

E. $\frac{(3v_2)^2}{2g}$

19.下列流体中,属于牛顿流体的有(　　)

A.水　　B.汽油　　C.新拌混凝土　　D.酒精

E.泥石流

20.下列各组物理量中,属于同一量纲的有(　　)。

A.管长 l、管径 d、水力半径 R、流速水头$\frac{v^2}{2g}$、真空度 h_v

B.绝对压强 p_{abs}、相对压强 p、真空压强 p_v、管壁切应力 τ_w

C.流速 v、声速 c、剪切速度$\sqrt{\frac{\tau_w}{\rho}}$、渗流系数 k

D.密度 ρ、动力黏度 μ、运动黏度 ν、真空度 h_v

E.沿程水头损失 h_f、局部水头损失 h_j、压强水头$\frac{p}{\rho g}$、表面张力系数 σ

三、判断改正题(每小题 2 分,共 10 分)

21.已知突扩管道的管径之比 $d_1/d_2=0.5$,则相应的雷诺数之比 $Re_1/Re_2=0.5$。(　　)

22.流线一般不能相交,且只能是一条直线或折线;流线越密,流速越小。(　　)

23.已知某圆管流动的雷诺数 $Re=\frac{\rho vR}{\mu}=500$,则其沿程阻力系数 $\lambda=\frac{64}{Re}=0.128$。(　　)

24.已知某流动的沿程阻力系数 $\lambda=0.032$,则相应的谢齐系数 $C=\sqrt{\frac{\lambda}{8g}}=0.020$。(　　)

25.已知某管路的长度 l、直径 d、沿程阻力系数 λ 和局部阻力系数 $\sum\zeta$。按水力等效简化原则,将其简化为长度为 l、直径为 D、沿程阻力系数为 λ 的等效管路,则其等效管径 $D=\frac{\lambda ld^4}{\lambda\frac{1}{d}+\sum\zeta}$。(　　)

四、计算分析综合题(共 65 分)

26.为研究风对电视塔的影响,在风洞中进行模型实验。当风速 $v_m=8$ m/s 时,测得电视塔模型的迎风面压强 $p_{1m}=42$ N/m^2、背风面压强 $p_{2m}=-20$ N/m^2,若原型和模型的空气温度相同,但风速 $v_p=12$ m/s,试求原型电视塔的迎风面和背风面压强。(10 分)

27.如题 27 图所示管路系统,各支路的管径 d、管长 l 和沿程阻力系数λ 列于下表:

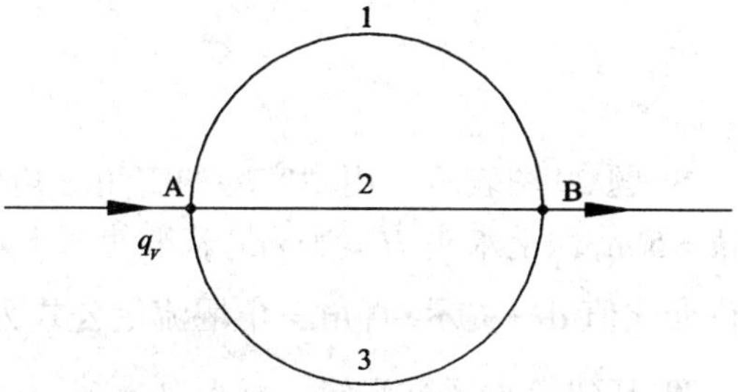

题 27 图

支路	d(mm)	l(m)	λ
1	250	1 000	0.025
2	200	660	0.025
3	250	1 000	0.025

已知管路输入流量 $q_V = 500$ L/s,试求:

(1)各支路流量 q_{V1}、q_{V2}、q_{V3};

(2)节点 A、B 间的总水头损失 h_{fAB}。(10 分)

28. 某喷泉设计的铅直喷头为长度 $l = 0.5$ m、直径 $d_1 = 40$ mm、$d_2 = 20$ mm 的截头圆锥体,如题 28 图所示。若喷嘴能量损失 $h_w = 1.6$ m,喷嘴及液体重量、空气阻力等可忽略不计,设计喷出高度 $H = 8$ m,试求:

(1)喷嘴的喷出流量 q_V;

(2)固定喷嘴的螺钉拉力 F。(10 分)

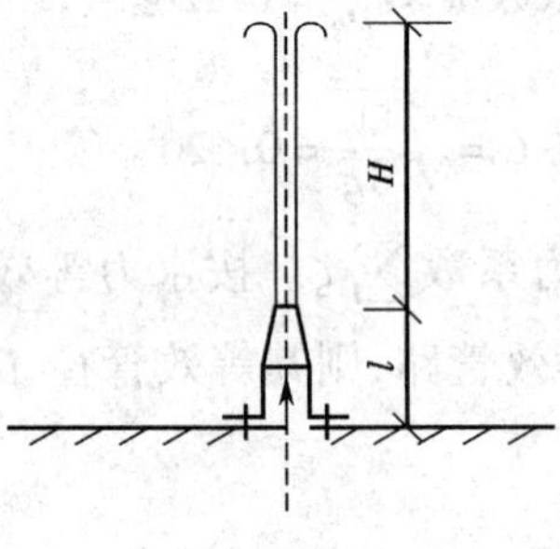

题 28 图

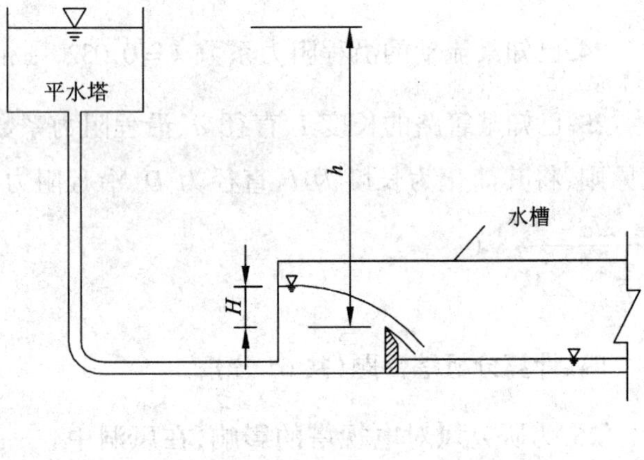

题 29 图

29. 题 29 图表示一用做实验的直角三角堰流量测定装置。已知平水塔内水面距堰顶的距离 $h = 5$ m,堰上水头 $H = 20$ cm,若欲使堰上水头变化 $\mathrm{d}H < 0.01$ cm,试求平水塔内水位的最大允许变化值 $\mathrm{d}h$(提示:直角三角堰流量公式为 $q_V = m_s\sqrt{2g}H^{5/2}$)。(10 分)

30. 某建筑小区欲修建一条混凝土抹面(粗糙系数 $n = 0.02$)的矩形断面排洪渠道,已知设计流量 $q_V = 1$ m³/s,渠道底坡根据地形条件决定采用 $i = 0.004$,试按水力最优概念设计渠道断面尺寸。(10 分)

31. 题 31 图为某公园的跨湖抛物线形拱桥的桥拱示意图,已知拱桥跨度 $l = 9$ m,矢高 $f = 2$

m，桥宽 $b=3$ m，若桥下水面高过桥基 $h=1.5$ m，试求作用在桥拱上的静水总压力。（10分）

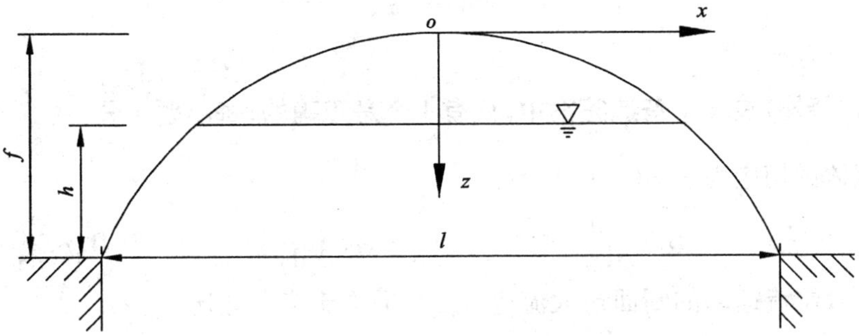

题31图

第4套

一、单项选择题(在4个备选答案中,只有1个是正确的;每小题1分,共10分)

1. 理想流体的切应力 $\tau=$(　　)。

A. 0　　B. $\mu\dfrac{\mathrm{d}u}{\mathrm{d}y}$　　C. $\rho l^2\left(\dfrac{\mathrm{d}u}{\mathrm{d}y}\right)^2$　　D. $\mu\dfrac{\mathrm{d}u}{\mathrm{d}y}+\rho l^2\left(\dfrac{\mathrm{d}u}{\mathrm{d}y}\right)^2$

2. 有压圆管层流运动的断面最大流速 u_{max} 与平均流速 v 之比 $u_{max}/v=$(　　)。

A. 1　　B. 2　　C. 3　　D. 4

3. 已知突然扩大管道突扩前后管段的直径之比 $d_1/d_2=0.5$,则相应的断面平均流速之比 $v_1/v_2=$(　　)。

A. 8　　B. 4　　C. 2　　D. 1

4. 欧拉平衡微分方程综合式为(　　)。

A. $\mathrm{d}p=f_x\mathrm{d}x+f_y\mathrm{d}y+f_z\mathrm{d}z$　　B. $\mathrm{d}p=\rho(f_x\mathrm{d}x+f_y\mathrm{d}y+f_z\mathrm{d}z)$

C. $\mathrm{d}p=g(f_x\mathrm{d}x+f_y\mathrm{d}y+f_z\mathrm{d}z)$　　D. $\mathrm{d}p=\gamma(f_x\mathrm{d}x+f_y\mathrm{d}y+f_z\mathrm{d}z)$

5. 欲使水力最优梯形断面渠道的宽度和深度相等,则相应的渠道边坡系数 $m=$(　　)。

A. 0.25　　B. 0.50　　C. 0.75　　D. 1.0

6. 底宽为 b、水深为 h、边坡系数为 m 的梯形断面渠道的水力半径 $R=$(　　)。

A. $\dfrac{(b+mh)h}{b+2h\sqrt{1+m^2}}$　　B. $\dfrac{b+2h\sqrt{1+m^2}}{(b+mh)h}$　　C. $\dfrac{b+mh}{b+2h\sqrt{1+m^2}}$　　D. $\dfrac{b(b+mh)}{b+2h\sqrt{1+m^2}}$

7. 突然扩大管段的局部水头损失 $h_j=$(　　)。

A. $\dfrac{v_1-v_2}{2g}$　　B. $\dfrac{(v_1-v_2)^2}{2g}$　　C. $\dfrac{v_1^2-v_2^2}{2g}$　　D. $\dfrac{v_1^2+v_2^2}{2g}$

8. 下列各组物理量中,属于同一量纲的为(　　)。

A. 密度、重度、黏度　　B. 流量系数、流速系数、渗流系数

C. 压强、切应力、质量力　　D. 水深、管径、测压管水头

9. 流体的运动黏度 v 与动力黏度 μ、重度 γ 和重力加速度 g 之间的关系为 $v=$(　　)。

A. $\dfrac{\mu}{\gamma g}$　　B. $\dfrac{\gamma g}{\mu}$　　C. $\dfrac{g\mu}{\gamma}$　　D. $\dfrac{\gamma}{g\mu}$

10. 渗流系数 k 的量纲为(　　)。

A. $\mathrm{M^0L^0T^0}$　　B. $\mathrm{M^0L^2T^{-1}}$　　C. $\mathrm{M^0LT^{-1}}$　　D. $\mathrm{M^0LT^{-2}}$

二、多项选择题(在5个备选答案中,有2~5个是正确的;每小题2分,共10分)

11. 下列关于压力体的说法中,正确的有(　　)。

A. 当压力体和液体在曲面的同侧时,为实压力体,$P_z\downarrow$

B.当压力体和液体在曲面的同侧时，为虚压力体，$P_z\uparrow$

C.当压力体和液体在曲面的异侧时，为实压力体，$P_z\downarrow$

D.当压力体和液体在曲面的异侧时，为虚压力体，$P_z\uparrow$

E.当压力体和液体在曲面的异侧时，为虚压力体，$P_z\rightarrow$

12. 下列说法中，正确的有(　　)。

A.流体的黏性具有传递运动和阻碍运动的双重性

B.恒定流是指运动要素不随时间变化的流动

C.流线一般不能相交，且只能是一条光滑曲线

D.渗流是指流体在多孔介质中的流动

E.平衡流体的质量力恒与等压面正交

13. 水在土壤中存在的形式主要有(　　)。

A.气态水　　B.重力水　　C.毛细水　　D.薄膜水

E.吸附水

14. 下列各组合式中为无量纲量的有(　　)。

A.$\dfrac{\tau}{\rho v^2}$　　B.$\dfrac{F}{ma}$　　C.$\dfrac{v^2}{gh}$　　D.$\dfrac{q_V^2}{gA^3}$

E.$\dfrac{p}{\rho g}$

15. 根据尼古拉兹试验成果知，(　　)。

A.层流区，$\lambda=f(Re)$，$h_f\propto v$　　B.层、紊过渡区，$\lambda=f(Re)$

C.紊流光滑区，$\lambda=f(Re)$，$h_f\propto v^{1.75}$　　D.紊流过渡区，$\lambda=f(Re,\Delta/d)$

E.紊流粗糙区，$\lambda=f(\Delta/d)$，$h_f\propto v^2$

三、简答题(10分)

16. 何谓渐变流？渐变流过流断面具有哪些重要性质？

四、判断改正题(判断解题过程是否有错？若有，请改正；每小题5分，共10分)

17. 以等角速度 ω 旋转的封闭盛水圆筒形容器的水平顶盖上的相对压强分布为 $p=\frac{1}{2}\rho\omega^2r^2$，若容器内径为 d，试求顶盖所受的总压力 F_p。

【解】 据题意知，顶盖形心处($r=0$)的相对压强 $p_c=0$，故得

$$F_p=p_c\frac{\pi}{4}d^2=0$$

18. 已知某有压圆管流动的雷诺数 $Re=\dfrac{\rho vR}{\mu}=500$，这里 R 为水力半径，试求该流动的沿程阻力系数 λ。

【解】 据题意知。该流动为层流,故

$$\lambda=\frac{64}{Re}=\frac{64}{500}=0.128$$

五、计算分析综合题(每小题10分,共60分)

19. 有一直径 $d_p=100$ mm 的水平输油管道,已知油的运动黏度 $v_p=0.157$ cm^2/s,通过流量 $q_{Vp}=18$ L/s。现拟用运动黏度 $v_m=1.307\times10^{-6}$ m^2/s 的水做实验,若模型管径与原型管径相等,试求模型流量 q_{Vm}。

20. 已知并联管路两支路的管长比 $l_1/l_2=2$,管径比 $d_1/d_2=2$,沿程阻力系数比 $\lambda_1/\lambda_2=1$,试求其流速比 v_1/v_2 和流量比 q_{V1}/q_{V2}。

21. 如图所示水流流经等径弯管,已知 A、B 两点高差 40 cm,U 形水银差压管读数 $h=30$ cm,管流速度 $v=1.5$ m/s,若 $\gamma_{水银}/\gamma_{水}=13.6$,试求:

(1)A、B 两点测压管水头差 $\left(z_A+\frac{p_A}{\gamma_{水}}\right)-\left(z_B+\frac{p_B}{\gamma_{水}}\right)$;

(2)A、B 两断面间的能量损失 h_w。

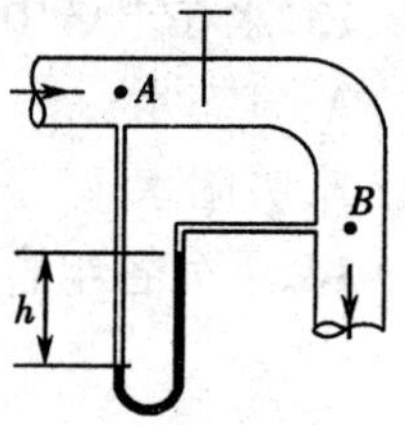

题21图

22. 试设计一长直梯形断面运河的底宽 b 和底坡 i。已知流量 $Q=30$ m^3/s,边坡系数 $m=1.5$,糙率系数 $n=0.025$,由于航运,要求流速 $v=0.8$ m/s,水深 $h=2.0$ m。

23. 如图所示装置,测压管 1 的水面读数 $z_1=74$ cm,测压管 2 的水面读数 $z_2=53$ cm,U 形测压管读数 $h=24$ cm。试求 U 形测压管中液体的密度 ρ。

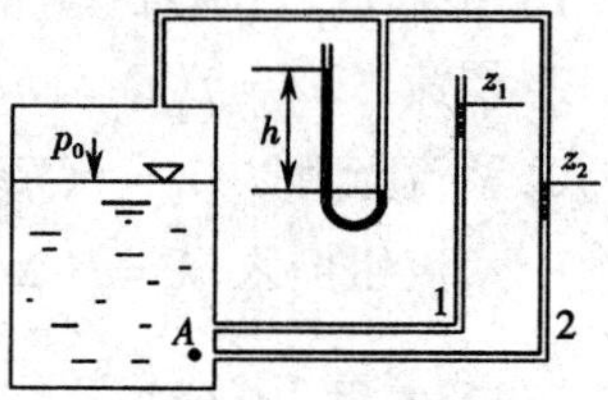

题23图

24. 如图所示消防水枪,已知水管直径 $D=150$ mm,喷嘴直径 $d=75$ mm,水枪倾角 $\alpha=30°$,压力表读数 $p=29.4$ kPa,若忽略水头损失,试求:

(1)消防水枪的出口速度 v;

(2)消防水枪对消防队员的后坐力 F。

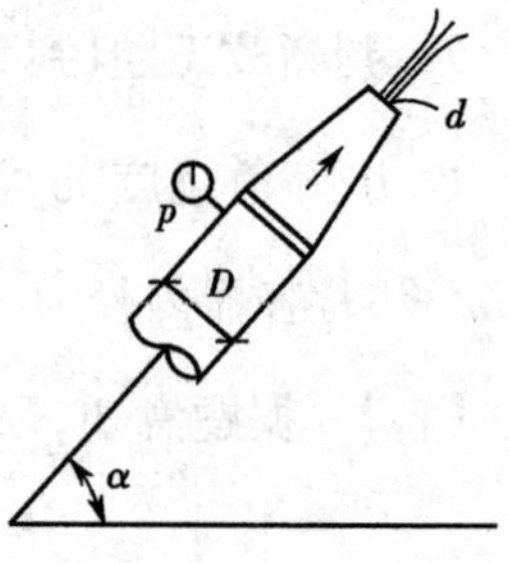

题24图

附录Ⅰ 常用物理量量纲及单位

符号	名称	单位	量纲
A	过流断面面积	m^2	L^2
a	加速度	m^2/s	LT^{-2}
B、b	过流断面宽度	m	L
C	谢齐系数	$m^{1/2}/s$	$L^{1/2}T^{-1}$
D、d	管径	m	L
E	机械能	m	L
e	偏心距、断面比能	m	L
F	力	N	MLT^{-2}
f	单位质量力	m/s^2	LT^{-2}
G	重力	N	MLT^{-2}
g	重力加速度	m/s^2	LT^{-2}
H、h	水深	m	L
h_w、h_f、h_j	水头损失	m	L
K K	体积弹性模量 流量模数	Pa m^3/s	$ML^{-1}T^{-2}$ L^3T^{-1}
k k	体积压缩系数 渗流系数	m^2/N m/s	$M^{-1}LT^2$ LT^{-1}
L	影响范围	m	L
l	长度	m	L
M	力矩	Nm	ML^2T^{-2}
N	功率	Nm/s	ML^2T^{-3}
n	转速	1/s	T^{-1}
p	压强	Pa	$ML^{-1}T^{-2}$
q_V	流量	m^3/s	L^3T^{-1}
R	水力半径、影响半径	m	L
r	半径	m	L

续表

符号	名称	单位	量纲
S	比阻 水位降深	s^2/m^6 m	T^2L^{-6} L
t	时间	s	T
u	流速	m/s	LT^{-1}
V	流体体积	m^3	L^3
v	断面平均流速	m/s	LT^{-1}
z	位置水头	m	L
δ	边界层厚度 含水层厚度	m m	L L
δ_1	黏性底层厚度	m	L
μ	动力黏度	Pa·s	$ML^{-1}T^{-1}$
ν	运动粘度	m^2/s	L^2T^{-1}
ρ	密度	kg/m^3	ML^{-3}
σ	表面张力系数	N/m	MT^{-2}
τ	切应力	Pa	$ML^{-1}T^{-2}$
χ	湿周	m	L
ω	角速度	1/s	T^{-1}

附录Ⅱ　工程流体力学主要水力特性曲线

1. 尼古拉兹实验曲线(人工粗糙管道)

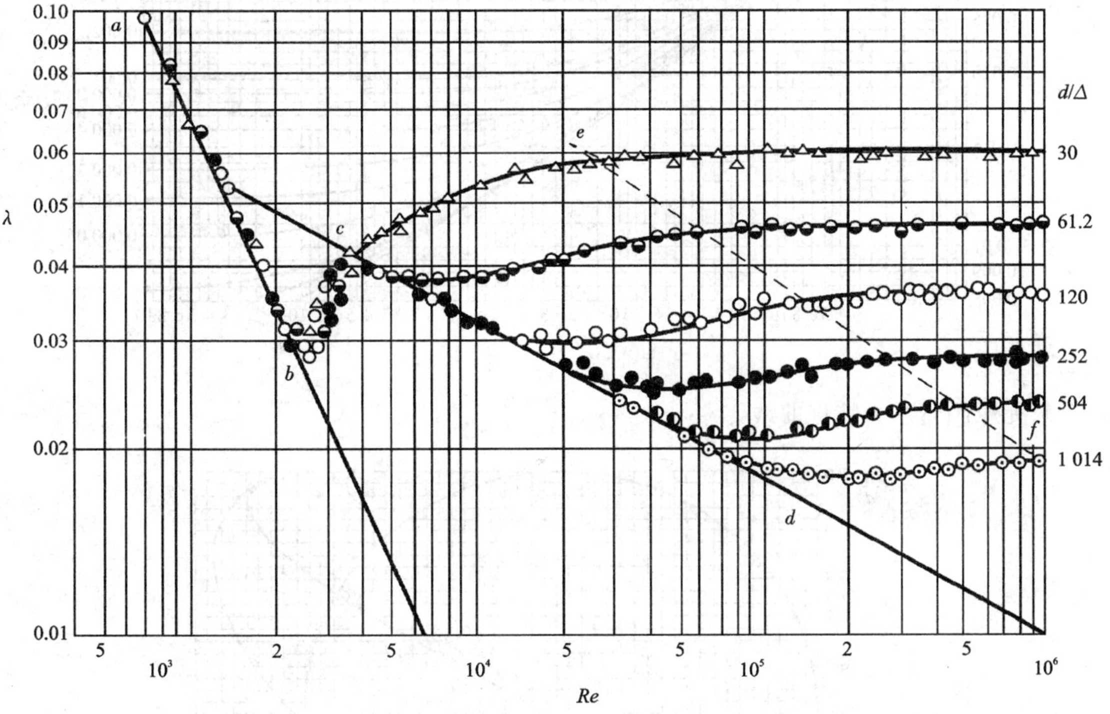

2.莫迪图(工业管道)

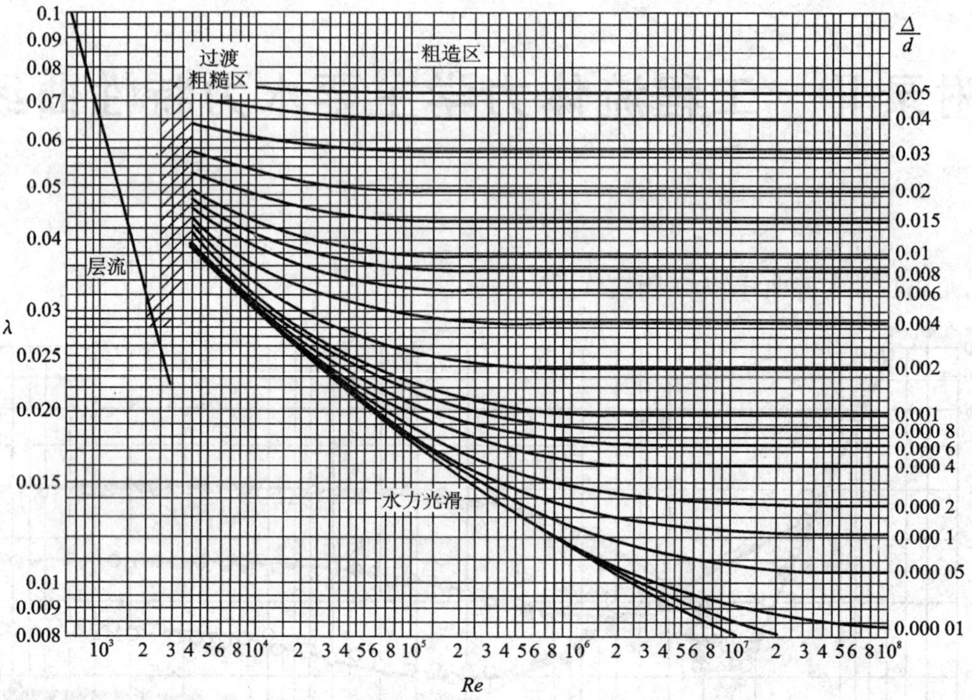

3.无压圆管水力特性曲线

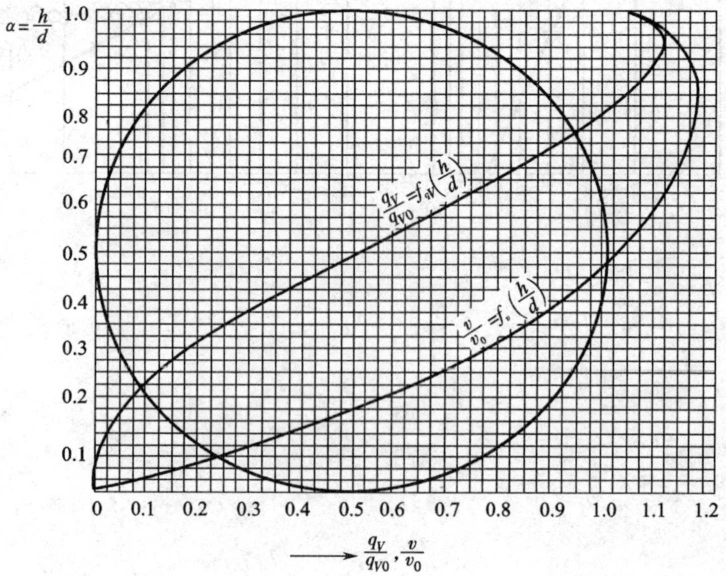

4.断面比能 $e(h)$特性曲线

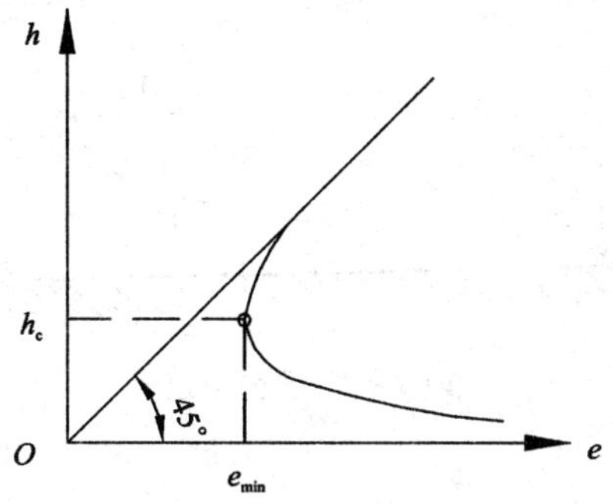

5.水跃函数 $\theta(h)$特性曲线

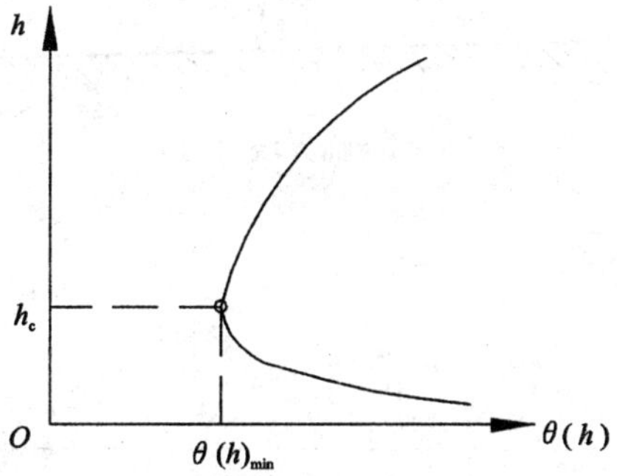

6.棱柱形渠道中恒定非均匀渐变流水面曲线

(1)顺坡渠道($i>0$)

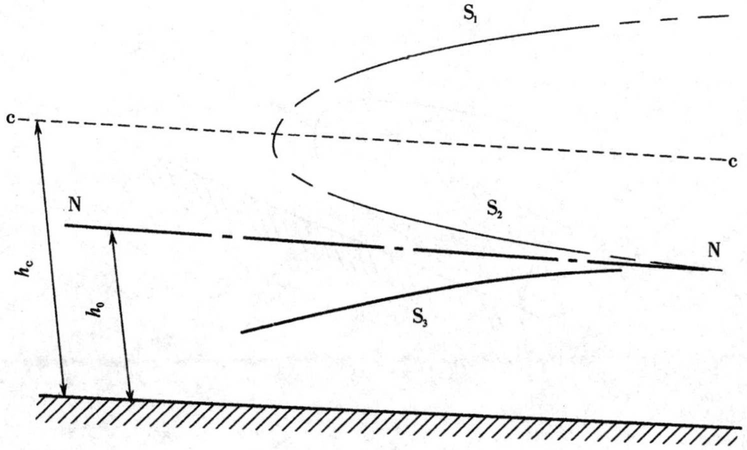

$i>i_c$(急坡渠道)

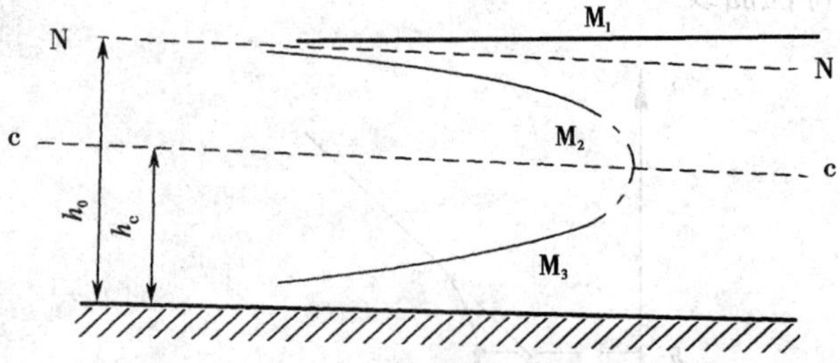

$0 < i < i_c$(缓坡渠道)

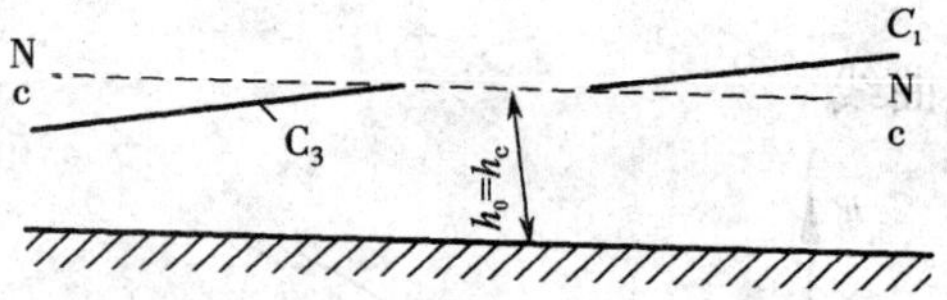

$i = i_c$(临界坡渠道)

(2)平坡渠道($i = 0$)

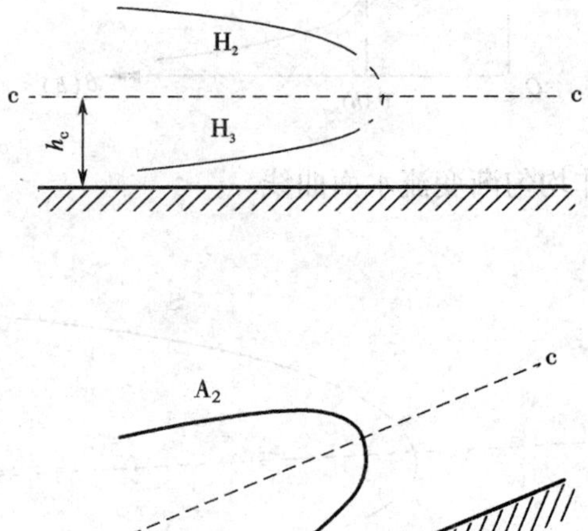

(3)逆坡渠道($i < 0$)

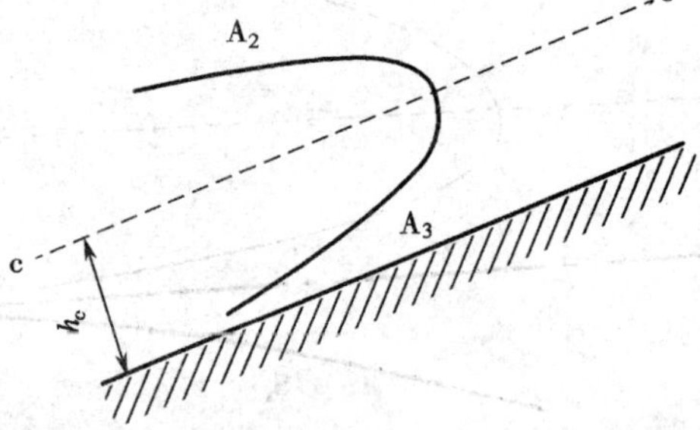

附录Ⅲ　部分习题及模拟试题参考答案

第1章　流体的主要物理性质

一、单项选择题

1.B　**2.**A　**3.**C　**4.**D　**5.**A　**6.**B　**7.**C　**8.**D　**9.**C　**10.**B

11.B　**12.**A　**13.**D　**14.**A　**15.**A　**16.**A　**17.**C　**18.**A　**19.**A　**20.**C

二、多项选择题

1.A、D、E　**2.**A、B、C、D、E　**3.**A、B、E　**4.**B、E　**5.**A、E

三、填充题

1.$\rho v = 2.72 \times 10^{-3}$

2.$-\dfrac{d\rho}{\rho} = -1\%$

3.$\left(1 + \dfrac{\Delta\rho}{\rho}\right)\left(1 + \dfrac{\Delta v}{v}\right) - 1 = 3.5$

4.$\dfrac{\tau}{\mu} = 50\mathrm{l/s}$

5.$-K\dfrac{dV}{V} = 10^7$

四、思考题(略)

五、判断改正题

1.(×)液体与固体的主要区别在于固体可以抵抗拉力、压力和剪力,而流体几乎不能抵抗拉力,处于静止状态的流体还不能抵抗剪力。

2.(×)液体与气体的主要区别在于液体难于压缩,而气体易于压缩。

3.(×)流体在运动状态下具有抵抗剪切变形的能力的性质,称为流体的黏滞性。

4.(×)气体的黏性随着温度的升高而增加,而液体的黏性则随着温度的升高而减小。

5.(×)理想流体是指忽略黏性的流体(或:不可压缩流体是指忽略密度变化的流体),液体以及低温、低速、低压条件下的运动气体,一般可视为不可压缩流体。

6.(×)在工程流体力学或水力学中,单位质量力是指作用在单位质量流体上的质量力,其单位与加速度的单位相同。

六、计算题

1. $dV = 0.0679\ m^3$

2. $\tau_0 = 9.8\ Pa$

3. $\mu = 0.1224\ Pa\cdot s$

4. $M = 39.5\ N\cdot m$

5. $N = 129\ W$

6. $F_T = 4.6\ N$

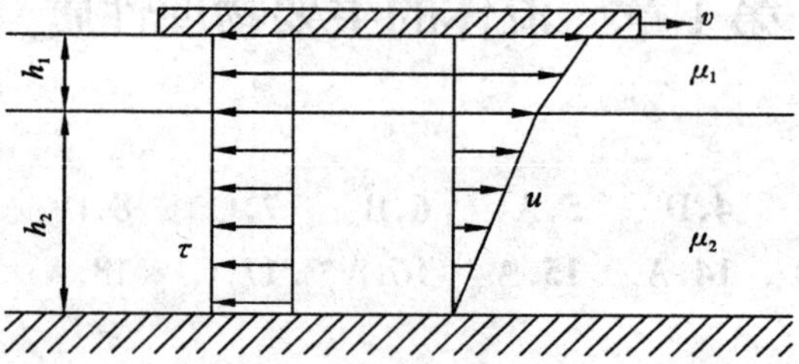

流速及切应力分布图

第2章 流体静力学

一、单项选择题

1.D	2.A	3.C	4.B	5.C	6.A	7.A	8.D	9.A	10.A
11.C	12.D	13.B	14.C	15.B	16.B	17.D	18.C	19.A	20.B
21.C	22.B	23.D	24.C	25.B	26.D	27.D	28.A	29.C	30.A

二、多项选择题

1. A、B、C　2. A、B、E　3. A、B、D、E　4. B、D　5. C、E

6. A、B、C　7. C、D、E　8. A、B、C

三、填充题

1. 正交

2. 常数

3. p_0

4. 0,0,0

5. 同侧

四、思考题(略)

五、判断改正题

1.(×)均质连通的静止液体内各点的测压管水头等于常数。

2.(×)平衡流体的等压面处处与质量力正交。

3.(×)静止流体的等压面必为水平面,反之,过静止流体的水平面不一定为等压面,只有过均质连通的静止流体的水平面才为等压面。

4.(×)绝对压强的作用方向垂直指向作用面。

5.(×)在工程流体力学或水力学中,测压管水头和测压管高度不是同一概念,前者为 $z+\frac{p}{\rho g}$,后者为$\frac{p}{\rho g}$,两者的数值一般不相等。

6.(×)绝对压强和真空压强恒为正值,而相对压强则可正可负。

7.(×)绝对压强是指相对于绝对真空的压强,而相对压强则是相对于当地大气压的压强。

8.(×)静止液体作用在任意平面上的总压力大小等于其受压面形心处的压强与受压面面积的乘积。

9.(×)当压力体与液体在曲面的同侧时,为实压力体,否则为虚压力体。实压力体 F_{Pz} 向下,虚压力体 F_{Pz} 向上。

10.(×)潜体的稳定性取决于其重心是否在浮心之下。

六、计算题(其余答案略)

1.收缩压:13 328 ~ 16 660 Pa;舒张压:7 996.8 ~ 11 995.2 Pa(提示:汞的密度 $\rho=13\ 600\ \text{kg/m}^3$)

4.容器底部油压 $p_A=24.3$ kPa;容器底与地面间平均压强 $p_B=15.21$ kPa。(思考:$p_B<p_A$,为什么容器还能平衡?)

5.$p_v=74.21$ kPa,压强大小与柱塞淹没深度无关

9.$H=0.213$ m(提示:须先利用牛顿第二定律 $\sum F=ma$ 求出容器运动的加速度 $a=\frac{g[G_2-f(G_1+\rho g b^2 h)]}{G_1+G_2+\rho g b^2 h}$)

10.$\frac{r_0}{d}=\frac{\sqrt{2}}{4}=0.354$(提示:容器顶盖上相对压强分布为 $p=\frac{1}{2}\rho\omega^2(r^2-r_0^2)$)

13.$F_T=124.85$ N(提示:先判断旋转后容器内自由液面的位置和形状)

14.$n=427$ rmp(提示:容器顶盖上相对压强分布为 $p=\rho g h+\frac{1}{2}\rho\omega^2(r^2-r_0^2)$)

16.$m=141.4$ kg

17.$\frac{y_i}{h}=0.333$、0.610、0.789、0.935

18.压力体图(见下页)

19.$F_P=\frac{1}{2}\rho g\pi R^2\left(H-\frac{8+5\sqrt{2}}{6}R\right)$;若 $H>\frac{8+5\sqrt{2}}{6}R=2.512R$,$F_P$ 向下;若 $H<\frac{8+5\sqrt{2}}{6}R=2.512R$,$F_P$ 向上。

21.$F=12.62$ N

22.$\Delta h=200$ mm(提示:当浮力大于重力时,浮筒开始随水漂流)

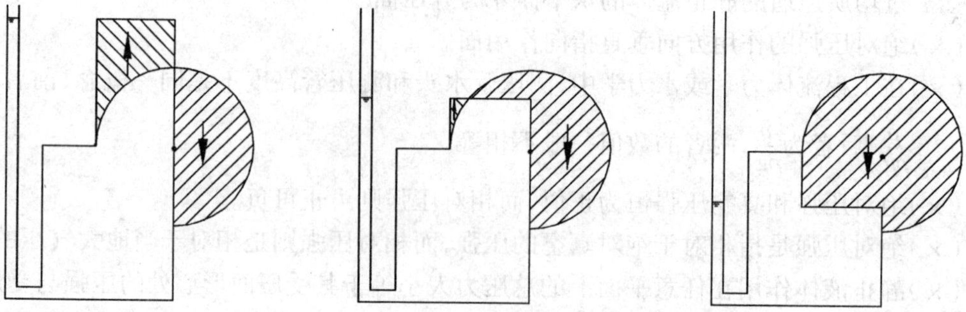

23. $\frac{H}{D} < \frac{1}{\sqrt{8\frac{\rho}{\rho_{水}}\left(1-\frac{\rho}{\rho_{水}}\right)}}$ 或 $\frac{D}{H} > \sqrt{8\frac{\rho}{\rho_{水}}\left(1-\frac{\rho}{\rho_{水}}\right)}$

25. $\frac{\rho_{木}}{\rho_{水}} > \sqrt[3]{\frac{H^2}{H^2+R^2}}$

第3章　流体动力学基础

一、单项选择题

1. A　**2.** B　**3.** B　**4.** C　**5.** D　**6.** D　**7.** B　**8.** D　**9.** C　**10.** A
11. A　**12.** C　**13.** B　**14.** D　**15.** D　**16.** C　**17.** A　**18.** C　**19.** B　**20.** A
21. D　**22.** A　**23.** C　**24.** C　**25.** B　**26.** A　**27.** B　**28.** C　**29.** D　**30.** D
31. D　**32.** C　**33.** A　**34.** B　**35.** B

二、多项选择题

1. A、C、E　**2.** A、D　**3.** A、B、E　**4.** A、C　**5.** B、E

三、填充题

1. 光滑
2. 重合
3. 常数
4. (c);(a)
5. 下降

四、思考题(略)

五、判断改正题

1. (×)恒定流是指运动要素不随时间变化的流动。
2. (×)均匀流是指断面流速分布沿程不变的流动或流线为平行直线的流动。
3. (×)急变流是指流线远离平行直线的流动。
4. (×)渐变流是指流线近似为平行直线的流动。
5. (×)渐变流过流断面上各点的测压管水头近似等于常数。

6.(×)理想流体动压强具有与流体静压强完全相同的两个特性(即大小性和方向性)。

7.(×)由于黏性的影响,实际流体的机械能总是沿程减小的。

8.(×)对于恒定不可压缩流体,质量守恒与流量守恒完全等同。

9.(×)在流量 q_V 一定条件下,流速水头$\frac{v^2}{2g}$与管径 d 的 4 次方成反比,即

$$\frac{v^2}{2g}=\frac{q_V^2}{2g\left(\frac{\pi}{4}d^2\right)^2}\propto\frac{1}{d^4}。$$

10.(×)流量 q_V 保持不变的有压管流为恒定流。

11.(×)根据流动分类可知,三元流是指流速随空间坐标 x、y、z 变化的流动。

12.(×)恒定流的当地加速度等于零,而均匀流则是迁移加速度等于零。

13.(×)若流动的当地加速度不等于零,则该流动必为非恒定流。

14.(×)系统是指由确定的流体质点所组成的流体微团,而控制体则是指相对于某个坐标系而言,有流体流过的固定不变的任何体积。

15.(×)恒定不可压缩平面势流的等势线与等流函数线处处正交。

六、计算题(其余答案略)

1.(1)$a=103.39\ \text{m/s}^2$ (2)三元流 (3)恒定流 (4)非均匀流

2.(1)流线方程 $xy=C$ (2)迹线方程 $xy=C$,在几何上与流线完全重合。

3.$x^2+y^2=C$

4.满足$\frac{\partial u_x}{\partial x}+\frac{\partial u_y}{\partial y}+\frac{\partial u_z}{\partial z}=0$,流动存在;$\frac{\partial u}{\partial t}=0$,为恒定流;流速 $u=f(y,z)$与 x 坐标无关,为二元流;迁移加速度$(u\cdot\nabla)u=0$,为均匀流。

5.$u_z=(d-2a)xz+\frac{1}{2}ez^2$

6.$a=\frac{1}{2}$,$b=1$。

7.流线方程 $xy=1$;迹线方程 $x+y=-2$。由此可见,在非恒定流中,流线和迹线在几何上一般是不重合的。

8.可压缩流体流动:$\frac{\partial\rho}{\partial t}+\frac{\rho u_r}{r}+\frac{\partial(\rho u_r)}{\partial r}+\frac{\partial(\rho u_\theta)}{r\partial\theta}=0$

恒定流动:$\frac{\rho u_r}{r}+\frac{\partial(\rho u_r)}{\partial r}+\frac{\partial(\rho u_\theta)}{r\partial\theta}=0$

不可压缩流体流动:$\frac{u_r}{r}+\frac{\partial u_r}{\partial r}+\frac{\partial u_\theta}{r\partial\theta}=0$

11.$\frac{v_1}{v_2}=4$,即管径增大一倍,流速将减少到原来的 1/4。

12.(1)$q_V=\frac{7}{8}u_{\max}bh$ (2)$v=\frac{7}{8}u_{\max}$ (3)$\frac{y}{h}=0.392\ 7$

13. (1) $q_V = \frac{49}{60}u_{max}\pi r_0^2$ (2) $v = \frac{49}{60}u_{max}$ (3) $\frac{r}{r_0} = 0.757\,7$

15. $q_V = 102$ L/s

16. $h = 0.24$ m

18. $v = 43.26$ m/s

19. $h_p = 0.649$ m

20. $H = 3.263$ m

21. $q_V = 6.0$ m^3/s

22. $\frac{q_{V1}}{q_{V2}} = 3, F = \frac{\sqrt{3}}{2}\rho q_V v$

23. $F = 456$ N, $\alpha = 30°$

24. $F = 3\,713$ N

25. $F = 920$ N

26. $F = 384.2$ kN

27. $F = 504.35$ kN

28. (1) $F_P = 35.34$ N (2) $\alpha = 36°52'$

29. $\frac{h_1}{h_2} = \frac{1}{2}$

30. $F = 796$ N, $\alpha = 11°39'36''$（与水平方向的夹角）

32. $F = 2\,647$ N

33. $F = \frac{2}{3}\rho u_\infty^2 LD$

34. $N = \rho\frac{q_V}{v_0}v(v_0 + v)^2\sin^2\theta$

35. $h_{sc} = \sqrt[3]{\frac{q_V^2}{gb^2}}$

36. (1) $h_{sc} = 1.76$ m (2) $F = 24.5$ kN

37. $\alpha = 63.5°$

38. $\alpha = 61.23°, x = 26.90$ m

39. (1) $v_0 = 7.92$ m/s (2) $F = 311.4$ N (3) $H = 0.8$ m (4) $d' = 80.6$ mm

40. $G - G_0 = \rho v\frac{\pi}{4}d^2\left[v\left(\frac{d}{D}\right)^2 + \sqrt{v^2 + 2gH}\right]$

41. (1) $n = 81$ rmp (2) $M = 0.297$ N·m

42. (1) $\omega = \frac{q_V}{3AR}\sin\alpha$ (2) $M = \frac{\rho R q_V^2}{3A}\sin\alpha$

43. $\omega_x=\omega_y=0,\omega_z=-\frac{1}{2}a\neq 0$,流动为有旋流

44. $u_x=y,u_y=x,\psi=\frac{1}{2}(y^2-x^2)+C$

45. 无旋流,$\varphi=\frac{1}{2}(x^2-y^2)-3x-2y$

第4章　量纲分析与相似理论

一、单项选择题

1. C　**2.** A　**3.** C　**4.** B　**5.** C　**6.** D　**7.** A　**8.** D　**9.** B　**10.** D
11. D　**12.** A　**13.** B　**14.** C　**15.** A　**16.** B　**17.** C　**18.** B　**19.** B　**20.** D
21. A　**22.** D　**23.** D　**24.** C　**25.** D

二、多项选择题

1. A、B、D　**2.** A、B、C、D、E　**3.** A、C　**4.** C、D、E　**5.** A、B、D、E

三、填充题

1. 质量量纲 M、长度量纲 L 和时间量纲 T

2. 量纲;物理量

3. $t_{\mathrm{p}}=\sqrt{\frac{\lambda_l}{\lambda_g}}t_{\mathrm{m}}=\sqrt{\lambda_l}t_{\mathrm{m}}=15.81$

4. $p_{\mathrm{p}}=\lambda_\rho\lambda_v^2p_{\mathrm{m}}=\lambda_\rho\left(\frac{v_{\mathrm{p}}}{v_{\mathrm{m}}}\right)^2p_{\mathrm{m}}=24$

5. $\lambda_{Re}=\frac{\lambda_\rho\lambda_v\lambda_l}{\lambda_\mu}=\frac{\lambda_\rho}{\lambda_\mu}\sqrt{\lambda_g\lambda_l^3}=\frac{\sqrt{\lambda_g\lambda_l^3}}{\lambda_v}$

6. $\lambda_{Fr}=\frac{\lambda_v}{\sqrt{\lambda_g\lambda_l}}=\frac{\lambda_\mu}{\lambda_\rho\sqrt{\lambda_g\lambda_l^3}}=\frac{\lambda_v}{\sqrt{\lambda_g\lambda_l^3}}$

7. $\lambda_v=\sqrt{\lambda_g\lambda_l^3}$

8. $\lambda_p=\lambda_\rho\lambda_v^2=\lambda_\rho\lambda_g\lambda_l$

9. $\lambda_p=\lambda_\rho\lambda_v^2=\frac{\lambda_\mu^2}{\lambda_\rho\lambda_l^2}=\lambda_\rho\left(\frac{\lambda_v}{\lambda_l}\right)^2$

10. 指数

四、思考题(略)

五、判断改正题

1. (×)单位表征各物理量的大小,而量纲则表征各物理量的类别。

2. (×)基本物理量必须相互独立,且选取可以因人而异,不必强求惟一。

3. (×)在不考虑温度变化情况下,流速 v、密度 ρ 和管径 d 可选为基本物理量。

4.(×)相似准则数均为无量纲数。

5.(×)几何、运动、动力分别相似是保证流动相似的必要条件,三者同时相似才是保证流动相似的充分条件。

6.(×)雷诺准则一般用于有压管流问题,而弗劳德准则则通常用于明渠流动问题。

7.(√)

8.(×)原型和模型同时保证重力和黏性力相似,若采用不同流体进行实验,则长度比尺为 $\lambda_l=\lambda_\nu^{\frac{2}{3}}$。

9.(×)雷诺数的物理意义在于它反映了惯性力与黏性力的比值。

10.(×)弗劳德数的物理意义在于它反映了惯性力与重力的比值。

六、计算题

1.(1)$\frac{\tau}{\rho v^2}$ (2)$\frac{N_e}{\rho g q_V H}$ (3)$\frac{v}{\sqrt{gh}}$ (4)$\frac{\rho v d}{\mu}$ (5)$\frac{p}{\rho v^2}$

2.$\tau_w=f\left(Re,\frac{\Delta}{d}\right)\rho v^2$(提示:选择 ρ,d,v 为基本物理量)

3.$q_V=kd^2\sqrt{\frac{p}{\rho}}$

4.$F_T=f\left(\frac{\mu n}{p},\frac{\delta}{d}\right)d^5 p$(提示:选择 n,d,p 为基本物理量)

5.$q_V=f(Re,We)b\sqrt{2g}H^{1.5}$,式中 $We=\frac{\rho g H^2}{\sigma}$ 为韦伯数。(提示:选择 ρ,g,H 为基本物理量)

6.$v=f\left(\frac{\rho'}{\rho},Re\right)\sqrt{gd}$(提示:选择 ρ,d,g 为基本物理量)

7.提示:本题涉及黏性流动和压强问题,相应的相似准则应依据雷诺准则和欧拉准则。

(1)$l_m=5$ m, $q_V=0.034$ L/s (2)$\left(\frac{\Delta p}{\rho g}\right)_p=1.26$ m

8.迎风面 $p=74.67\ \mathrm{N/m^2}$,背风面 $p=-35.56\ \mathrm{N/m^2}$

9.$h_m=1.0$ m, $F_p=1.5$ kN

10.(1)$v_m=1.369$ m/s (2)$F_p=39.69$ kN

11.提示:本问题涉及黏性流动和液面流动,相应的相似准则应依据雷诺准则和弗劳德准则。(1)$\nu_m=0.067\ \mathrm{cm^2/s}$, $q_{Vm}=2.5$ L/s (2)$h_{\min p}=300$mm

12.$t_p=150$ min

13.$F_p=8\ 320$ kN

14.$q_{Vm}=2.26\ \mathrm{m^3/s}$

15.$n_m=2\ 352$ rpm, $N_m=229.7$ W

第5章 流动阻力与水头损失

一、单项选择题

1.D 2.B 3.D 4.C 5.A 6.B 7.C 8.B 9.D 10.A
11.D 12.A 13.B 14.C 15.D 16.C 17.C 18.C 19.C 20.B
21.A 22.B 23.D 24.C 25.C 26.C 27.A 28.B 29.D 30.B

二、多项选择题

1.A、B、C 2.A、B、C、D 3.A、B、C、D 4.A、B、C、D、E 5.A、C、E
6.A、C、D 7.B、C、D 8.B、E 9.A、B、C、D、E 10.A、B、C、D

三、填充题

1.u_{max} 0
2.575
3.2 300
4.紊流区
5.1.75
6.减小
7.$\sqrt{\frac{8g}{\lambda}}$
8.运动流体具有黏性 外界干扰
9.0.032
10.边界层分离及旋涡区的存在

四、思考题(略)

五、判断改正题

1.(×)在流量 q_V 一定条件下,雷诺数 Re 随着管径 d 的增大而减小。

2.(×)紊流的运动要素在时间和空间上都具有脉动性。

3.(×)在过流断面上,圆管层流流速呈旋转抛物面分布,而圆管紊流流速则呈对数曲面分布。

4.(×)对于圆管层流,沿程水头损失 $h_f=\lambda\frac{l}{d}\frac{v^2}{2g}=\frac{64}{Re}\frac{l}{d}\frac{v^2}{2g}=\frac{64}{\frac{vd}{v}}\frac{l}{d}\frac{v^2}{2g}\propto v$。

5.(×)若流动的沿程水头损失 $h_f\propto v^{1.75}$,则该流动必处于紊流光滑管区。

6.(×)同一管道的层流底层厚度 $\delta_1=\frac{32.8d}{Re\sqrt{\lambda}}$随着雷诺数 Re 的增加而减薄。

7.(×)工业管道的沿程阻力系数 λ 在紊流过渡区随着雷诺数 Re 的增加而减小。

8.(×)管道出口后的局部水头损失 $h_j=\frac{(v-0)^2}{2g}=\frac{v^2}{2g}=0.625\ \mathrm{m}$。

9.(×)对于图5.6所示的突然扩大管道，在流量 q_V 和$\frac{d_2}{d_1}$一定条件下，其局部水头损失 h_j 随着扩大次数的增加而减小。

10.(×)流线型物体的黏性阻力大于压差阻力，而非流线型物体的压差阻力则大于黏性阻力。工程上的绕流物体多为非流线型的钝形物体，如圆球、圆柱等，其绕流阻力主要取决于压差阻力。

六、计算题(其余答案略)

1.$\nu = 0.185\ cm^2/s$(提示：先假定流态为层流，最后验算)

2.流动方向 2→1，$q_V = 0.47$ L/s(提示：先假定流态为层流，最后验算)

3.$\frac{Re_1}{Re_2} = \frac{d_2}{d_1} = 2$

4.$A = u_{max}, B = 0, C = -\frac{u_{max}}{r_0^2}$ 圆管流动为层流

5.(1)$u_{max} = 10.19$ cm/s (2)$\lambda = 0.100\ 5$ (3)$h_w = h_f = 42.6$ cm
(4)$\tau_w = 2.77 \times 10^{-2}$ Pa(提示：先判别流态)

6.$\frac{r}{r_0} = \frac{\sqrt{2}}{2} = 0.707$

9.$q_V = 0.47$ L/s

10.(1)$R_1 : R_2 : R_3 = 1:0.886:0.836$ (2)$\tau_{w1} : \tau_{w2} : \tau_{w3} = 1:0.886:0.836$
(3)$q_V : q_V : q_V = 1:0.941:0.914$

13.$\lambda = 0.04$, $n = 0.011$

14.冬季为层流：$h_f = 23.7$ m 油柱；夏季为紊流(光滑区)：$h_f = 22.5$ m 油柱

16.$h_f = 13.0\ mH_2O$

17.$v = 1.42$ m/s, $q_V = 4.47\ m^3/s$

18.(1)$v = \frac{v_1 + v_2}{2}$ (2)$h_{jmin} = \frac{(v_1 - v_2)^2}{4g}$ (3)$\frac{h_j}{h_{jmin}} = 2$

20.(1)$\frac{v_1}{v_2} = 1 + \frac{\sqrt{2}}{2} = 1.707$ (2)$\frac{d_1}{d_2} = \sqrt{\frac{2}{2+\sqrt{2}}} = 0.765$

21.(1)$h_f = 1.24$ m (2)层流 (3)$\nu = 0.791\ cm^2/s$

22.$h = \frac{v_2(v_1 - v_2)}{g}$

23.层流区 $h_f \propto v^{1.0}$；紊流光滑区 $h_f \propto v^{1.75}$；紊流粗糙区 $h_f \propto v^{2.0}$

24.不衬砌：$h_{f1} = 1\ 819$ m；衬砌：$h_{f2} = 6.15$ m；$\frac{h_{f1} - h_{f2}}{h_{f1}} = 66.2\%$

25.(1)$R_1 : R_2 = 1:0.75$ (2)$\tau_{w1} : \tau_{w2} = 1:0.75$

(3) $q_V : q_V : q_V = 1:1.155$

26. (1) $p_A = \rho g l \dfrac{\lambda \dfrac{h}{(\alpha+\zeta)d} - 1}{\lambda \dfrac{l}{(\alpha+\zeta)d} + 1}$　　(2) $h = (\alpha+\zeta)\dfrac{d}{\lambda}$

(3) $v = \sqrt{\dfrac{2g(h+l)}{\alpha+\zeta+\lambda\dfrac{l}{d}}}$　　(4) $h = (\alpha+\zeta)\dfrac{d}{\lambda}$

27. $h_j = 0.147\ mH_2O$;按包达公式计算:$h'_f = 0.146\ mH_2O$,$\dfrac{h'_j - h_j}{h'_j} = 0.7\%$

28. $h_j = 0.268\ mH_2O$

29. $\zeta = 0.5$(提示:逐渐扩大局部水头损失 $h_j = \zeta\dfrac{(v_1 - v_2)^2}{2g}$)

30. 标示有误,水银面应左低右高,$h_p = 0.219\ m$

31. $\zeta = 0.77$

32. (1)紊流　(2)因$\dfrac{h_{fi}}{q_{Vi}} \approx$常数,故水流属于紊流粗糙区或阻力平方区

33. $N = 6.69\ kW$

34. $F_D = 1\ 200\ N$

35. $F_D = 3.21 \times 10^3\ kN$

第6章　孔口、管嘴及有压管道恒定流动

一、单项选择题

1. B　**2.** A　**3.** D　**4.** B　**5.** D　**6.** B　**7.** A　**8.** D　**9.** A　**10.** D

11. D　**12.** D　**13.** B　**14.** A　**15.** C　**16.** B　**17.** D　**18.** C　**19.** A　**20.** C

21. B　**22.** D　**23.** A　**24.** C　**25.** A

二、多项选择题

1. B、D　**2.** B、C、D、E　**3.** B、C、D、E　**4.** A、C、D、E　**5.** A、B、C、D、E

6. A、B、C、D、E

三、填充题

1. $\varepsilon\varphi$

2. 1

3. 孔口形状、孔口边缘情况和孔口位置

4. ①管嘴长度与管径之比$\dfrac{l}{d} = 3 \sim 4$;②作用水头 $H_0 < 9\ mH_2O$

5. 2.27

6. 允许真空高度

7.水泵供给单位重量液体的能量
8.水泵特性曲线与管路特性曲线的交点
9.水流本身具有惯性和压缩性
10.水在运动过程中因水的黏性摩擦及水和管壁的形变作用,导致能量不断损失
四、思考题(略)
五、判断改正题
1.(×)在作用水头和管(孔)径一定条件下,管嘴出流流量大于孔口出流的原因在于管嘴出流时收缩断面出现真空的影响,理论分析可知,该真空度相当于将管嘴的作用水头提高了75%。
2.(×)圆柱形管嘴正常工作的条件是:(1)管嘴长度 $l=(3\sim4)d$;(2)作用水头 $H_0<9$ m。
3.(×)离心式水泵的安装高度 H_s 主要取决于水泵的进口处的允许真空度 $[h_v]$。
4.(×)短管与长管之分主要取决于沿程水头损失和局部水头损失在总水头损失中所占的比重。通常长管可忽略局部水头损失,甚至流速水头也可忽略不计,而短管的沿程水头损失和局部水头损失比重相当,在计算总水头损失时,二者都要计及。
5.(×)串联管路的总水头损失等于各支路的水头损失之和,而并联管路的总水头损失则等于各支路的水头损失,且各支路的水头损失相等。
6.(×)为保证供水的可靠性,城市供水、供气系统一般应设计成环状管网。
7.(×)对于环状管网中任意闭合的环路,其水头损失等于零。
8.(×)水泵是一种将电动机的机械能转换为液体能量的水力机械。
9.(×)水泵工作点是指水泵特性曲线和管路特性曲线的交点。
10.(×)水击压强的计算必须考虑水的压缩性和管道的变形。
六、计算题
1.$\varphi=0.964$, $\mu=0.621$, $\varepsilon=0.645$, $\zeta=0.076$
2.(1)在 $y=\frac{1}{2}H$ 处开孔,射流的水平射程最大;(2)$x_{\max}=\varphi H$
3.$H_2=1.896$ m,孔口及管嘴流量 $q_{V1}=q_{V2}=3.6$ L/s
4.(1)$H_1=8.993$ m, $H_2=4.367$ m, $H_0=H_1-H_2=4.626$ m
(2)$q_{V0}=29.2$ L/s, $q_{V1}=30.8$ L/s, $q_{V2}=29.2$ L/s
5.$t=394$ s(提示:船在沉没过程中为恒定进流)
6.$q_V=9.08$ L/s, $F=2.64$ kN
7.$\mu=0.62, \varphi=0.97, \varepsilon=0.64, \zeta=0.63$
8.(1)$q_V=\mu\dfrac{\sqrt{\dfrac{p_1}{\rho}}}{\sqrt{\sum\limits_{i=1}^{n}\left(\dfrac{1}{A_i^2}\right)}}$ (2)$\dfrac{\lambda_p}{\lambda_\rho\lambda_v^2}=1$
9.$h_p=0.129$ m(提示:水银的相对密度$\dfrac{\rho_p}{\rho}=13.6$)

10. $q_V=\mu_n\dfrac{\dfrac{\pi}{4}D^2}{\sqrt{\left(\dfrac{D}{d}\right)^4-1}}\sqrt{2g\left(\dfrac{\rho_p}{\rho}-1\right)h_p}=58.5\ \text{L/s}$

11. $q_V=220\ \text{L/s}$，因 $h_v=\dfrac{p_a-p}{\rho g}=7.1\ \text{m}<[h_v]$，故安装高度 $h=4\ \text{m}$ 可行。

12. $q_V=2.15\ \text{L/s}$（提示：出口扩大局部阻力系数 $\zeta_{se}=1.0$）

13. $h_p=7.65\ \text{cmHg}$（提示：水银的相对密度 $\dfrac{\rho_p}{\rho}=13.6$）

14. (1) $h_f=2.5\ \text{m}$ (2) $q_V=21\ \text{L/s}$ (3) $\lambda=0.013\ 3$

15. $v_2=\sqrt{\dfrac{2g\left(\dfrac{p_0}{\rho g}+H-h\right)}{\left(\lambda\dfrac{l}{D}+\zeta_1+\zeta_2\right)\left(\dfrac{d}{D}\right)^4+1+\zeta_3}}=16\ \text{m/s}$

16. $t=334\ \text{s}$

17. $d=300\ \text{mm}$，$H=0.70\ \text{m}$（提示：管道设计要求取标准管径）

18. (1) $q_V=0.444\ \text{m}^3/\text{s}$

(2) $\dfrac{p_{C左}}{\rho g}=0.978\ \text{m}$，$\dfrac{p_{C右}}{\rho g}=1.38\ \text{m}$，$\dfrac{p_{D左}}{\rho g}=1.948\ \text{m}$，$\dfrac{p_{D右}}{\rho g}=2.35\ \text{m}$

19. $q_V=0.403\ \text{m}^3/\text{s}$

20. (1) $q_V=9.76\ \text{m}^3/\text{s}$ (2) $h_{v\max}=-\dfrac{p_{C右}}{\rho g}=5.26\ \text{m}<[h_v]$（可行）

21. $H_{\max}=\dfrac{1+\zeta_e+\zeta_b+\lambda\dfrac{l_1+l_2}{d}}{\lambda\dfrac{l_2}{d}}\{z_C+[h_v]\}$

22. $d=1\ 000\ \text{mm}$（提示：选标准管径）

23. (1) $h_v=6\ \text{m}<[h_v]$ (2) $H=21.71\ \text{m}$

24. (1) 当 $\dfrac{p_C}{\rho g}=H_2$ 时，无流量输送到乙水池，此时 $q_V=\dfrac{\pi}{4}d_1^2\sqrt{\dfrac{2g(H_1-H_2)}{\lambda\dfrac{l_1}{d_1}}}$

(2) $q_V=\dfrac{\pi}{4}\left[d_1^2\sqrt{\dfrac{2g\left(H_1-\dfrac{p_C}{\rho g}\right)}{\lambda\dfrac{l_1}{d_1}}}+d_2^2\sqrt{\dfrac{2g\left(H_2-\dfrac{p_C}{\rho g}\right)}{\lambda\dfrac{l_2}{d_2}}}\right]$

(3) 当 $\dfrac{p_C}{\rho g}=0$ 时，$q_V=q_{V\max}$，此时

$$q_{V\max}=\frac{\pi}{4}\left(d_1^2\sqrt{\frac{2gH_1}{\lambda\frac{l_1}{d_1}}}+d_2^2\sqrt{\frac{2gH_2}{\lambda\frac{l_2}{d_2}}}\right)$$

25.(1)$q_{V1}=85$ L/s， $q_{V2}=21.45$ L/s， $q_{V3}=28.55$ L/s， $q_{V4}=50$ L/s

(2)$H=21.72$ m (3)$\frac{p_A}{\rho g}=12.39$ m

26. $\frac{q_{V1}}{q_{V2}}=\sqrt{\frac{\lambda_2}{\lambda_1}\frac{l_2}{l_1}\left(\frac{d_1}{d_2}\right)^5}=8$

27. $\frac{q_{V1}}{q_{V2}}=\frac{n_2}{n_1}\sqrt{\frac{l_2}{l_1}}\sqrt[3]{\left(\frac{d_1}{d_2}\right)^8}=8.98$(提示:谢齐系数 C 按曼宁公式计算)

28.(1)$q_{V1}=2.79$ L/s， $q_{V2}=1.21$ L/s (2)$H=1.27$ m (3)$z\geqslant1.27$ m

29. $q_{V1}=q_{V4}=\frac{2}{3}\left(\frac{\pi}{4}d^2\sqrt{\frac{2gH}{\lambda\frac{l}{d}}}\right)$， $q_{V2}=q_{V3}=\frac{1}{3}\left(\frac{\pi}{4}d^2\sqrt{\frac{2gH}{\lambda\frac{l}{d}}}\right)$

30. $\frac{q_{VD}}{q_{Vd}}=5.66$(提示:按长管计算)

31.(1)流速之比$\frac{v_{并联}}{v_{串联}}=\sqrt{n}$;(2)流量之比$\frac{q_{V并联}}{q_{V串联}}=n\sqrt{n}$

32. $q_V=225.8$ L/s

33. $h_f=67.5$ cm(提示:先根据管路连接特点确定各支路流量,进行流态判别)

34. $d=\sqrt[5]{\frac{l}{\sum_{i=1}^{n}\frac{l_i}{d_i^5}}}=\sqrt[5]{\frac{\sum_{i=1}^{n}l_i}{\sum_{i=1}^{n}\frac{l_i}{d_i^5}}}$(提示:所谓水力等效简化原则是指经过简化后,等效的管网对象与原来的实际对象具有相同的水力特性,即简化前后,管网系统的水头损失和流量保持不变。)

35. $d=(\sum_{i=1}^{n}d_i^{\frac{8}{3}})^{\frac{3}{8}}$(提示:谢齐系数 C 按曼宁公式计算)

36. $H=38.14$ m(提示:自由水头是指给水设计中规定的供水管末端所需压力的同义语)

38. 当末端流量 $q_{Vz}=0$ 时,$\gamma=0$， $\frac{\Delta h_f}{h_f}=25\%$;当末端流量 q_{Vz} 远大于沿线流量 q_{V1} 时,$\gamma=\infty$， $\frac{\Delta h_f}{h_f}=0$。故计算沿程水头损失相对误差范围为(0,25%)。

39. $H=72.76$ m,$N_x=6.66$ kW

40.(1)$p_{h钢管}=2\ 017$ kPa;(2)$p_{h铸铁管}=1\ 864$ kPa

第7章 明渠恒定流动

一、单项选择题

1.C 2.D 3.C 4.D 5.D 6.B 7.B 8.A 9.B 10.C
11.D 12.D 13.C 14.A 15.C 16.B 17.A 18.A 19.D 20.B
21.C 22.B 23.A 24.A 25.B

二、多项选择题

1.B、E 2.A、C、E 3.A、B 4.A、B、C 5.A、B、C、D、E
6.A、D、E 7.A、B、C 8.A、B、C、D、E 9.A、B、C、D 10.A、B、C、E

三、填充题

1.$\sqrt{\dfrac{\lambda_g}{\lambda_\lambda}}$,式中 λ_g 为重力加速度比尺

2.0

3.2.4(曼宁公式)

4.粗糙系数、底坡沿程不变的顺坡长直棱柱形

5.平行,即底坡线∥水面线∥总水头线;相等,即 $i = J_P = J$

6.$\lambda_l^{\frac{1}{6}}\left(\dfrac{\lambda_i}{\lambda_g}\right)^{\frac{1}{2}}$,式中 λ_i 和 λ_g 分别为渠底坡度比尺和重力加速度比尺

7.$1+\sqrt{1+m^2}-m$ $\dfrac{1}{2}h$

8.$\sqrt{\dfrac{g}{\alpha}\dfrac{A_c^3}{B_c}}=\sqrt{\dfrac{g}{\alpha}\dfrac{[(b+mh)h]^3}{b+mh}}=32.10$

9.$\dfrac{2}{3}e_{\min}=\dfrac{2}{3}\times 1.2=0.8\ \text{m}$

10.水平

四、思考题(略)

五、判断改正题

1.(×)在渠道的过流面积 A、渠底坡度 i 和渠壁粗糙系数 n 一定条件下,渠道的通过能力 $q_V=\dfrac{1}{n}\dfrac{A^{\frac{5}{3}}}{\chi^{\frac{2}{3}}}i^{\frac{1}{2}}$ 随着湿周 χ 的增加而减小。

2.(×)明渠水力最优断面是指在渠道的通过能力 q_V、渠底坡度 i 和渠壁粗糙系数 n 一定条件下,渠道的过流面积 $A = A_{\min}$ 的断面。

3.(×)无压圆管流动的最大流量和最大流速均出现在满流前。

4.(×)在流量 q_V 和渠道断面形式一定条件的下,断面单位能量 e 在大于 $e_{\min}$ 范围内随着水深 h 的增加而增加,而在小于 $e_{\min}$ 范围内则随着水深 h 的增加而减小。

5.(×)明渠均匀流的断面单位能量 e 随着流程 s 的增加而保持不变,即$\frac{\mathrm{d}e}{\mathrm{d}s}=0$。

6.(×)水跃是急流过渡到缓流时产生的局部水流现象。

7.(×)在流量 q_V 和渠道断面形式一定的条件下,跃前水深 h' 随着跃后水深 h'' 的增加而减小。

8.(×)缓流越过障碍时水面必然形成跌落,而急流越过障碍时水面必然上升。

9.(×)当水深 $h\to\infty$ 时,$\frac{\mathrm{d}h}{\mathrm{d}s}\to i$,即水面趋于水平。

10.(×)明渠均匀流,$\frac{\mathrm{d}e}{\mathrm{d}s}=0$;明渠非均匀流,$\frac{\mathrm{d}e}{\mathrm{d}s}=i-J$。

六、计算题(其余答案略)

1. $q_V=39.27\ \mathrm{m^3/s}$
2. $h=1.70\ \mathrm{m}$
3. $h_0=1.20\ \mathrm{m}, i=0.155\%$
4. $n=0.015\,6$
5. $b=0.41\ \mathrm{m}, h_0=0.68\ \mathrm{m}$
6. $b=1.16\ \mathrm{m}, h_0=1.40\ \mathrm{m}, i=0.198\%$
7. $b=15.70\ \mathrm{m}, i=0.020\,8\%$

10. $h_0=0.60\ \mathrm{m}, i=2.02\times10^{-3}$

12. $\lambda_i=0.215$

15. $v=1.02\ \mathrm{m/s}, q_V=0.685\ \mathrm{m^3/s}$

16. $d=500\ \mathrm{mm}$

17. $i=8.8\%$

20. $e_{\min}=1.35\ \mathrm{m}$

21. 临界水深法:$h_c=0.237\ \mathrm{m}<h_0=0.6\ \mathrm{m}$,流动为缓流
    弗劳德数法:$Fr=0.25<1$,流动为缓流
    临界坡度法:$i_c=0.005\,2>i=0.000\,4$,流动为缓流
    波速法:$c=2.43\ \mathrm{m/s}>v=0.601\ \mathrm{m/s}$,流动为缓流

22. 缓流

23. $q_V=74.79\ \mathrm{m^3/s}$

24. 2倍

25. (1)将发生水跃连接　(2)水跃将发生在变坡处下游

28. (1)$q_V=30.1\ \mathrm{m^3/s}$
    (2)$h_{c2}=h_{c1}=1.37\ \mathrm{m}$
    (3)上游渠段为缓流,下游渠段为急流。
    (4)$h=h_{c1}=h_{c2}=1.37\ \mathrm{m}$

29. (1)$h=h_c=1.87\ \mathrm{m}$　(2)$q_V=40.0\ \mathrm{m^3/s}$

30.

(a)

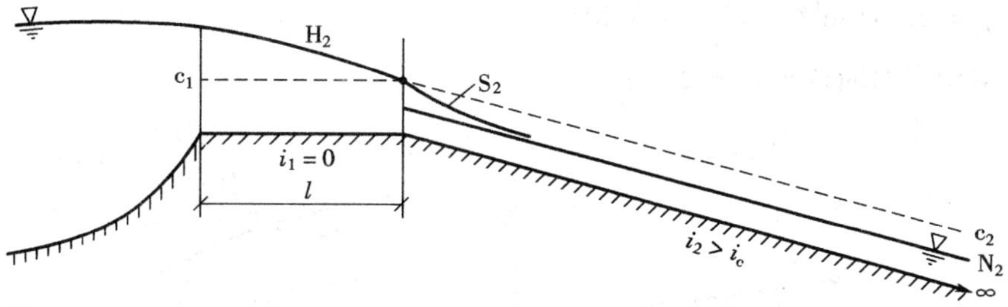

(b)

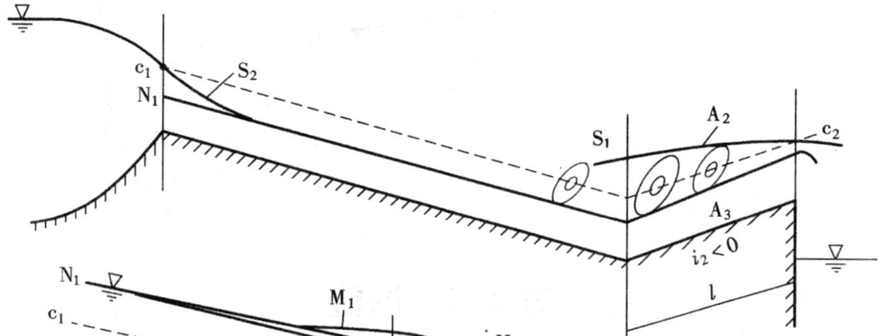

(c)

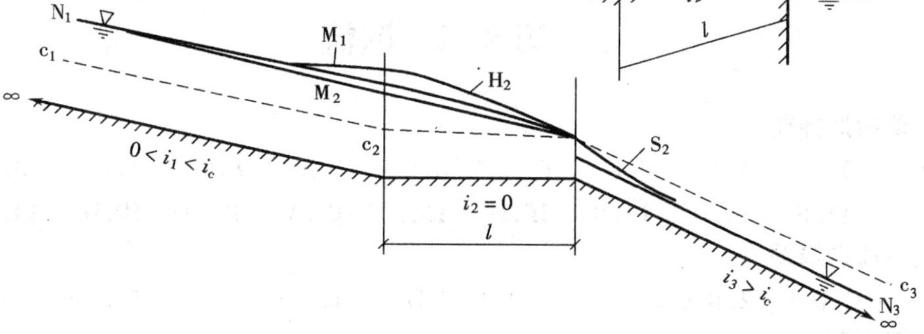

(d)

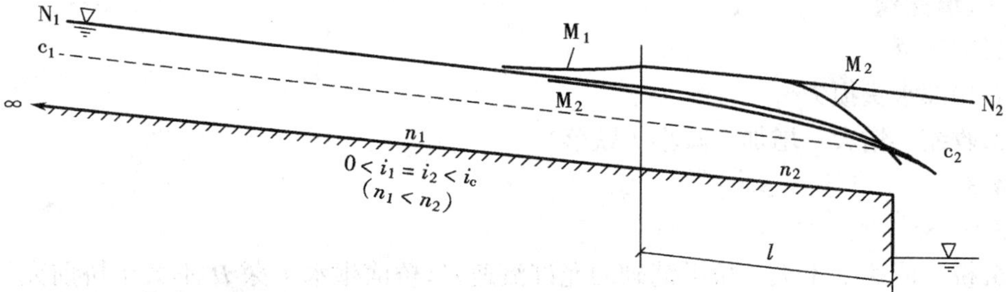

(e)

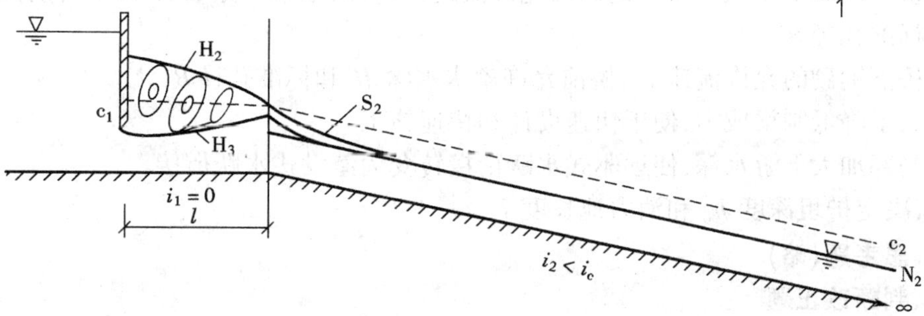

解题 30 图

31. $l = 144.43$ m

32. (1) $q_V = 0.283\ m^3/s$ (2) $h = 0.202$ m

(3)渠中水面曲线示意图如下：

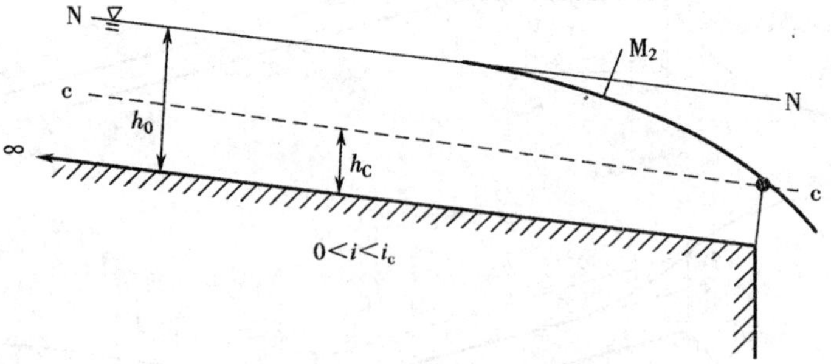

第8章 堰流

一、单项选择题

1. C	**2.** C	**3.** A	**4.** D	**5.** C	**6.** D	**7.** A	**8.** D	**9.** D	**10.** B
11. C	**12.** B	**13.** D	**14.** B	**15.** D	**16.** D	**17.** A	**18.** D	**19.** D	**20.** A

二、多项选择题

1. A、B、C、D、E **2.** B、C、D **3.** A、B、C、D、E **4.** C、E **5.** D、E

三、填充题

1. 宽顶堰

2. 局部水头损失

3. 收缩 增大 增加 减小 跌落

4. 3

5. 0.385

6. 桥下流速 v 不大于桥下铺砌的允许流速 v'，桥前壅水水深 H 不大于桥前允许壅水水深 H' 和选标准孔径 B

7. 桥下铺砌的允许流速 v'、桥前允许壅水水深 H' 和标准孔径 B

8. 为了降低制梁成本，便于快速设计和快速施工

9. 局部加大下游水深，使远驱式水跃衔接转变为淹没式水跃衔接。

10. 决定护坦深度 h_d 和消力池长度 l

四、思考题(略)

五、判断改正题

1. (×)堰流是无压缓流流经障壁产生的局部水流现象。

2.（×）从无侧收缩自由式宽顶堰的流量公式 $q_V = mb\sqrt{2g}\left\{H + \frac{\alpha_0 q_V^2}{2g[(H+h_P)b]^2}\right\}^{1.5}$ 可知，在堰前水头 H 和堰高 h_P 一定条件下，无侧收缩自由式宽顶堰的过流能力 q_V 与堰宽 b 呈线性关系。

3.（×）自由式宽顶堰堰顶水流近似为水平流动，其水深 $h_1 < h_c$。

4.（×）自由式小桥过流的桥下水深 $h_1 = \psi h_c$；而淹没式小桥过流的桥下水深则近似等于桥下游水深，即 $h_1 \approx h$。

5.（×）根据堰的分类可知，堰顶厚度 $\delta = 5$ m，堰前水头 $H = 1.8$ m 的堰属于宽顶堰。

6.（×）从堰流基本公式 $q_V = mb\sqrt{2g}H_0^{1.5} = m_0 b\sqrt{2g}H^{1.5}$ 可知，流量系数 $m \neq m_0$，但原型与模型流动相似的堰流流量系数比尺 $\lambda_m = \lambda_{m_0}$，因流量系数为无量纲系数。

7.（×）宽顶堰溢流的流量系数最大值 $m_{max} = 0.385$。

8.（×）在小桥孔径水力设计中，选标准孔径的目的是为了降低制梁成本和便于快速设计、快速施工。

9.（×）消力池的长度必须足以保证水跃不越出池外，即消力池长度必须大于水跃长度。一般来说，水跃长度随流量的增加而减小，因此，消力池长度的设计流量应为水工建筑物通过的最大流量。

10.（×）对于山区、丘陵地区的铁（公）路陡坡涵洞，由于进出口涵底高程差较大，设计时应采取减小动能的消能措施。

六、计算题（其余答案略）

1. $b = 1.77$ m

2. $\frac{dq_V}{q_V} = 1.5\%$

3. 三角堰：1.56；完全堰：2.08

4. $\delta = 10$ m 时无变化，因仍为宽顶堰；$\delta = 4$ m 时有变化，因已变为实用断面堰。

5. $\frac{dq_V}{q_V} = 10\%$

7. $q_V = 178.6$ L/s

8. $h = 0.80$ m 时，$q_V = 8.96\ m^3/s$；$h = 1.70$ m 时，$q_V = 8.33\ m^3/s$

9. $q_V = 262.0$ L/s

10. $\frac{\lambda_v}{\sqrt{\lambda_g \lambda_l}} = \lambda_m = 1$，弗劳德准则

13. $B = 4$ m

14. $B = 5$ m

15. $v = 4.74\ \text{m/s} < v' = 5.3\ \text{m/s}$，　$H < H_0 = 2.59\ \text{m} < H' = 2.6\ \text{m}$

16. $B = 20\ \text{m}$

17. $b = 3.52\ \text{m}$

18. $q_{V_p} = 29.87\ \text{m}^3/\text{s}, h_{1p} = 1.06\ \text{m}, \varphi_p = 0.95$

19. $F = 7\ 003\ \text{N}$

20. $h = 1.30\ \text{m}$时，$b = 11.96\ \text{m}$；$h = 1.50\ \text{m}$时，$b = 7.39\ \text{m}$

21. 形成远驱式水跃衔接，$h_d = 1.80\ \text{m}, l = 20.6\ \text{m}$

22. $h_D = 2.38\ \text{m}, l = 19.6\ \text{m}$

23. $z = 3.55\ \text{m}$

第9章　渗流

一、单项选择题

1.A　2.C　3.D　4.D　5.C　6.D　7.D　8.D　9.A　10.D

二、多项选择题

1.A、B、C、D、E　2.A、B、C、E　3.A、C　4.A、B、C　5.B、C

6.A、B、C、E　7.A、B、C、D、E　8.A、B、C、D

三、填充题

1. 单位水力坡度所具有的渗流流速

2. 经验公式法、实验室方法（包括定水头法和变水头法）和现场方法（包括抽水实验法和灌水实验法）等

3. 0.04

4. $\dfrac{(k_1 + k_2)^2}{4k_1 k_2}$

5. $\sqrt{\dfrac{q_V}{\pi k}\ln\dfrac{r}{r_0} + h^2}$

6. $\dfrac{q_V}{2\pi t k}\ln\dfrac{r}{r_0} + h$

四、思考题（略）

五、判断改正题

1. （×）渗流系数 k 值的大小主要取决于土壤的颗粒形状、大小、不均匀系数以及流体的种类和温度等。

2. （×）由达西渗流定律 $u = kJ$ 可知，原型与模型流动相似的渗流系数比尺 $\lambda_k = \dfrac{k_p}{k_m} = \lambda_u$。

3. （×）实验表明，达西线性渗流定律仅适用于雷诺数 $Re < 1 \sim 10$ 的渗流问题。

4.(×)对于抽水情况,潜水完全井的测压管水头线曲面(浸润漏斗曲面)方程为 $z=\sqrt{\frac{q_V}{\pi k}\ln\frac{r}{r_0}+h^2}$,而自流完全井的测压管水面线曲面方程则为 $z=\frac{q_V}{2\pi tk}\ln\frac{r}{r_0}+h$。

5.(×)对于灌水情况,潜水完全井的测压管水头线曲面(浸润漏斗曲面)方程为 $z=\sqrt{h^2-\frac{q_V}{\pi k}\ln\frac{r}{r_0}}$,而自流完全井的测压管水头线曲面(浸润漏斗曲面)方程则为 $z=h-\frac{q_V}{2\pi tk}\ln\frac{r}{r_0}$。

6.(×)从集水廊道的浸润曲面方程 $z=\sqrt{h^2+\frac{q_V}{kb}x}$ 可知,在流量 q_V、廊道长度 b 和廊道水深 h 一定条件下,浸润曲面随着距离 x 的增加而升高。

7.(×)在产水量 q_V 和井半径 r_0 一定的条件下,自流完全井的水位降深 $S=\frac{q_V}{2\pi kt}\ln\frac{R}{r_0}$ 随井的影响半径 R 的增加而增加,而随渗流系数 k 和含水层厚度 t 的增加而减小。

8.(×)抽水情况下的潜水完全井井群的测压管水头线曲面(浸润漏斗曲面)方程为 $z=\sqrt{H^2-\frac{\sum q_V}{\pi k}\ln\frac{R}{(r_1r_2\cdots r_n)^n}}$,而自流完全井井群的测压管水头线曲面(浸润漏斗曲面)方程则为 $z=H-\frac{\sum q_V}{2\pi kt}\ln\frac{R}{(r_1r_2\cdots r_n)^n}$。

六、计算题(其余答案略)

1. $q_V=0.265$ L/s

2. $k=0.049$ cm/s

3. $q_V=0.261$ L/min

4. $q_V=1.65$ L/s

5. (a) $q_V=bh\dfrac{k_1H}{l_1+\dfrac{2k_1l_2}{k_2+k_3}}$;(b) $q_V=\dfrac{bh}{2}\left(\dfrac{k_1}{l_1+l_2}+\dfrac{k_2k_3}{k_3l_1+k_2l_2}\right)H$

6. $q_V=3.36$ L/s

7. $k=0.002\,5$ cm/s

8. $q_V=13.4$ L/s

9. $k=0.089\,85$ cm/s, $R=132$ m

11. $S=6.82$ m

12. $S=7.14$ m

13. $S = 1.536$ m

模拟试题

第1套

一、单项选择题

1. A **2.** D **3.** B **4.** A **5.** B **6.** B **7.** D **8.** C **9.** B **10.** C

11. A **12.** B **13.** A **14.** D **15.** C

二、多项选择题

16. A、B、C、D、E **17.** A、B、C、D **18.** A、B、C **19.** A、E **20.** A、B、C、D

三、简答题

21. 先将流态调至管内流动呈层流现象(出现有色直线)时,测沿程水头损失 h_f 和流量 q_V,然后由层流时 $h_f = \lambda \frac{l}{d}\frac{v^2}{2g} = \frac{64}{Re}\frac{l}{d}\frac{v^2}{2g}$ 以及 $Re = \frac{vd}{\nu}$ 和 $v = \frac{4q_V}{\pi d^2}$ 可得液体的运动黏度为

$$\nu = \frac{\pi g d^4 h_f}{128 l q_V}$$

四、判断改正题

22. (×)液体的黏度随着温度的增加而减小。或气体的黏度随着温度的增加而增大。

23. (×)水跃是急流过渡到缓流产生的局部水力现象。

24. (×)堰流是无压缓流流过障壁产生的局部水力现象。

25. (×)串联管路的总水头损失等于各支路的水头损失之和。或并联管路的总水头损失等于各支路的水头损失,且各支路的水头损失相等。

26. (×)紊流粗糙区的沿程水头损失 h_f 与流速 v 的 2 次方成正比。或紊流光滑区的沿程水头损失 h_f 与流速 v 的 1.75 次方成正比。或层流区的沿程水头损失 h_f 与流速 v 的 1 次方成正比。

五、计算分析综合题

27. 据题意知,在忽略球重情况下,球体处于平衡状态,上、下半球面的压力体(如解题 27 图)的重量应相等,即

$$\rho_2 g\left[\frac{\pi}{4}D^2 h_2 - \frac{1}{12}\pi D^3\right] = \rho_1 g\left[\frac{\pi}{4}D^2 h_1 + \frac{1}{12}\pi D^3\right]$$

化简上式得

$$D = \frac{3(\rho_2 h_2 - \rho_1 h_1)}{\rho_2 + \rho_2}$$

28. 取解题 28 图所示控制体进行受力分析,设平板对水股的作用力为 F'(与射流对平板的冲击力 F 大小相等,方向相反),取 x、y 方向如图所示。

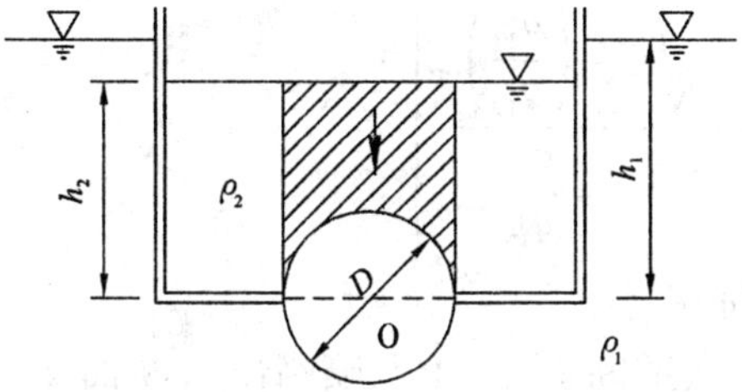

(a) 上半球面压力体

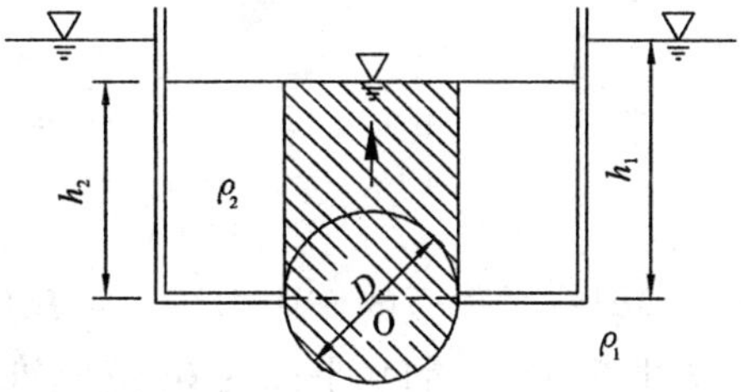

(b) 下半球面压力体

解题 27 图

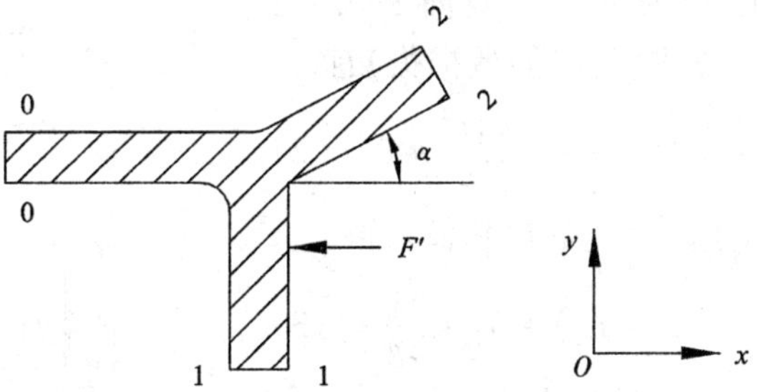

解题 28 图

在 x 方向建立动量方程

$$-F' = \rho(q_{V2}\beta_2 v_2 \cos\alpha - q_V \beta v) \tag{1}$$

在 y 方向建立动量方程

$$0 = \rho(q_{V2}\beta_2 v_2 \sin\alpha - q_{V1}\beta_1 v_1) \tag{2}$$

在不计水头损失情况下，由恒定总流的伯努利方程可得

$$v = v_1 = v_2$$

取 $\beta = \beta_1 = \beta_2 = 1$

则由式(2)得

$$\sin\alpha = \frac{q_{V1}}{q_{V2}} \tag{3}$$

又据恒定总流的连续性方程 $q_V = q_{V1} + q_{V2} = q_{V2}(1+\sin\alpha)$，得

$$q_{V2} = \frac{q_V}{1+\sin\alpha} \tag{4}$$

将式(3)、(4)代入式(1)，可得

$$F' = \rho q_V v\left(1 - \frac{\cos\alpha}{1+\sin\alpha}\right) = \rho q_V v\left(1 - \frac{\sqrt{1-\sin^2\alpha}}{1+\sin\alpha}\right)$$

$$= \rho q_V v\left[1-\frac{\sqrt{1-\left(\frac{q_{V1}}{q_{V2}}\right)^2}}{1+\frac{q_{V1}}{q_{V2}}}\right](\leftarrow)$$

射流对平板的作用力 $F=-F'(\rightarrow)$，证毕。

29. 取过喷嘴轴线的水平面为 0—0 基准面，对喉道断面 1—1 及喷嘴出口断面 2—2 列恒定总流的伯努利方程（忽略能量损失）有

$$(h_2-h_1)+\frac{p_1}{\rho g}+\frac{\alpha_1 v_1^2}{2g}=0+\frac{p_a}{\rho g}+\frac{\alpha_2 v_2^2}{2g}+0 \tag{1}$$

对水箱乙水面及喷嘴出口断面 2—2 列恒定总流的伯努利方程（忽略能量损失）有

$$h_2+\frac{p_a}{\rho g}+0=0+\frac{p_a}{\rho g}+\frac{\alpha_2 v_2^2}{2g}+0 \tag{2}$$

取 $\alpha_1=\alpha_2=1.0$，联立式(1)和(2)，得

$$\frac{p_1}{\rho g}=\frac{p_a}{\rho g}-(h_2-h_1)+h_2-\frac{v_1^2}{2g} \tag{3}$$

又据恒定总流的连续性方程 $A_1v_1=A_2v_2$

得

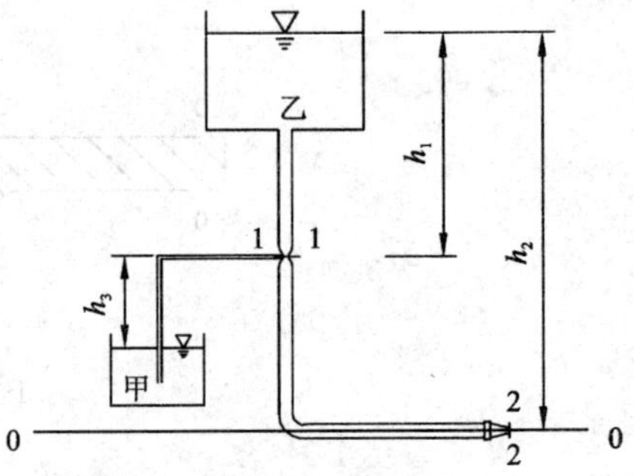

解题 29 图

$$v_1^2=\left(\frac{A_2}{A_1}\right)^2 v_2^2=2g\left(\frac{A_2}{A_1}\right)^2 h_2$$

将上式代入式(3)，得

$$\frac{p_1}{\rho g}=\frac{p_a}{\rho g}-(h_2-h_1)+h_2-h_2\left(\frac{A_2}{A_1}\right)^2$$

$$=\frac{p_a}{\rho g}+h_2\left[1-\left(\frac{A_2}{A_1}\right)^2\right]-(h_2-h_1)$$

欲将水从水箱甲吸入喉道，必有

$$\frac{p_1}{\rho g}=\frac{p_a}{\rho g}+h_2\left[1-\left(\frac{A_2}{A_1}\right)^2\right]-(h_2-h_1)\leqslant\frac{p_a}{\rho g}-h_3$$

由此可得题求条件为

$$\frac{A_2}{A_1}\geqslant\sqrt{\frac{h_1+h_3}{h_2}}$$

30. (1) $\beta_h=\frac{b_1}{h_{01}}=2$

将 $A_0=b_1h_{01}=2h_{01}^2$ 和 $R_h=0.5h_{01}$、$i_1=0.001$、$n_1=0.020$ 代入明渠均匀流基本方程

$$q_V=A_0C_0\sqrt{R_hi_1}=A_0\left(\frac{1}{n_1}R_h^{\frac{1}{6}}\right)\sqrt{R_hi_1}=\frac{1}{n_1}A_0R_h^{\frac{2}{3}}i_1^{\frac{1}{2}}=1.992h_{01}^{\frac{8}{3}}$$

得 $h_0 = \left(\dfrac{q_V}{1.992}\right)^{\frac{3}{8}} = \left(\dfrac{30}{1.992}\right)^{\frac{3}{8}} = 2.77\ \text{m}$

$$b_1 = 2h_{01} = 5.54\ \text{m}$$

(2)因 $h_c = f(q_V, b, m)$,而与 i 无关,故

$$h_{c1} = h_{c2} = \sqrt[3]{\frac{q_V^2}{gb^2}} = 1.44\ \text{m}$$

(3)因 $A_{c1} = b_1 h_{c1} = 7.98\ \text{m}^2$

$$\chi_{c1} = b_1 + 2h_{c1} = 8.42\ \text{m}$$

$$R_{c1} = \frac{A_{c1}}{\chi_{c1}} = 0.95\ \text{m}$$

$$C_{c1} = \frac{1}{n_1} R_{c1}^{\frac{1}{6}} = 49.55\ \text{m}^{\frac{1}{2}}/\text{s}$$

$$i_{c1} = \frac{q_V^2}{A_{c1}^2 R_{c1} C_{c1}^2} = 0.006\ 1$$

由于 $i_c = f(q_V, b, h_c, m, n)$,而与 i 无关,故

$$i_{c1} = i_{c2} = 0.006\ 1$$

由此可知,上游渠段,$i_1 < i_{c1}$,为缓坡渠道(也可根据 $h_{01} > h_{c1}$ 判断);下游渠段,$i_2 > i_{c2}$,为急坡渠道。

(4)根据上、下游远离变坡断面渠段出现均匀流和各渠段底坡性质可知,上游渠段水深 $h_1 > h_{c1}$,为缓流;下游渠段水深 $h_2 < h_{c2}$,为急流。

(5)据水面曲线连接(如解题 30 图所示)分析可知,变坡断面水深

$$h = h_{c1} = h_{c2} = 1.44\ \text{m}$$

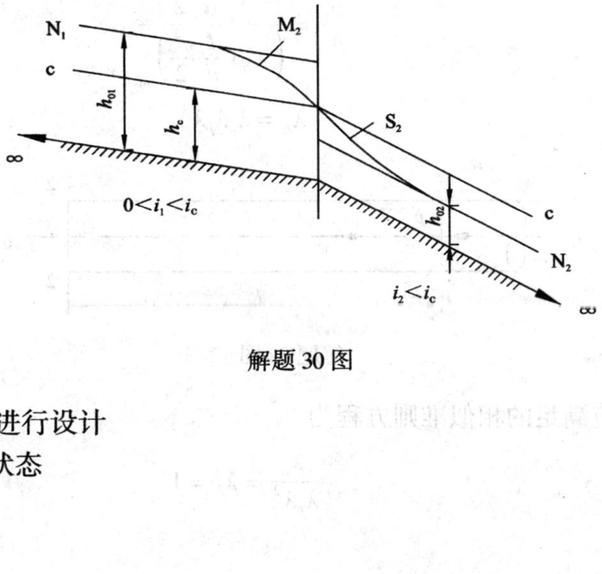

解题 30 图

31.从 $v = v'$ 出发进行设计

(1)判断水流状态

$$h_c=\frac{\alpha\psi v'^2}{g}=\frac{1.0\times0.8^2\times3.5^2}{9.8}=0.80\ \text{m}$$

$1.3h_c=1.3\times0.80=1.04\ \text{m}>1.0\ \text{m}$，小桥过流为自由式。

(2)计算小桥孔径

$$b=\frac{q_V}{\varepsilon\psi h_c v'}=\frac{12}{0.85\times0.80\times0.80\times3.5}=6.3\ \text{m}$$

选标准孔径 $B=8\ \text{m}>b$。

(3)校核

$$h_c'=\sqrt[3]{\frac{\alpha q_V^2}{g(\varepsilon B)^2}}=\sqrt[3]{\frac{1.0\times12^2}{9.8\times(0.85\times8)^2}}=0.68\ \text{m}$$

$1.3h_c'=1.3\times0.68=0.89\ \text{m}<h$，小桥过流已转变为淹没式。

$$v=\frac{q_V}{\varepsilon Bh}=\frac{12}{0.85\times8\times1.0}=1.76\ \text{m/s}$$

$$H<H_0=\frac{v^2}{2g\varphi^2}+h=\frac{1.76^2}{2\times9.8\times0.95^2}+1.0=1.18\ \text{m}<H'\ (\text{可行})$$

32. (1)如解题 32 图所示，取管轴线为 0—0 基准面，对 1—1 断面及出口断面 2—2 列恒定总流的伯努利方程

$$0+\frac{p}{\rho g}+\frac{\alpha v^2}{2g}=0+0+\frac{\alpha v^2}{2g}+\lambda\frac{l}{d}\frac{v^2}{2g}$$

由此可得距管道出口为 l 的过流断面上的相对压强表达式

$$p=\lambda\rho\frac{l}{d}\frac{v^2}{2}$$

(2)要保证原型与模型流动相似，则有

$$\frac{p_p}{p_m}=\frac{\left(\lambda\rho\frac{l}{d}\frac{v^2}{2}\right)_p}{\left(\lambda\rho\frac{l}{d}\frac{v^2}{2}\right)_m}$$

或

$$\lambda_p=\lambda_\lambda\lambda_\rho\lambda_v^2$$

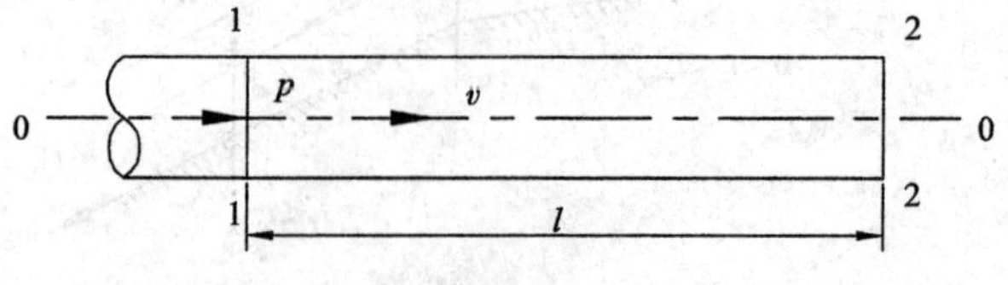

解题 32 图

故相对压强比尺 λ_p 应满足的相似准则方程为

$$\frac{\lambda_p}{\lambda_\rho\lambda_v^2}=\lambda_\lambda=1$$

33. 据题意 $q_V = -Ak\dfrac{dz}{ds} = -kbz\dfrac{dz}{ds}$

$$q_V\int_0^l ds = -kb\int_{h_1}^{h_2} z\,dz$$

积分后整理得

$$q_V = \frac{kb}{2l}(h_1^2 - h_2^2) = \frac{5\times10^{-3}\times100}{2\times20}(5^2-1^2) = 0.30\ \text{m}^3/\text{s}$$

第2套

一、单项选择题

1. B **2.** B **3.** A **4.** C **5.** D **6.** D **7.** C **8.** A **9.** B **10.** A

11. B **12.** D **13.** D **14.** C **15.** C

二、多项选择题

16. A、B、C、D、E **17.** A、B、C、E **18.** A、C、E **19.** A、B、E **20.** A、B、C、D、E

三、简答题

21. 水流流经小桥桥孔时，由于受到桥孔侧向收缩的影响，过流断面减小，流速增大，形成进口水面跌落，产生与无坎宽顶堰类似的水流现象，因此，小桥桥孔的水力计算可应用无坎宽顶堰的计算公式。

桥孔水流由重力作用控制，故应按重力相似准则设计模型。首先根据实验要求、场地、供水流量以及研究经费等选定长度比尺 λ_l，然后根据弗劳德准则决定其他所需物理量比尺，如流量比尺 $\lambda_{q_V} = \lambda_l^{2.5}$。根据原型桥孔宽度 B_p、流量 q_{Vp} 和选定的比尺可求得模型桥孔的宽度 B_m 及流经桥孔的流量 q_{Vm}：

$$B_m = \frac{B_p}{\lambda_l}$$

$$q_{Vm} = \frac{q_{Vp}}{\lambda_l^{2.5}}$$

实验时，可用水位测针或水位跟踪仪测量桥前水深 H_m，用三角薄壁堰或矩形薄壁堰测量流量 q_{Vm}。

流量系数 m_{0m} 可根据模型中测得的数据，按无坎宽顶堰计算公式计算：

$$m_{0m} = \frac{q_{Vm}}{B_m\sqrt{2g}H_m^{1.5}}$$

因流量系数为无量纲数，原型的 m_{0p} 与模型的 m_{0m} 相同，即

$$m_{0p} = m_{0m}$$

四、判断改正题

22.（×）单位表征各物理量的大小，而量纲则表征各物理量大小的类别。

23.（√）

24.（×）绝对压强和真空压强恒为正值，而相对压强则可正可负。

25.（×）孔口流量 $q_V=\dfrac{\mu}{\mu_n}q_{V_n}=\dfrac{0.62}{0.82}\times 3=2.27\ \text{L/s}$。

26.（×）水泵是将机械能转化为流体能量的一种机械，水泵的扬程是指泵供给管路系统单位重量流体的能量。

五、计算分析综合题

27. 由 $Re=\dfrac{vd}{\nu}$ 得 $d=\dfrac{Re\,\nu}{v}$，将其代入达西公式 $h_f=\lambda\dfrac{l}{d}\dfrac{v^2}{2g}$，得

$$\frac{\lambda}{Re}=\frac{2g\nu}{v^3}\frac{h_f}{l}=\frac{2\times 9.8\times 0.2\times 10^{-4}}{1.5^3}\times\frac{4\times 10^{-1}}{100}=4.64\times 10^{-7}$$

或
$$\frac{Re}{\lambda}=2.16\times 10^6$$

28. 先分别求出闸门两侧所受静水总压力及其作用点距闸门下端的距离。

左侧：$F_{p1}=\left(\rho g\dfrac{H}{2}\right)\left(b\dfrac{H}{\sin\alpha}\right)=\dfrac{1}{2}\rho gb\dfrac{H^2}{\sin\alpha}$

$y_{D1}=\dfrac{H}{3\sin\alpha}$

右侧：$F_{p2}=\left(\rho g\dfrac{h}{2}\right)\left(b\dfrac{h}{\sin\alpha}\right)=\dfrac{1}{2}\rho gb\dfrac{h^2}{\sin\alpha}$

$y_{D2}=\dfrac{h}{3\sin\alpha}$

为避免闸门自动打开，则必有

$$F_{p1}(y-y_{D1})>F_{p2}(y-y_{D2})$$

即
$$\frac{1}{2}\rho g\frac{H^2}{\sin\alpha}\left(y-\frac{H}{3\sin\alpha}\right)>\frac{1}{2}\rho g\frac{h^2}{\sin\alpha}\left(y-\frac{h}{3\sin\alpha}\right)$$

化简得
$$y>\frac{H^3-h^3}{3(H^2-h^2)\sin\alpha}$$
证毕

29. 根据题意得管道全程的沿程水头损失为

$$h_f=\frac{1.5}{100}\times 1\ 000=15\ \text{m}$$

由达西公式 $h_f=\lambda\dfrac{l}{d}\dfrac{v^2}{2g}$ 得管道的断面平均流速为

$$v=\sqrt{\frac{2gh_f}{\lambda\dfrac{l}{d}}}=\sqrt{\frac{2\times 9.8\times 15}{0.02\times\dfrac{1\ 000}{0.6}}}=2.97\ \text{m/s}$$

管道流量
$$q_V=\frac{\pi}{4}d^2v=\frac{\pi}{4}\times 0.6^2\times 2.97=0.84\ \text{m}^3/\text{s}$$

忽略局部水头损失，从水池液面到管道出口断面列恒定总流的伯努利方程，可得作用水头

$$H=\frac{\alpha v^2}{2g}+h_f=\frac{1.0\times2.97^2}{2\times9.8}+15=15.45\ \mathrm{m}$$

对于下游明渠，将矩形断面水力最佳条件 $b=2h$ 代入明渠均匀流基本方程

$$q_V=AC\sqrt{Ri}=bh\frac{1}{n}\left(\frac{bh}{b+2h}\right)^{\frac{2}{3}}\sqrt{i}$$

得
$$h=\left(\frac{nq_V}{\sqrt[3]{2}\sqrt{i}}\right)^{\frac{3}{8}}=\left(\frac{0.02\times0.84}{\sqrt[3]{2}\times\sqrt{0.0016}}\right)^{\frac{3}{8}}=0.66\ \mathrm{m}$$

$$b=2h=2\times0.66=1.32\ \mathrm{m}$$

30. 由于本题变量较少，可用瑞利量纲分析法。假定

$$q_V=kH^xg^y$$

将上式写成量纲方程，有

$$\mathrm{L^3T^{-1}}=\mathrm{L}^x(\mathrm{LT^{-2}})^y$$

根据量纲齐次性原理，有

$$3=x+y$$
$$-1=-2y$$

解得
$$x=\frac{5}{2}=2.5,\quad y=\frac{1}{2}=0.5$$

于是得直角三角堰流量公式

$$q_V=kH^{2.5}g^{0.5}=m_s\sqrt{2g}H^{2.5}$$

式中 $m_s=\dfrac{k}{\sqrt{2}}$为直角三角堰流量系数，其值由实验确定。

31. $q_V=2l\dfrac{k(H^2-h^2)}{2L}=\dfrac{kl(H^2-h^2)}{L}$

$$=\frac{0.208\times100\times(3^2-1.5^2)}{80}=1.755\ \mathrm{m^3/h}$$

32. (1)因跌坎前河段底坡 $i>0$，为正坡渠道，山洪暴发时水面沿程呈凸曲线降深，即为缓坡渠道 M2 型曲线，由此断定，山洪暴发时跌坎前河段水流为缓流；

(2)根据水面曲线连接分析可知，缓坡渠道跌坎断面处水深应为临界水深，即 $h=h_c$，因此，据临界流方程$\dfrac{\alpha q_V^2}{g}=\dfrac{A_c^3}{B_c}$，得

$$q_V=\sqrt{\frac{gA_c^3}{\alpha B_c}}$$

式中：$A_c=(b+mh_c)h_c=(2.5+1.0+1.2)\times1.2=4.44\ \mathrm{m^2}$

$$B_c = b + 2mh_c = 2.5 + 2 \times 1.0 \times 1.12 = 4.9 \text{ m}$$

故山洪流量
$$q_V = \sqrt{\frac{9.8 \times 4.44^3}{1.0 \times 4.9}} = 13.23 \text{ m}^3/\text{s}$$

第3套

一、单项选择题

1. C **2.** A **3.** B **4.** C **5.** B **6.** D **7.** C **8.** B **9.** A **10.** D
11. C **12.** D **13.** A **14.** B **15.** A

二、多项选择题

16. A、B、C、D **17.** A、E **18.** B、E **19.** A、B、D **20.** ABC

三、判断改正题

21.（×）已知突扩管道的管径之比 $d_1/d_2 = 0.5$，则相应的雷诺数之比 $Re_1/Re_2 = 2$。

22.（×）流线一般不能相交，且只能是一条光滑的曲线；流线越密，流速越大。

23.（×）$\lambda = \dfrac{64}{Re} = \dfrac{64}{\dfrac{\rho v d}{\mu}} = \dfrac{64}{\dfrac{\rho v(4R)}{\mu}} = \dfrac{64}{4 \times 500} = 0.032$。

24.（×）谢齐系数 $C = \sqrt{\dfrac{8g}{\lambda}} = \sqrt{\dfrac{8 \times 9.8}{0.032}} = 49.50 \text{ m}^{\frac{1}{2}}/\text{s}$。

25.（×）由等效管路与原管路的水头损失和流量不变，即

$$h_w = \left(\lambda \frac{l}{d} + \Sigma\zeta\right) \frac{q_V^2}{2g\left(\frac{\pi}{4}d^2\right)^2} = \lambda \frac{l}{D} \frac{q_V^2}{2g\left(\frac{\pi}{4}D^2\right)^2}$$

可得等效管径 $D = \sqrt{\dfrac{\lambda\, l\, d^4}{\lambda \dfrac{1}{d} + \Sigma\zeta}}$。

四、计算分析综合题

26. 由欧拉准则 $\dfrac{\lambda_p}{\lambda_\rho \lambda_v^2} = 1$，得

$$\lambda_p = \frac{p_p}{p_m} = \lambda_\rho \lambda_v^2$$

故原型压强

迎风面：$p_{1p} = \lambda_\rho \lambda_v^2 p_{1m} = 1 \times \left(\dfrac{12}{8}\right)^2 \times 42 = 94.5 \text{ N/m}^2$

背风面：$p_{2p} = \lambda_\rho \lambda_v^2 p_{2m} = 1 \times \left(\dfrac{12}{8}\right)^2 \times (-20) = -45 \text{ N/m}^2$

27.（1）由并联管路水力计算特点，有

$$h_{fAB}=\lambda_1\frac{l_1}{d_1}\frac{q_{V1}^2}{2g\left(\frac{\pi}{4}d_1^2\right)^2}=\lambda_2\frac{l_2}{d_2}\frac{q_{V2}^2}{2g\left(\frac{\pi}{4}d_2^2\right)^2}=\lambda_3\frac{l_3}{d_3}\frac{q_{V3}^2}{2g\left(\frac{\pi}{4}d_3^2\right)^2}$$

化简，得 $\frac{l_1}{d_1^5}q_{V1}^2=\frac{l_2}{d_2^5}q_{V2}^2=\frac{l_3}{d_3^5}q_{V3}^2$

又据恒定总流的连续性方程

$$q_V=q_{V1}+q_{V2}+q_{V3}$$

联立上面两式，解得

$$q_{V1}=\frac{q_V}{1+\sqrt{\frac{l_1}{l_2}\left(\frac{d_2}{d_1}\right)^5}+\sqrt{\frac{l_1}{l_3}\left(\frac{d_3}{d_1}\right)^5}}$$

$$=\frac{500}{1+\sqrt{\frac{1\ 000}{660}\times\left(\frac{200}{250}\right)^5}+\sqrt{\frac{1\ 000}{1\ 000}\left(\frac{250}{250}\right)^5}}$$

$$=\frac{500}{1+0.704\ 6+1}=184.87\ \text{L/s}$$

$$q_{V2}=\sqrt{\frac{l_1}{l_2}\left(\frac{d_2}{d_1}\right)^5}q_{V1}=0.704\ 6\times184.87=130.26\ \text{L/s}$$

$$q_{V3}=q_{V1}=184.87\ \text{L/s}$$

(2) $h_{fAB}=\lambda_1\frac{l_1}{d_1}\frac{q_{V1}^2}{2g\left(\frac{\pi}{4}d_1^2\right)^2}=72.385\ \text{m}$

28. (1) 由 $H=\frac{v_2^2}{2g}$ 得

$$v_2=\sqrt{2gH}=\sqrt{2\times9.8\times8}=12.52\ \text{m/s}$$

$$q_V=\frac{\pi}{4}d_2^2v_2=\frac{\pi}{4}\times0.02^2\times12.52=0.003\ 93\ \text{m}^3/\text{s}$$

$$=3.93\ \text{L/s}$$

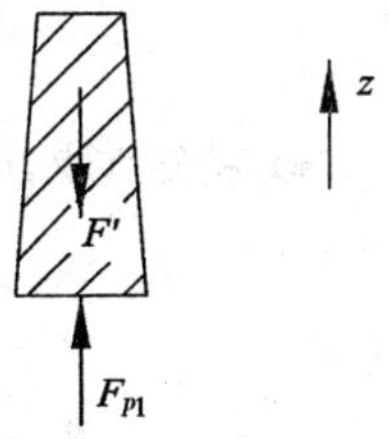

解题 28 图

(2) 对断面 1—1 和 2—2 列恒定总流的伯努利方程

$$0+\frac{p_1}{\rho g}+\frac{\alpha_1v_1^2}{2g}=l+0+\frac{\alpha_2v_2^2}{2g}+h_w$$

式中：$\alpha_1=\alpha_2=1.0$；

$$v_1=\left(\frac{d_2}{d_1}\right)^2;\quad v_2=\left(\frac{20}{40}\right)^2\times12.52\times3.13\ \text{m/s}$$

故断面 1—1 形心的相对压强

$$p_1=\rho g(l+h_w)+\frac{\rho}{2}(v_2^2-v_1^2)=94.06\ \text{kN}$$

取解题 28 图所示为控制体，在 z 方向列动量方程

$$F_{p1} - F' = \rho \quad q_V(\beta_2 v_2 - \beta_1 v_1)$$

式中：$\beta_1 = \beta_2 = 1.0$

$$F_{p1} = \frac{\pi}{4} d_1^2 p_1$$

故得
$$F' = \frac{\pi}{4} d_1^2 p_1 - \rho q_V(v_2 - v_1)$$
$$= \frac{\pi}{4} \times 0.04^2 \times 94\ 060 - 1\ 000 \times 0.00\ 393 \times (12.52 - 3.13)$$
$$= 81.3\ \mathrm{N}(\leftarrow)$$

固定喷嘴螺钉的拉力 $F = F' = 81.3\ \mathrm{N}(\rightarrow)$。

29. 设实验水槽进水管的过流断面面积为 A、流量系数为 μ，则应用恒定总流的能量方程和连续性方程可得实验水槽进水管的流量为

$$q_V = \mu A\sqrt{2g(h - H)}$$

对上式取对数后微分，得

$$\frac{\mathrm{d}q_V}{q_V} = \frac{1}{2}\frac{\mathrm{d}h - \mathrm{d}H}{h - H} \tag{1}$$

又据直角三角堰流量公式 $q_V = m_s\sqrt{2g}H^{\frac{5}{2}}$ 取对数后微分，得

$$\frac{\mathrm{d}q_V}{q_V} = \frac{5}{2}\frac{\mathrm{d}H}{H} \tag{2}$$

联立式(1)、(2)得平水塔内水位的最大允许变化值为

$$\mathrm{d}h = (5h - 4H)\frac{\mathrm{d}H}{H} = (5 \times 500 - 4 \times 20) \times \frac{0.01}{20} = 1.21\ \mathrm{cm}$$

30. 将矩形断面水力最佳条件 $b = 2h$ 和 $R = \dfrac{h}{2}$ 代入明渠均匀流基本公式

$$q_V = AC\sqrt{Ri} = A\frac{1}{n}R^{\frac{2}{3}} i^{\frac{1}{2}}$$

求得
$$h = \left(\frac{nq_V}{\sqrt[3]{2}\sqrt{i}}\right)^{\frac{3}{8}} = \left(\frac{0.02 \times 1}{\sqrt[3]{2}\sqrt{0.004}}\right)^{\frac{3}{8}} = 0.60\ \mathrm{m}$$
$$b = 2h = 2 \times 0.60 = 1.20\ \mathrm{m}$$

31. 设桥拱轴线方程为 $z = kx^2$，将 $x = \pm\dfrac{l}{2}$ 时，$z = f$ 代入确定系数 $k = \dfrac{4f}{l^2}$，故得拱轴线方程

$$z = \frac{4f}{l^2}x^2$$

作用在桥拱上的静水总压力的水平分力左右对称，方向相反，故 $F_{px} = 0$。

铅垂分力可用压力体(见解题 31 图)概念求解。压力体体积

$$V_p = 2\int_{f-h}^{f}\left(\frac{l}{2} - x\right)b\,dx = 2\int_{f-h}^{f}\left(\frac{l}{2} - \frac{l}{2\sqrt{f}}\sqrt{z}\right)b\,dz$$
$$= lb\left\{h - \frac{2}{3\sqrt{f}}\left[f^{\frac{3}{2}} - (f-h)^{\frac{3}{2}}\right]\right\}$$

代入已知数据,求得作用在桥拱上的静水总压力的铅垂分力为 $F_{pz} = 88.2$ kN(↑)。

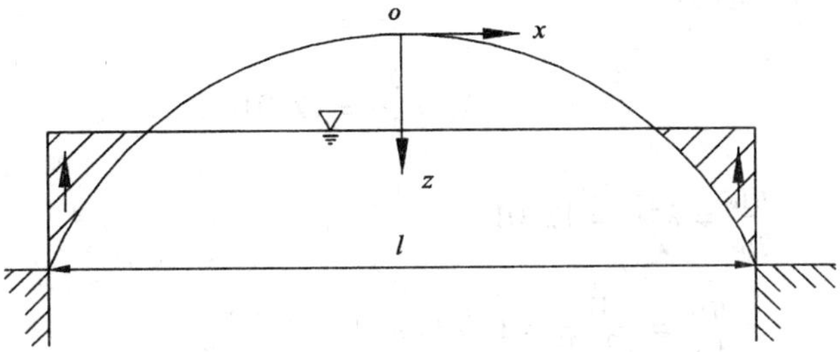

解题 31 图

第 4 套

一、单项选择题

1. A　**2.** B　**3.** B　**4.** B　**5.** C　**6.** A　**7.** B　**8.** D　**9.** C　**10.** C

二、多项选择题

11. A、D　**12.** A、B、C、D、E　**13.** A、B、C、D、E　**14.** A、B、C　**15.** A、B、C、D、E

三、简答题

16. 定义:流线近似为平行直线的流动称为渐变流;

性质:过流断面近似为平面,过流断面上的动压强近似按静压强分布,即 $z + p/\gamma \approx C$。

四、判断改正题

17. 解题有误。正确的为

$$F_p = \int_A p\,dA = \int_0^{d/2} \frac{1}{2}\rho\omega^2 r^2 2\pi r\,dr = \frac{1}{64}\rho\pi\omega^2 d^4$$

说明:静止液体作用在平面壁上的总压力公式 $F_p = p_c A$ 对液体相对平衡问题不一定适用(为什么? 请思考)。

18. 解题有误。正确的为

据 $d = 4R$ 得以管径表示的管流雷诺数

$$Re = \frac{\rho v d}{\mu} = 4\frac{\rho v R}{\mu} = 4 \times 500 = 2\ 000 < 2\ 300(层流)$$

故 $\lambda = \frac{64}{Re} = \frac{64}{2\ 000} = 0.032$

说明：$\lambda=\frac{64}{Re}$中雷诺数是用管径表示的。

五、计算分析综合题

19. 将长度比尺 $\lambda_l=\frac{d_p}{d_m}=1$ 和运动黏度比尺 $\lambda_\nu=\frac{\nu_p}{\nu_m}=\frac{0.175}{1.307\times10^{-2}}=12.01$ 代入雷诺准则方程$\frac{\lambda_v\lambda_l}{\lambda_\nu}=1$，得流速比尺

$$\lambda_v=\frac{\lambda_\nu}{\lambda_l}=12.01$$

因流量比尺 $\lambda_{qV}=\frac{q_{Vp}}{q_{Vm}}=\lambda_l^2\lambda_v=12.01$

故得模型流量 $q_{Vm}=\frac{q_{Vp}}{\lambda_{qV}}=\frac{18}{12.01}=1.5\ \text{L/s}$

20. 由 $\lambda_1\frac{l_1}{d_1}\frac{v_1^2}{2g}=\lambda_2\frac{l_2}{d_2}\frac{v_2^2}{2g}$得

$$\frac{v_1}{v_2}=\sqrt{\frac{\lambda_2}{\lambda_1}\frac{l_2}{l_1}\frac{d_1}{d_2}}=1$$

$$\frac{q_{V1}}{q_{V2}}=\frac{\frac{\pi}{4}d_1^2v_1}{\frac{\pi}{4}d_2^2v_2}=4$$

21. (1)$\left(z_A+\frac{p_A}{\gamma_{水}}\right)-\left(z_B+\frac{p_B}{\gamma_{水}}\right)=\left(\frac{\gamma_{水银}}{\gamma_{水}}-1\right)h=3.78\ \text{m}$

(2)$h_w=\left(z_A+\frac{p_A}{\gamma_{水}}\right)-\left(z_B+\frac{p_B}{\gamma_{水}}\right)=3.78\ \text{m}$

22. 由 $Q=Av$ 得 $A=\frac{Q}{v}=37.5\ \text{m}^2$

由 $A=(b+mh)h$ 得 $b=\frac{A}{h}-mh=15.7\ \text{m}$

因 $R=\frac{A}{\chi}=\frac{A}{b+2h\sqrt{1+m^2}}=1.63\ \text{m}$

故 $i=\left(\frac{vn}{R^{2/3}}\right)^2=2.08\times10^{-4}$

23. 由 $\rho_{水}g(z_1-z_2)=\rho gh$

得 $\rho=\frac{z_1-z_2}{h}\rho_{水}=\frac{74-53}{24}\times1\,000=875\ \text{kg/m}^3$

24. (1)据恒定总流的伯努利方程（忽略喷嘴进出口高差，取 $\alpha=1.0$）$\frac{p}{\gamma}+\frac{v^2}{2g}=\frac{v_0^2}{2g}$和连续

性方程$\frac{\pi}{4}D^2 v=\frac{\pi}{4}d^2 v_0=q_V$，得喷嘴出口流速

$$v_0=\sqrt{\frac{2g\frac{p}{\gamma}}{1-\left(\frac{d}{D}\right)^4}}=7.92\ \text{m/s}$$

(2)在流动方向列动量方程(忽略喷嘴部分流体重量，取$\beta=1.0$)

$$p\frac{\pi}{4}D^2-F=\rho q_V(v_0-v)$$

式中
$$v=\left(\frac{d}{D}\right)^2 v_0=1.98\ \text{m/s}$$

$$q_V=\frac{\pi}{4}D^2 v=0.035\ \text{m}^3/\text{s}$$

故消防水枪的后座力　$F=p\frac{\pi}{4}D^2-\rho q_V(v_0-v)=311.4\ \text{N}$

参考文献

[1] 西南交通大学水力学教研室.水力学[M].第3版.北京:高等教育出版社,1983.
[2] 禹华谦,莫乃榕.工程流体力学[M].第1版.北京:高等教育出版社,2004.
[3] 禹华谦.工程流体力学(水力学)[M].第2版.成都:西南交通大学出版社,2007.
[4] 刘鹤年.流体力学[M].第1版.北京:中国建筑工业出版社,2001.
[5] 李玉柱,苑明顺.流体力学[M].第1版.北京:高等教育出版社,1998.
[6] 黄儒钦.水力学教程[M].第2版.成都:西南交通大学出版社,1998.
[7] 张也影.流体力学[M].第2版.北京:高等教育出版社,1999.
[8] 张也影,王秉哲.流体力学题解[M].第1版.北京:北京理工大学出版社,1996.
[9] 孔珑.流体力学(1)[M].第1版.北京:高等教育出版社,2003.
[10] 杜广生.工程流体力学[M].第1版.北京:中国电力出版社,2005.
[11] 莫乃榕.工程流体力学[M].第1版.武汉:华中科技大学出版社,2000.
[12] 闻德荪.工程流体力学(水力学)[M].第2版.北京:高等教育出版社,2004.
[13] 陈卓如.工程流体力学[M].第2版.北京:高等教育出版社,2004.
[14] 董曾南,余常昭.水力学[M].第4版.北京:高等教育出版社,1995.
[15] 吴持恭.水力学[M].第3版.北京:高等教育出版社,2003.
[16] 赵振兴,等.水力学提要与习题详解[M].第1版.南京:河海大学出版社,2002.
[17] 杨凌真.水力学难题分析[M].第1版.北京:高等教育出版社,1987.
[18] 禹华谦.水力学学习指导[M].第1版.成都:西南交通大学出版社,1988.
[19] 蔡增基.流体力学泵与风机[M].第4版.北京:中国建筑工业出版社,1999.
[18] 姜兴华,禹华谦,等.流体力学[M].第1版.成都:西南交通大学出版社,1998.
[19] [日]椿东一郎.水力学(Ⅰ)[M].第1版.杨景芳,译.北京:高等教育出版社,1982.
[20] [日]椿东一郎.水力学(Ⅱ)[M].第1版.徐正凡,译.北京:高等教育出版社,1986.
[21] 严新华.水力学(工程流体力学)[M].第1版.北京:科学技术文献出版社,1997.
[22] 李炜,徐孝平.水力学[M].第1版.武汉:武汉水利电力大学出版社,2000.
[23] FRANCIS J R D, MINTON P. Civil engineering hydraulics[M]. London: Edwrd Amold Ltd., 1984.
[24] STREETER V L, WYLIE E B. Fluid mechainics, seventh edition[M]. New York: McGraw-Hill Book Company, 1979.
[25] 张长高.水动力学[M].第1版.北京:高等教育出版社,1993.